HISTOIRE NATURELLE

DES

COLÉOPTÈRES

DE FRANCE

HISTOIRE NATURELLE

DES

COLÉOPTÈRES

DE FRANCE

PAR

CL. REY

MEMBRE DES SOCIÉTÉS LINNÉENNE ET D'AGRICULTURE
DE LYON
ET DE LA SOCIÉTÉ FRANÇAISE D'ENTOMOLOG

— ◇◇◇ —

BRÉVIPENNES
Micropéplides — Sténides

—◇◇◇←

PARIS

J.-B. BAILLIÈRE ET FILS, LIBRAIRES

19, RUE HAUTEFEUILLE, 19

—

1884

TRIBU

DES

BRÉVIPENNES

PAR

C. REY

Présentée à la Société Linnéenne de Lyon, le 12 décembre 1882.

———— · · ·· ·—◇·—— — · ————— —— ——··· —— ——

DEUXIÈME GROUPE

MICROPÉPLIDES

CARACTÈRES. *Antennes* reçues à l'état de repos dans une fossette profonde, creusée le long du bord interne du repli inférieur du prothorax ; de 9 articles ; terminées par un bouton brusque et solide. Le 1er *article des palpes maxillaires* très petit, bien plus court que la moitié du suivant : le *dernier* grand. Toutes les *hanches* petites : les *postérieures* plus ou moins distantes.

OBS. Ce groupe, bien distinct par la structure des antennes et par la fossette sous-prothoracique, est réduit à un seul genre.

Genre *Micropeplus*, MICROPÈPLE ; Latreille.

LATREILLE, Gen. Crust. et Ins. IV, p. 377. — J. DUVAL, Gen. Staph. p. 82, pl. 28, fig. 139.
ÉTYMOLOGIE : μιχρὸς, petit ; πέπλος, manteau.

CARACTÈRES. *Corps* subovale ou ovale-oblong, assez épais, peu convexe, glabre, ailé.

a. *Repli des élytres* avec 1 côte médiane.

　b. *Hanches postérieures* largement distantes. *Carène médiane de l'abdomen* offrant une fossette lisse, à ses intersections. *Élytres* chargées de 4 côtes dorsales également saillantes, sans compter la suturale, à *intervalles* fortement ponctués. *Corps* mat. *Taille* assez grande. . . . . 1. PORCATUS.

　bb. *Hanches postérieures* légèrement distantes. *Carène médiane de l'abdomen* sans fossette à ses intersections.

　　c. *Élytres* chargées de 3 côtes dorsales, sans compter la suturale. *Corps* assez large, assez peu brillant.

　　　d. *Front* avec 3 ou 5 carinules obsolètes convergentes en avant et 2 fines carinules transversales, partant chacune des yeux. *Crête abdominale* nulle. *Élytres* subcarrées. *Taille* assez grande. . . . . 2. LONGIPENNIS.

　　　dd. *Front* avec 5 carinules bien distinctes, convergentes en avant, sans carinules transversales. *Crête abdominale* plus ou moins accusée (1). *Élytres* subtransverses.

　　　　e. *Aréoles du prothorax* à peine chagrinées. *Crête abdominale* obtuse et déclive. *Bouton des antennes* rembruni. *Taille* assez grande. . . . . . . 3. MARIETI.

　　　　ee. *Aréoles du prothorax* subruguleuses. *Crête abdominale* subrectangulaire et subverticale. *Bouton des antennes* nullement rembruni. *Taille* moindre. . . . . . 4 FULVUS.

　　　ddd. *Front* avec 2 protubérances lisses ou uniponctuées. *Crête abdominale* très saillante, dentiforme. *Élytres* transverses. *Taille* moyenne. . . . . , . 5. STAPHYLINOIDES.

　　cc. *Élytres* chargées de 4 côtes dorsales, sans compter la suturale, la submarginale fine et moins saillante; à *intervalles* presque lisses ou obsolètement pointillés. *Front* avec 2 protubérances lisses. *Élytres* subcarrées. *Corps* assez étroit, plus ou moins brillant. *Taille* petite. . . . . . . 6. OBSOLETUS.

aa. *Repli des élytres* sans côte médiane. *Intervalles des côtes dorsales* lisses ou simplement chagrinés. *Crête abdominale* nulle. *Élytres* subtransverses. *Corps* assez brillant. *Taille* petite. 7. TESSERULA.

1. Micropeplus porcatus, FABRICIUS.

Suboblong, peu convexe, d'un noir mat, avec 1 tache rougeâtre sur le milieu des côtés du prothorax, les palpes, les pieds et les antennes roux, le bouton de celles-ci rembruni. Tête rugueuse, sillonnée sur son milieu. Prothorax court, presque de la largeur des élytres, subangulé sur les côtés,

(1) J'appelle *crête abdominale* la saillie terminale de la carène médiane.

ruguleux et distinctement aréolé sur le dos. Élytres transverses, plus longues que le prothorax, chargées en dessus de 4 côtes longitudinales s tillantes, sans compter la carène suturale ; à repli surmonté d'une côte médiane ; à intervalles fortement ponctués. Abdomen à segment 2-5 profondément 4 fovéolés. Métasternum longitudinalement creusé sur son milieu. Hanches postérieures largement distantes.

♂ Le 6ᵉ *arceau ventral* angulairement échancré.
♀ Le 6ᵉ *arceau ventral* entier.

Staphylinus porcatus, Fabricius, Ent. Syst. I, II, 350, 56. — Paykull, Mon. Staph. 79, 50. — Olivier, Ent. III, 42, 35, 50, pl. IV, fig. 33.
Nitidula porcata, Marsham, Ent. Brit. 137, 26.
Omalium porcatum, Gyllenhal, Ins. Suec. II, 211, 12.
Nitidula sulcata, Herbst, Col. V, 247, 22, pl. 55, fig. 6.
Micropeplus porcatus, Charpentier, Hor. Ent. 202, pl. 8, fig. 9. — Ericson, Col. March. I, 046, 1 ; — Gen. et Spec. Staph. 911, 1. — Heer, Faun. Helv. I, 169, 1. — Redtenbacher, Faun. Austr. ed. 2, 259. — Fairmaire et Laboulbène, Faun. Fr. I, 658, 1. — Thomson, Skand. Col. IV, 195, 1. — Fauvel, Syn. 9, 1 ; — Faun. Gallo-Rhén. III, 9, 1.

Long., 0,0023 (1 l). — Larg., 0,0011 (1/2 l.).

Corps suboblong, peu convexe, d'un noir mat, avec 1 tache rougeâtre sur les côtés du prothorax.

Tête moins large que le prothorax ; subdéprimée, rugueuse, subangulairement relevée vers le bord antérieur des yeux, finement et transversalement sillonnée en avant et en arrière ; offrant sur son milieu un sillon assez large et parcouru par une fine ligne subélevée, parfois peu distincte ; entièrement d'un noir mat ou peu brillant. *Épistome* obsolètement chagriné et à peine pointillé, parsemé de quelques poils pruineux très courts, très finement rebordé en avant, à rebord parfois rougeâtre. *Bouche* obscure, *palpes* roux. Yeux noirs.

Antennes assez courtes, à peine pubescentes, rousses, à capitule d'un brun ou noir de poix ; à 1ᵉʳ article renflé en massue subovale : le 2ᵉ plus court, un peu moins épais, conique ou obpyriforme : les suivants grêles : les 3ᵉ et 4ᵉ oblongs : le 5ᵉ suboblong : les 6ᵉ à 8ᵉ petits, courts, graduellement plus courts : le dernier très gros, en bouton solide, brillant et subglobuleux.

Prothorax fortement transverse, assez fortement rétréci en avant, presque aussi large en arrière que les élytres ; bisinueusement subéchancré au sommet, avec les angles antérieurs assez saillants et presque droits; subangulé vers le milieu de ses côtés; bisinué à la base, à angles postérieurs subaigus; subconvexe et ruguleux sur le dos qui offre une réticulation lâche, formée de lignes élevées enclosant 6 aréoles bien distinctes, dont les 2 médianes plus grandes et plus profondes, l'antérieure de celles-ci et des latérales subarrondie, la postérieure oblongue ; largement explané sur les côtés ; d'un noir presque mat, avec le milieu de la partie explanée paré d'une tache transparente, rougeâtre et en forme de virgule renversée (1).

Écusson obsolètement chagriné, d'un noir mat.

Élytres transverses, 1 fois et demie aussi longues que le prothorax, subparallèles au moins sur les deux tiers antérieurs de leurs côtés ; légèrement convexes, puis assez brusquement déprimées en arrière ; chargées sur leur disque, entre la carène suturale, de 4 côtes longitudinales saillantes, l'interne flexueuse, les 2 externes plus rapprochées entre elles et un peu raccourcies en arrière ; fortement, profondément et assez densement ponctuées dans les intervalles, plus finement et plus obsolètement sur la partie déprimée ; entièrement d'un noir mat. *Repli* surmonté d'une côte médiane outre l'arête submarginale inférieure, fortement ponctué dans les intervalles.

Abdomen court, aussi large à sa base que les élytres, convexe, noir, creusé sur les 2e à 5e segments de 4 grandes fossettes profondes, subcarrées, à fond lisse et brillant, séparées par des carènes élevées et étroites, dont la longitudinale médiane, saillante, offre une petite fossette lisse, à ses intersections. Le 5e à fossettes s'effaçant en arrière. Le 6e subtriangulaire ou conique, subtronqué au sommet, chagriné ou obsolètement pointillé.

Dessous du corps rugueusement ponctué, noir. *Prosternum* obsolètement, *mésosternum* distinctement aréolés. *Métasternum* creusé sur son milieu d'une large impression longitudinale n'atteignant pas la base, plus (♂) ou moins (♀) profonde, plus évasée en arrière (2), à côtés lisses et à fond ruguleux. *Ventre* obsolètement chagriné, à 1er arceau largement aréolé sur son milieu : les suivants avec une série de fovéoles le long de leur base, celles du 5e plus courtes : tous, rebordés et poin-

(1) Cette tache répond au fond de la fossette sous-prothoracique, ce qui la rend transparente.
(2) Il résulte de cette disposition que le métasternum est largement tronqué entre les hanches postérieures qui elles-mêmes sont, par exception, largement distantes.

tillés-frangés à leur sommet, le 5ᵉ moins distinctement : le 6ᵉ finement pointillé, conique.

Pieds courts, à peine pubescents, presque lisses, roux, à cuisses parfois plus foncées. *Hanches postérieures* largement distantes. *Tibias* finement sétuleux, surtout sur leur tranche interne.

Patrie. Cette espèce est médiocrement commune, du printemps à l'automne, parmi les feuilles mortes et les détritus, et surtout dans les inondations, dans plusieurs provinces de la France.

Obs. Chez les immatures, la couleur est d'un brun de poix un peu rougeâtre ou même d'un roux testacé. Elle varie, en outre, pour la forme et la taille, qui est parfois un peu moindre et un peu plus ramassée, avec le 2ᵉ segment abdominal à moitié recouvert (*M. Mathani*, Fauvel, Syn. 11, 2) (1).

2. Micropeplus longipennis, Kraatz.

Ovale-oblong, peu convexe, d'un noir un peu brillant, avec les côtés du prothorax largement d'un roux de poix, les palpes, les antennes et les pieds roux. Tête subruguleuse, avec 5 carinules obsolètes, convergentes en avant et, de chaque côté, une ligne élevée, transversale, atteignant les yeux. Prothorax court, un peu moins large que les élytres, irrégulièrement arqué sur les côtés, subdenté sur ceux-ci avant leur base, subruguleux et distinctement aréolé sur le dos. Élytres subcurvées, bien plus longues que le prothorax, chargées en dessus de 3 côtes longitudinales saillantes, sans compter la carène suturale; à repli surmonté d'une côte médiane; à intervalles assez fortement et peu densement ponctués. Abdomen à segments 2-4 assez profondément 4-fovéolés, le 5ᵉ seulement à sa base. Métasternum longitudinalement 3-sillonné. Hanches postérieures peu distantes.

♂ *Le 6ᵉ arceau ventral* subcirculairement échancré au sommet, lais-

(1) Le *micropeplus caelatus* d'Erichson(Col. March.!, 617,2; — Gen. et Spec. Staph. 912, 2), est plus petit, plus court, plus ovalaire, plus convexe. La tête et le prothorax sont plus fortement rugueux. Le sillon médian du front est moins prononcé, mais il est parcouru par une ligne élevée plus accusée. Les réseaux du prothorax sont un peu moins saillants, et les côtés un peu plus obtusément angulés. Les 5ᵉ et 6ᵉ segments abdominaux sont plus fortement ruguenx et les fossettes de celui-là sont plus obsolètes et réduites à la base, etc. — L. 0,002. — Prusse, Allemagne septentrionale, Suède.

sant apercevoir le 7°. *Tibias intermédiaires* et *postérieurs* offrant près du dernier tiers de leur tranche inférieure, une petite dent fasciculée.

♀ *Le 6° arceau ventral* entier, le 7° caché. *Tibias intermédiaires* et *postérieurs* inermes.

Micropeplus staphylinoides, KRAATZ, Ins. Deut. II, 1053, 3.
Micropeplus longipennis, KRAATZ, Berl. Ent. Zeit. 1859, 60. — FAUVEL, Faun. Gallo-Rhén. III, 10, 3.

Long., 0,0026 (1 1/5 l.) — Larg., 0,0014 (2/3 l.).

Corps ovale-oblong, peu convexe, d'un noir un peu brillant, avec les côtés du prothorax largement d'un roux de poix.

Tête moins large que le prothorax, subdéprimée, subruguleuse, arcuément subrelevée sur les côtés, finement et transversalement sillonnée en avant et en arrière; offrant sur sa partie postérieure 5 carinules convergentes antérieurement, la médiane assez marquée, les deux externes obsolètes et souvent réunies en une espèce d'épatement; présentant, en outre, de chaque côté, une ligne élevée fine, partant d'un petit tubercule lisse, situé au sommet de la carinule externe, et se dirigeant plus ou moins transversalement jusqu'aux yeux; d'un noir peu brillant. *Épistome* finement chagriné, finement rebordé en avant. *Bouche* brune, *palpes* roux. *Yeux* obscurs.

Antennes assez courtes, éparsement pubescentes; d'un roux testacé, à capitule à peine plus foncé, soyeux; à 1ᵉʳ article renflé en massue ovalaire : le 2° plus court, un peu moins épais, subglobuleux ou en cône tronqué : les suivants assez grêles : les 3° et 4° oblongs, le 5° suboblong : les 6° à 8° petits, graduellement un peu plus courts : le dernier très gros, en bouton solide, subglobuleux ou très brièvement ovalaire.

Prothorax fortement transverse, graduellement rétréci en avant, un peu plus large en arrière que les élytres; bisinueusement échancré au sommet, avec les angles antérieurs saillants mais subémoussés; faiblement et irrégulièrement arqué sur les côtés, qui offrent avant leur base une petite dent plus ou moins obsolète; bisinué à la base, à angles postérieurs droits ou subaigus, souvent subémoussés; légèrement convexe et subruguleux sur le dos; distinctement aréolé sur celui-ci, avec les aréoles médianes plus grandes, les latérales moindres et plus obsolètes; largement explané-relevé sur les côtés; d'un noir peu brillant, avec la partie explanée d'un roux de poix, parée d'une tache interne plus pâle, transparente, ovale-oblongue, souvent peu distincte.

Écusson à peine chagriné, d'un noir peu brillant.

Élytres subcarrées ou à peine transverses, 1 fois et deux tiers aussi longues que le prothorax, à peine arquées sur les côtés ; légèrement convexes, puis subdéprimées en arrière ; chargées sur leur disque, outre la carène suturale, de 3 côtes longitudinales saillantes, presque droites ; assez fortement et peu densement ponctuées dans les intervalles ; d'un noir plus ou moins brillant. *Repli* surmonté d'une côte médiane, outre la côte submarginale inférieure ; assez fortement ponctué dans les inter-valles.

Abdomen court, presque aussi large à sa base que les élytres, convexe ; d'un noir plus ou moins brillant ; creusé sur les 2e à 4e segments de 4 grandes fossettes assez profondes, subcarrées et à fond plus ou moins lisse, séparées par des carènes assez étroites et émoussées, dont la longitudinale médiane, assez saillante, offre à ses intersections un simple épatement lanciforme, parfois à peine canaliculé. Le 5e obsolètement chagriné, légèrement 4-fovéolé à sa base seulement, souvent bordé de roux à son extrémité. Le 6e en cône subtronqué, obsolètement chagriné.

Dessous du corps d'un noir assez brillant. *Prosternum* et *mésosternum* subruguleux, largement aréolés dans leur milieu. *Métasternum* assez largement et peu profondément 3-sillonné longitudinalement, à sillon médian un peu plus large, subinterrompu avant son sommet qui est un peu plus creusé, les latéraux un peu recourbés en dehors et interrompus après leur base qui est profondément creusée ou fovéolée derrière les hanches et trochanters postérieurs ; offrant, en outre, de chaque côté, une légère impression ovale ou subarrondie, subponctuée. *Ventre* presque lisse, obsolètement ruguleux à la base des arceaux, d'un noir ou brun de poix brillant, parfois un peu roussâtre.

Pieds courts, à peine pubescents, à peine chagrinés, roux. *Hanches postérieures* légèrement distantes. *Tibias* finement sétuleux, surtout sur leur tranche interne.

PATRIE. Cette rare espèce a été capturée, au printemps, aux environs de Lyon, par mon ami Guillebeau, parmi les crottins de cheval déjà visités et travaillés par les coprophages.

OBS. Elle est la plus grande du genre. Elle se distingue du *porcatus* par la sculpture différente du front, par le prothorax plus large en arrière relativement aux élytres, avec celles-ci chargées de 3 côtes dorsales au lieu de 4, à intervalles plus brillants et moins densement ponctués. La carène médiane de l'abdomen, moins saillante, est sans fossette à ses intersections; les hanches postérieures sont bien moins distantes, etc. (1).

Les carènes latérales du front sont souvent obsolètes, et alors la médiane reste seule distincte.

3. Micropeplus Marietti, J. Duval.

Oblong, subconvexe, d'un noir assez brillant, avec les côtés du prothorax largement d'un roux de poix, les palpes, les pieds et les antennes roux, le bouton de celles-ci rembruni. Tête à peine chagrinée, avec 5 carinules nettes, convergentes en avant. Prothorax court, un peu plus large que les élytres, irrégulièrement arqué sur les côtés, à peine chagriné et nettement aréolé sur le dos. Élytres subtransverses, plus longues que le prothorax, chargées en dessus de 3 côtes longitudinales saillantes, sans compter la carène suturale ; à repli surmonté d'une carène médiane ; à intervalles assez fortement et assez densement ponctués. Abdomen à segments 2-4 profondément 4-fovéolés, le 5e seulement à sa base, à carène dorsale terminée par une crête obtuse et déclive. Métasternum avec 3 fovéoles allongées, sur son milieu. Hanches postérieures légèrement distantes.

♂ *Le 6e arceau ventral* subogivalement échancré au sommet, laissant apercevoir le 7e. *Épistome* terminé par une petite dent assez brusque et peu saillante. *Tibias* armés d'une petite dent vers le tiers postérieur de leur tranche interne.

♀ *Le 6e arceau ventral* entier, le 7e caché. *Épistome* mousse. *Tibias* inermes.

Micropeplus Marietti, J. Duval, Gen. Staph. 82.

Long., 0,0022 (1 l.). — Larg., 0,0012 (1/2 l.).

Corps oblong, subconvexe, d'un noir assez brillant, avec les côtés du prothorax largement d'un roux de poix.

Tête moins large que le prothorax, subdéprimée, à peine chagrinée, arcuément relevée sur les côtés, transversalement sillonnée en avant

---

(1) Le *M. Eppelsheimi* de Reitter est remarquable par l'intervalle des côtes presque lisse. — Caspienne.

et en arrière ; offrant sur sa partie postérieure 5 carinules nettes, convergentes, mais non réunies antérieurement ; d'un noir un peu brillant. *Épistome* à peine chagriné, parfois inégal, plus ou moins rebordé en avant. *Bouche* brune, *palpes* roux. *Yeux* noirs.

Antennes courtes, légèrement pubescentes, rousses, à capitule rembruni, soyeux ; à 1er article renflé en ovale court : le 2e plus court et moins épais, en cône mousse : les suivants grêles : les 3e et 4e oblongs : le 5e suboblong : les 6e à 8e petits, courts : le dernier très gros, en bouton solide, subglobuleux ou très brièvement ovalaire.

Prothorax court, fortement transverse, rétréci en avant, évidemment un peu plus large en arrière que les élytres ; assez profondément et bisinueusement échancré au sommet, avec les angles antérieurs très saillants et subaigus ; sensiblement et irrégulièrement arqué sur les côtés qui présentent parfois un angle très obtus ou effacé après le milieu et, près de la base, une petite dent obsolète, souvent nulle, rarement suivie d'une légère échancrure faisant paraître les angles postérieurs non seulement aigus, mais encore subdentés ; bisinué à la base ; à peine chagriné ; subconvexe et nettement aréolé sur le dos, les aréoles médianes plus grandes et plus profondes, les latérales souvent réunies, flanquées en dehors de 2 autres aréoles externes, moins distinctes, dont la basilaire petite, l'antérieure grande, allongée, irrégulière, prolongée jusqu'au bord antérieur le long duquel elle forme comme une espèce de pied ou talon ; largement explané sur les côtés ; d'un noir un peu brillant, avec la partie explanée d'un roux de poix, parfois assez obscur, mais parée d'une grande tache interne d'un rouge testacé assez pâle, transparente, subarquée, avec une tache transversale de même couleur couvrant la base de cette même marge explanée, et sa tranche souvent étroitement roussâtre.

Écusson à peine chagriné, subimpressionné, noir.

Élytres subtransverses, presque 1 fois et demie aussi longues que le prothorax ; à peine arquées en arrière sur les côtés ; légèrement convexes, puis subdéprimées postérieurement ; chargées sur leur disque, outre la carène suturale, de 3 côtes longitudinales saillantes, presque droites ; assez fortement et assez densément ponctuées dans les intervalles ; d'un noir brillant. *Repli* surmonté d'une côte médiane, outre la côte submarginale inférieure, fortement ponctué dans les intervalles.

Abdomen court, à peine plus large à sa base que les élytres, convexe, d'un noir assez brillant ; creusé sur les 2e à 4e segments de 4 grandes

fossettes profondes et en carré transverse, séparées par des carènes assez
étroites, dont la longitudinale médiane, assez saillante, offre à ses intersections un simple épatement lanciforme, avec les transversales néanmoins
moins étroites, épatées et lisses. Le 5e presque lisse ou à peine chagriné,
4-fovéolé à sa base seulement. Le 6e en cône subtronqué, presque lisse
ou à peine chagriné. *Carène dorsale* à crête obtuse et déclive, parfois
plus saillante chez les ♀.

Dessous du corps d'un noir assez brillant. *Prosternum* et *mésosternum*
chagrinés, distinctement aréolés sur leur milieu. *Métasternum* à peine
chagriné, offrant sur son milieu 3 fovéoles allongées, peu profondes, la
médiane plus prolongée en arrière ; présentant, en outre, vers les côtés
2 autres fovéoles subarrondies, l'antérieure plus profonde, située derrière
les hanches, l'autre très peu profonde, plus irrégulière, placée derrière
la précédente, avec quelques points obsolètes, en arrière. *Ventre* à bourrelets lisses et brillants, ainsi que le 6e arceau.

Pieds courts, à peine pubescents, à peine chagrinés, roux, avec les
cuisses parfois un peu rembrunies. *Hanches postérieures* légèrement
distantes. *Tibias* finement sétuleux.

PATRIE. Cette espèce est commune, au printemps et à l'automne, dans
les environs de Lyon, parmi les feuilles mortes, dans les terreaux et
les fumiers, etc.

OBS. Elle est un peu moindre que le *longipennis*, plus noire et plus
brillante. La sculpture du front est différente, les aréoles du prothorax
sont plus nettes, les intervalles des côtes des élytres sont plus densement
ponctués, et la côte dorsale de l'abdomen se termine par une crête distincte, obtuse et déclive. Le bouton des antennes est presque toujours
rembruni, rarement roux, etc.

Elle varie du noir au rouge brun et au roux testacé, avec la tête et le
milieu du prothorax souvent plus obscurs (1).

C'est à tort qu'on réunit cette espèce à la suivante.

(1) Le *Micropeplus Margaritae* de J. Duval aurait le prothorax de la largeur des élytres,
caractère que j'ai trouvé assez variable. Du reste, l'illustre auteur du *Genera* me semble avoir
décrit, sous cette dénomination (p. 83), le ♂ du *Micr. Marietti* et la ♀ du *fulvus*, à en
juger d'après les types que j'ai vus.

4. Micropeplus fulvus, ERICHSON.

Oblong, peu convexe, d'un brun noir peu brillant, avec les côtés du prothorax largement roussâtres, les palpes, les antennes et les pieds roux. Tête subruguleuse, avec 5 carinules convergentes en avant. Prothorax court, un peu plus large en arrière que les élytres, irrégulièrement arqué sur les côtés, subruguleux et nettement aréolé sur le dos. Élytres subtransverses, plus longues que le prothorax, chargées en dessus de 3 côtes longitudinales saillantes, sans compter la carène suturale; à repli surmonté d'une côte médiane ; à intervalles assez fortement et peu densement ponctués. Abdomen à segments 2-4 assez profondément 4-fovéolés, le 5e seulement à sa base, à carène dorsale terminée par une crête subrectangulaire et subverticale. Métasternum avec 3 fovéoles allongées, sur son milieu. Hanches postérieures légèrement distantes.

♂ Le 6e *arceau ventral* circulairement subéchancré au sommet. *Épistome* terminé par une petite pointe brusque et saillante. *Tibias* armés d'une petite dent vers le dernier tiers de leur tranche inférieure.

♀ Le 6e *arceau ventral* entier. *Épistome* mousse ou obtusément angulé. *Tibias* inermes.

Micropeplus fulvus, ERICHSON, Gen. et Spec. Staph. 912, 3. — FAIRMAIRE et LABOULBÈNE, Faun. Fr. I, 659, 3. — KRAATZ, Ins. Deut. II, 1054, 4. — FAUVEL, Faun. Gallo-Rhén. III, 10, 2.

Long., 0,002 (5/6 l.). — Larg., 0,0008 (1/3 l.).

Corps oblong, peu convexe, d'un brun noir peu brillant, avec les côtés du prothorax largement roussâtres.

Tête moins large que le prothorax, peu convexe, subruguleuse, arcuément subrelevée sur les côtés, transversalement sillonnée en avant et en arrière; offrant sur sa partie postérieure 5 carinules assez nettes, convergentes en avant, avec l'externe souvent réunie à sa voisine; d'un brun noir peu brillant. *Épistome* finement chagriné, rebordé en avant. *Bouche* obscure, *palpes* roux. *Yeux* noirs.

Antennes courtes, légèrement ciliées, entièrement d'un roux testacé, à capitule pubescent ; à 1er article renflé en ovale court : le 2e plus court, moins épais, en cône mousse : les suivants grêles : le 3e légèrement, les

4ᵉ et 5ᵉ à peine oblongs : les 6ᵉ à 8ᵉ petits, très courts : le dernier très gros, en bouton solide, subsphérique.

Prothorax court, fortement transverse, rétréci en avant, un peu plus large en arrière que les élytres ; bisinueusement échancré au sommet, avec les angles antérieurs saillants, droits ou subaigus ; irrégulièrement arqué sur les côtés qui présentent parfois, surtout en arrière, des angles ou dents obsolètes, avec les angles postérieurs droits ou subaigus ; bisinué à la base ; subruguleux et nettement aréolé sur le dos, les aréoles médianes plus larges et plus profondes, rarement réunies, les latérales souvent réunies, moins accusées ainsi que les tout à fait externes ; largement explané sur les côtés ; d'un brun noir peu brillant, avec la partie explanée rousse, parée d'une tache interne plus pâle, subtransparente et subarquée, et d'une autre transversale, à la base.

Écusson à peine chagriné, subimpressionné, d'un noir brun.

Élytres subtransverses, 1 fois et demie aussi longues que le prothorax ; à peine arquées sur les côtés ; peu convexes, puis subdéprimées en arrière ; chargées sur leur disque, outre la carène suturale, de 3 côtes longitudinales saillantes, presque droites ; assez fortement et peu densement ponctuées dans les intervalles ; d'un noir peu brillant. *Repli* surmonté d'une fine côte médiane, outre la côte submarginale inférieure, assez fortement ponctué dans les intervalles.

Abdomen court, un peu plus large à sa base que les élytres, convexe, d'un noir brun assez brillant ; creusé sur les 2ᵉ à 4ᵉ segments de 4 grandes fossettes assez profondes, en carré subtransverse, séparées par des carènes assez étroites, dont la longitudinale médiane, assez saillante, offre à ses intersections un épatement sensible, avec les transversales moins étroites, épatées et lisses. Le 5ᵉ chagriné ou obsolètement ruguleux, 4-fovéolé à sa base seulement. Le 6ᵉ en cône émoussé, chagriné ou à peine ruguleux. *Carène dorsale* à crête subrectangulaire et subverticale.

Dessous du corps d'un noir brun et peu brillant. *Prosternum* et *mésosternum* chagrinés, aréolés sur leur milieu, le premier souvent subruguleux. *Métasternum* à peine chagriné, offrant sur son milieu 3 fovéoles allongées, peu profondes, la médiane plus prolongée en arrière ; présentant en outre, sur les côtés, quelques aréoles obsolètes, pointillées. *Ventre* à bourrelets lisses et brillants, à 6ᵉ arceau obsolètement chagriné, souvent roussâtre au moins à son sommet.

Pieds courts, à peine pubescents, à peine chagrinés, d'un roux assez clair. *Hanches postérieures* légèrement distantes. *Tibias* très finement sétuleux.

Patrie. Cette espèce, sans être commune, se prend un peu partout, au pied des meules de paille, parmi les feuilles mortes et les détritus, dans une grande partie de la France : la Flandre, la Normandie, la Champagne, la Lorraine, les environs de Paris et de Lyon, la Provence, la Guienne, le Languedoc, les Landes, etc.

Obs. Elle se distingue du *Marietti* par sa taille un peu moindre et sa forme un peu moins convexe ; par ses antennes à articles intermédiaires un peu plus courts et à bouton toujours d'un roux plus ou moins testacé ; par les carènes frontales moins nettes, avec les 2 externes souvent réunies en avant ; par les aréoles du prothorax un peu moins accusées et plus rugueuses ; par les intervalles des côtes des élytres un peu moins densement ponctués ; par les fossettes de l'abdomen moins profondes, avec la carène médiane terminée par une crête moins obtuse et plus verticale ; et par les 5ᵉ et 6ᵉ segments de l'abdomen moins lisses. La teinte générale est moins noire et moins brillante, la pointe de l'épistome ♂ est plus brusque et plus saillante, plus aiguë, etc.

Elle varie du noir brun au rouge obscur et au testacé (1).

5. Micropeplus staphylinoides, Marsham.

Oblong, peu convexe, d'un brun de poix assez brillant, avec les côtés du prothorax, les palpes, les antennes et les pieds roux. Tête subruguleuse, avec 1 sillon médian entre 2 protubérances presque lisses. Prothorax très court, plus large en arrière que les élytres, subarqué sur les côtés, obsolètement chagriné et distinctement aréolé sur le dos. Élytres transverses, un peu plus longues que le prothorax, chargées en dessus de 3 côtes longitudinales saillantes, sans compter la carène suturale ; à repli surmonté d'une fine côte médiane ; à intervalles fortement et peu densement ponctués. Abdomen à segments 2-4 assez profondément 4-fovéolés, le 5ᵉ seulement à sa base, à carène dorsale terminée par une dent très saillante.

♂ Le 6ᵉ *arceau ventral* subéchancré au sommet. *Épistome* terminé par une petite pointe courte. *Tibias* armés, vers le dernier tiers de leur tranche inférieure, d'une petite dent peu saillante.

(1) Le *Micr. latus* de Hampe (Wien. Ent. Mon. 1861, 65) est remarquable par sa taille assez grande, sa forme trapue, très convexe aux élytres, et sa couleur ferrugineuse. — Croatie.

♀ Le 6ᵉ *arceau ventral* entier. *Epistome* mousse. *Tibias* inermes.

Nti dula staphylinoides, MARSHAM, Ent. Brit. 137, 25.
Micropeplus Maillei, GUÉRIN, Icon. Ins. pl. 10, fig. 4.
Micropeplus staphylinoides, ERICHSON, Gen. et Spec. Staph, 913, 4 (1). — FAIR
MAIRE et LABOULBÈNE, Faun. Fr. I, 658, 2. — FAUVEL, Faun. Gallo Rhén. III,
10, 4.
♀ *Micropeplus Duvalii*, FAUVEL, Syn. 16, 5.

Long., 0,002 (5/6 l.). — Larg., 0,0008 (1/3 l.).

PATRIE. Cette espèce, qui est rare, se rencontre, au printemps et à
l'automne, au pied des arbres, sous les feuilles mortes et parfois avec les
fourmis, dans quelques provinces de la France : la Flandre, la Normandie,
la Bretagne, la Lorraine, le Languedoc, la Guienne, le Roussillon, etc.
J'en ai cependant capturé un exemplaire aux environs de Lyon.

OBS. Elle a tout à fait le faciès et la taille du *St. fulvus* dont elle est
très distincte par la sculpture de la tête, qui, au lieu de carinules, offre
en arrière 2 petites protubérances lisses ou obsolètement uniponctuées,
séparées entre elles par un sillon médian. Les élytres sont bien plus
courtes (2). La carène dorsale de l'abdomen est terminée par une crête
beaucoup plus saillante, prolongée en forme de dent plus ou moins acuminée, etc.

La couleur varie du brun de poix au ferrugineux plus ou moins clair.
Le prothorax est tantôt à peine plus large, tantôt bien plus large en
arrière que les élytres, à angles postérieurs plus ou moins saillants et
plus ou moins prolongés en arrière. Une variété de cette dernière forme,
provenant de Naples (collection Revelière), présente le front obsolètement
strié au lieu d'être bituberculé. Le prothorax et les élytres paraissent
encore plus fortement transverses (*Micr. laticollis.* R.).

La crête des ♀ est encore plus prolongée que celle des ♂.

La larve du *M. staphylinoides* a été décrite par M. Lubbock (Trans.
Ent. Soc. Lond. 1868, III, 275, pl. 13).

On rapporte au *staphylinoides* l'*obtusus* de Newmann (Ent. Mag. II, 201).

(1) Dans Kraatz, il y a par erreur, 931 au lieu de 913.
(2) Contrairement aux autres espèces, chez celle-ci les élytres ne sont pas sensiblement
subdéprimées en arrière.

6. Micropeplus obsoletus, REY.

Oblong, assez étroit, peu convexe, d'un noir de poix assez brillant, avec les palpes, les pieds et les antennes roux, le bouton de celles-ci un peu rembruni, le ventre et les côtés du prothorax d'un roux de poix, ceux-ci avec une grande tache oblongue, pâle et transparente. Tête obsolètement chagrinée, à sillon médian entre 2 protubérances subtriangulaires, lisses. Prothorax transverse, un peu plus large en arrière que les élytres, subcarrément atténué en avant, obsolètement chagriné et assez fortement aréolé sur le dos. Élytres subcarrées, bien plus longues que le prothorax, chargées en dessus de 4 fines côtes longitudinales, sans compter la carène suturale: la submarginale moins saillante, plus ou moins raccourcie en arrière, à repli surmonté d'une carène médiane aussi forte que la marginale : tous les intervalles à peine chagrinés, presque lisses ou éparsement et obsolètement pointillés. Abdomen à segments 2-4 profondément, le 5e à peine, 4-fovéolés à leur base ; lisse sur ses parties saillantes, à crête terminale nulle.

♂ Le *6e arceau ventral* canaliculé-subéchancré au sommet. *Épistome* subangulé en avant. *Tibias* (1) armés, avant le dernier tiers de leur tranche inférieure, d'une très petite dent.

♀ Le *6e arceau ventral* entier. *Épistome* subarrondi en avant. *Tibias* inermes.

Long., 0,0016 (2/3 l.). — Larg., 0,0007 (1/3 l.).

PATRIE. Cette intéressante petite espèce a été découverte, le 15 août, par M. Pandellé, en Barousse (Hautes-Pyrénées), parmi du foin gâté, à 1,500 mètres d'altitude.

OBS. Elle est plus oblongue, plus petite, plus lisse et plus brillante que es précédentes, dont elle diffère nettement par la présence d'une fine côte dorsale entre la 2e et la marginale, mais plus rapprochée de celle-ci. Elle est bien moins trapue que le *tesserula* dont elle a l'aspect lisse et brillant; elle s'en distingue, en outre, par la côte saillante médiane d repli des élytres, etc.

(1) La dent des tibias antérieurs et intermédiaires est faible et parfois peu distincte.

BRÉVIP. 2

7. Micropeplus tesserula, CURTIS.

Ovale-oblong, subconvexe, d'un noir un peu brillant, avec les côtés du prothorax un peu moins foncés, les palpes, la base des antennes et les pieds d'un roux de poix. Tête subruguleuse, bituberculée. Prothorax très court, aussi large en arrière que les élytres, subarqué sur les côtés, subruguleux et nettement aréolé sur le dos. Élytres subtransverses, plus longues que le prothorax, chargées en dessous de 3 côtes longitudinales fines et assez saillantes, sans compter la carène suturale, à repli sans côte médiane, à intervalles lisses ou simplement chagrinés. Abdomen à segments 2-4 légèrement 4-fovéolés à leur base, les 5e et 6e simplement subruguleux, à carène dorsale obtuse et sans crête. Hanches postérieures assez largement distantes.

Micropeplus tesserula, CURTIS, Ent. Brit. V, pl. 204 — ERICHSON, Gen. et Spec. Staph. 913, 5. — REDTENBACHER, Faun. Austr. ed. 2, 259. — KRAATZ, Ins. Deut. II, 1055, 5. — THOMSON, Skand. Col. IV, 196, 3. — FAUVEL, Faun. Gallo-Rhén., III, 11, 5, pl. I, fig. 2.
Omalium staphylinoides, GYLLENHAL, Ins. Suec., II, 213, 13.
Micropeplus staphylinoides, HEER, Faun. Helv., I, 169, 2.

Long., 0,0014 (2/3 l.). — Larg., 0,0011 (1/2 l.).

Corps ovale-oblong, subconvexe, d'un noir un peu brillant, avec les côtés du prothorax un peu moins foncés.

Tête moins large que le prothorax, peu convexe, subruguleuse, arcuément subélevée sur les côtés, transversalement sillonnée en avant et en arrière, offrant sur sa partie postérieure 2 tubercules oblongs, obliques, plus lisses, séparés entre eux et des côtés par un sillon; d'un noir peu brillant. *Epistome* chagriné, mousse en avant. *Bouche* obscure, *palpes* d'un roux de poix. *Yeux* noirs.

Antennes courtes, à peine pubescentes, obscures, à base d'un roux de poix; à 1er article renflé, le 2e un peu moins : les suivants petits, grêles : le dernier grand, en bouton solide et subsphérique.

Prothorax très court, très fortement transverse, rétréci en avant, aussi large en arrière que les élytres; bisinueusement subéchancré au sommet, avec les angles antérieurs assez saillants et subobtus; irrégulièrement subarqué sur les côtés, avec le milieu de ceux-ci parfois obtusément subangulé, et les angles postérieurs droits ou presque droits; subbisinué

à la base ; subruguleux et nettement aréolé sur le dos, les aréoles médianes plus profondes et plus oblongues ; largement explané sur les côtés ;
d'un noir un peu brillant, avec la partie explanée d'un brun roussâtre,
surtout antérieurement, et parée d'une petite tache interne pâle, transparente et parfois peu distincte.

Ecusson presque lisse, noir.

Elytres subtransverses, au moins 1 fois 1/3 aussi longues que le prothorax ; subparallèles sur les côtés et parfois même subsinuées sur le
milieu de ceux-ci ; subconvexes sur leur disque, puis faiblement subdéprimées en arrière ; chargées, outre la carène suturale, de 3 côtes longitudinales fines, assez saillantes et presque droites ; lisses ou simplement chagrinées dans les intervalles; d'un noir un peu brillant. *Repli*
subruguleux, sans côte médiane, à côte submarginale saillante.

Abdomen court, de la longueur des élytres, convexe, d'un noir assez
brillant ; creusé à la base des 2e à 4e segments de 4 fossettes peu profondes, semilunaires; simplement subruguleux sur les 5e et 6e et sur tous
les intervalles. Le 6e en cône court et tronqué. *Carène dorsale* obtuse,
sans crête terminale.

Dessous du corps d'un noir un peu brillant, subruguleux ou chagriné.
Ventre à bourrelets plus lisses.

Pieds courts, à peine pubescents, à peine chagrinés, d'un roux de
poix. *Hanches [postérieures* assez largement distantes. *Tibias* à peine
sétuleux.

Patrie. Cette espèce, très rare en France, se prend en été, dans les
vieilles souches des arbres et parmi les détritus, dans la Flandre et la
Bourgogne.

Obs. Elle est distincte de tous ses congénères par sa taille plus petite
et ramassée ; par ses élytres à intervalles lisses ou à peine chagrinés,
avec le repli sans côte médiane.

Le rebord du repli des élytres est parfois roussâtre sur sa tranche
inférieure. Le corps est plus ou moins brillant, l'intervalle des côtes plus
ou moins lisse.

On fait synonyme de *tesserula* le *costipennis* de Maeklin (Bull. Mosc.,
1853, III, 200).

TABLEAU MÉTHODIQUE

DES

COLÉOPTÈRES BRÉVIPENNES

GROUPE DES MICROPEPLIDES

Genre *Micropeplus*, LATREILLE.
   porcatus, FABRICIUS.
   caelatus, ERICHSON.
   longipennis, KRAATZ.
   Eppelsheimi, REITTER.
   Marietti, J. DUVAL.

fulvus, ERICHSON.
latus, HAMPE.
staphylinoïdes, MARSHAM.
laticollis, REY.
obsoletus, REY.
tesserula, CURTIS.

TABLE ALPHABÉTIQUE

DES MICROPÉPLIDES

TROISIÈME GROUPE

Caractères. *Antennes* libres, de 11 articles ; terminées par une massue de 3 articles. Le 1er *article des palpes maxillaires* allongé, grêle, plus long que la moitié du suivant : le dernier presque invisible. Toutes les *hanches* petites ou en cône court : les *postérieures* notablement distantes (1).

Obs. Ce groupe, remarquable par le développement du 1er article des palpes maxillaires et par l'écartement notable des hanches postérieures, ne se compose que de deux genres peu tranchés :

Yeux
séparés du cou par un intervalle sensible. *Abdomen* terminé par 2 longs styles sétiformes. *Languette* non productile. *Menton* en carré transverse. . . . . Dianous.

étendus en arrière jusqu'au cou. *Abdomen* terminé par 2 styles courts, souvent subépineux. *Languette* plus ou moins productile. *Menton* trapéziforme. . . . . Stenus.

Genre *Dianous*, Dianous ; Curtis.

Curtis, Brit. Ent. III, pl. 107. — J. Duval, Gen. Staph, pl. 20, fig. 96.

Étymologie : διανοέομαι, je médite.

Caractères. *Corps* allongé, subsemicylindrique, ailé.

Tête grande, transverse, plus large que le prothorax, resserrée à sa base, portée sur un col court, bien distinct et subcylindrique. *Tempes*

---

(1) Chez les *Micropéplides (Micr. porcatus)*, les hanches postérieures sont, par exception, largement distantes, mais non séparées entre elles par un prolongement bilobé du métasternum comme chez les *Sténides*, dont les antennes, du reste, autrement conformées, sont tout à fait libres à l'état de repos.

mutiques sur les côtés, séparées en dessous par un intervalle étroit, évasé en avant. *Epistome* confondu avec le front, largement tronqué à son bord antérieur. *Labre* très large, très court, à peine arrondi au sommet. *Mandibules* longues, falciformes, fortement arquées, très aiguës, obsolètement crénelées intérieurement, armées en dedans, avant leur extrémité, d'une forte dent aiguë. *Palpes maxillaires* allongés, grêles, à 3 premiers articles allongés, graduellement plus longs : le 1er plus long que la moitié du suivant : le 3e subépaissi vers son extrémité : le dernier subulé, très petit, à peine distinct. *Languette* non productile. *Palpes labiaux* courts, de 3 articles : le 1er oblong, subarqué : le 2e plus long, plus épais, subovalaire : le dernier petit, grêle, subulé. *Menton* grand, en carré tranverse, tronqué en avant, à disque relevé en un large triangle.

Yeux grands, subovalairement arrondis, saillants, séparés du cou par un intervalle sensible.

Antennes assez longues, grêles, insérées sur le front entre les yeux, près du bord antéro-interne de ceux-ci ; à 2 premiers articles subépaissis : les suivants grêles : le 3e très allongé, les 4e à 8e graduellement moins longs : les 3 derniers un peu plus épais, formant une massue allongée : les pénultièmes obconiques : le dernier en ovale acuminé.

Prothorax à peine oblong, subcylindrique ; subrétréci en arrière ; bien moins large que les élytres, subarrondi au sommet, tronqué à la base, finement rebordé sur l'un et l'autre ; à angles effacés ou infléchis. *Repli* grand, trapéziforme, visible vu de côté, tronqué ou subéchancré vers les hanches antérieures. *Epimères prothoraciques* très grandes, séparées du repli par une très fine ligne oblique.

Ecusson très petit, en triangle transverse.

Elytres subcarrées, plus longues que le prothorax, dépassant à peine ou non la poitrine, simultanément échancré s à leur bord apical, sinuées à leur angle postéro-externe, finement rebordées sur la suture, plus finement au sommet, mousses et subparallèles sur les côtés. *Repli* grand, subvertical, rebordé et subarrondi à sa marge inférieure. *Epaules* assez saillantes.

Prosternum très développé, relevé en dos d'âne sur son milieu, prolongé entre les hanches antérieures en pointe courte et plus ou moins enfouie. *Mésosternum* assez grand, bisinueusement tronqué en avant, rétréci entre les hanches intermédiaires en pointe assez large et mousse, prolongée au moins jusqu'à la moitié de celles-ci. *Médiépisternums* grands, confondus avec le mésosternum. *Médiépimères* assez grandes, peu limitées, triangulaires. *Métasternum* grand, fortement sinué pour l'insertion des hanches postérieures, prolongé entre celles-ci en 2 lobes (1) larges, déprimés ou subexcavés ; avancé entre les intermédiaires en angle court et mousse. *Postépisternums* très étroits, seulement visibles en arrière. *Postépimères* très grandes, triangulaires.

Abdomen assez large, subatténué postérieurement, rebordé sur les côtés, se recourbant un peu en l'air ; à 4 premiers segments subégaux, le 5e un peu plus grand : le 6e court, fortement rétractile : celui de l'armure distinct, terminé par 2 longues soies (?). *Ventre* à 1er arceau avancé à sa base en pointe subcarinulée, plus grand que les suivants : ceux-ci graduellement un peu plus courts : le 5e un peu plus grand que le 4e, largement sinué à son bord postérieur (♂ ♀) : le 6e assez saillant, rétractile : le 7e parfois distinct.

Hanches petites, en cône court et mousse. Les *antérieures* subcontiguës ; les *intermédiaires* légèrement, les *postérieures* notablement distantes.

Pieds allongés, grêles. *Trochanters* petits, subcunéiformes. *Cuisses* à peine renflées vers leur milieu, subatténuées aux deux extrémités. *Tibias* grêles, simplement pubescents, sublinéaires ou subélargis vers leur sommet, obliquement coupés et ciliés-frangés à celui-ci, munis au bout de leur tranche inférieure de 2 petits éperons très courts et presque indistincts. *Tarses* subfiliformes, plus courts que les tibias, à 1er article suballongé ou oblong, les suivants plus courts : le 4e bilobé : le 5e en massue allongée, plus long que les 2 précédents réunis. *Ongles* longs, très grêles, infléchis, arqués vers leur sommet.

Obs. La seule espèce de ce genre vit au bord des eaux. Elle n'est pas très agile.

1. Dianous caerulescens, Gyllenhal.

Allongé, peu convexe, brièvement pubescent, d'un bleu noirâtre assez brillant, avec les élytres parées d'une tache arrondie fauve. Tête large,

---

(1) Ces lobes sont séparés simultanément du reste de la surface par une fine ligne transversale, subangulée en arrière dans son milieu.

(2) Ces soies, généralement obscures, paraissent insérées chacune à l'angle postéro-externe du 7e arceau ventral.

assez finement et densément ponctuée, obliquement bisillonnée. Prothorax à peine oblong, beaucoup moins large que les élytres, subarrondi sur les côtés avant leur milieu et subrétréci en arrière, assez fortement et densément ponctué, moins densément sur son milieu. Elytres plus longues que le prothorax, subimpressionnées ou déprimées le long de la suture, assez fortement et densément ponctuées. Abdomen finement et densément pointillé.

♂ Le 6° *arceau ventral* subangulairement échancré au sommet, laissant apercevoir le 7°.

♀ Le 6° *arceau ventral* prolongé en ogive arrondie, cachant le 7°.

Stenus caerulescens, GYLLENHAL, Ins. Suec. II, 463, 1.
Stenus biguttatus, LJUNGH, Web. et Mohr. Arch. I, 62, 5.
Dianous caerulescens, CURTIS, Brit. Ent. III, pl. 107.— MANNERHEIM, Brach. 41,1.
— BOISDUVAL et LACORDAIRE, Faun. Par. I, 440 — ERICHSON, Col. March. 1, 528, 1;
— Gen. et Spec. Staph. 689, 1. — REDTENBACHER, Faun. Austr. ed. 2, 218. —
HEER, Faun. Helv. I, 213, 1. — FAIRMAIRE et LABOULBÈNE, Faun. Fr. I, 572, 1.
— KRAATZ, Ins. Deut. II, 739, 1.— THOMSON, Skand. Col. II, 211, 1.— FAUVEL,
Faun. Gallo-Rhén. III, 225, 1.

Long., 0,0055 (2 1/2 l.). — Larg., 0,0014 (2/3 l.).

Corps allongé, peu convexe, d'un bleu noirâtre assez brillant, avec une tache arrondie fauve sur les élytres ; revêtu d'un léger duvet court et blanchâtre.

Tête plus large que le prothorax, légèrement duveteuse, assez finement et densément ponctuée, subdéprimée ; marquée entre les yeux de 2 sillons obliques, plus rapprochés en avant et à intervalle subconvexe ; d'un bleu noirâtre assez brillant. *Palpes* noirs. *Mandibules* d'un roux de poix. *Yeux* obscurs, micacés.

Antennes environ de la longueur de la tête et du prothorax réunis, pubescentes, noires à extrémité subferrugineuse ; à 2 premiers articles subépaissis, le 2° à peine plus court et un peu moins épais : les suivants grêles : le 3° très allongé : les 4° à 8° graduellement un peu moins longs et à peine plus épais : les 4° à 7° assez allongés, le 8° plus court, oblong, obconique : les 3 derniers plus épais, formant ensemble une massue allongée et peu renflée, avec les pénultièmes suboblongs, obconiques, et le dernier en ovale acuminé.

Prothorax à peine oblong, subcylindrique ; subarrondi sur les côtés avant son milieu et puis subrétréci en arrière, où il est près d'une fois moins large que les élytres prises ensemble ; subconvexe ; à peine duve-teux ; un peu plus fortement ponctué que la tête, densément sur ses parties latérales, plus lâchement sur son milieu ; d'un bleu noirâtre assez brillant.

Écusson lisse, d'un noir brillant.

Élytres subcarrées, sensiblement plus longues que le prothorax, sub-parallèles ou à peine arquées sur leurs côtés ; très peu convexes ; sub-impressionnées ou déprimées le long de la suture ; longitudinalement subimpressionnées en dedans des épaules ; légèrement duveteuses ; assez fortement et densément ponctuées ; d'un bleu noirâtre assez brillant, avec une grande tache d'un roux fauve, subarrondie et située après le milieu du disque. *Épaules* étroitement arrondies.

Abdomen un peu plus long et sensiblement moins large que les élytres ; arcuément subatténué en arrière ; subconvexe, avec les 3 premiers seg-ments fortement et le 4e plus faiblement sillonnés en travers à leur base ; légèrement duveteux ; finement et densément pointillé ; d'un noir un peu bleuâtre et assez brillant. Le 6e *segment* rentré, très court. Le 7e en ogive obtuse (♀) ou subtronquée (♂), déprimé (♀) ou subimpres-sionné vers son extrémité.

Dessous du corps duveteux, densément ponctué, plus dénsément et ru-gueusement sur l'antépectus et le médipectus, plus finement sur le ventre ; d'un noir assez brillant et un peu bleuâtre. *Métasternum* subimpressionné et lisse au devant des lobes postérieurs. *Ventre* convexe, à duvet plus apparent, plus pâle et moins redressé que celui de la poitrine, à 5e arceau largement sinué à son bord apical.

Pieds duveteux, finement et très densément pointillés, d'un noir à peine bleuâtre. *Tarses* obscurs, ciliés-pubescents, à 5e article parfois un peu roussâtre.

PATRIE. Cette espèce, peu commune, se trouve, tout l'été, au bord des cascades et des ruisseaux, sous les pierres et parmi les mousses et feuilles mortes humides, dans une grande partie de la France. Je l'ai, une seule fois, capturée en Provence, aux environs de Fréjus, sur les bords du Reyran.

OBS. La teinte bleue est rarement un peu verdâtre. Le prothorax offre souvent de faibles impressions ou inégalités peu senties. Par l'effet du contraste, la tache des élytres paraît entourée d'un cercle violet.

Les styles sétiformes qui terminent l'abdomen, sont souvent accompagnés, surtout chez les ♂, chacun de 1 ou 2 autres soies plus légères et moins obscures.

Genre *Stenus*, STÈNE; Latreille.

LATREILLE, Préc. Car. Gén. Ins. p. 77. — J. DUVAL, Gen. Staph. 51, pl. 19, fig. 94.

ÉTYMOLOGIE : στενός, étroit.

CARACTÈRES. *Corps* plus ou moins allongé, rarement oblong, subcylindrique ou semicylindrique, ailé ou aptère.

Tête grande, transverse, généralement plus large que le prothorax, resserrée à sa base, portée sur un col court et subcylindrique. *Tempes* annihilées en arrière sur les côtés, séparées en dessous par un intervalle assez grand, lisse ou presque lisse. *Epistome* confondu avec le front, tronqué au sommet. *Labre* large, court, subarrondi à son bord antérieur. *Mandibules* longues, falciformes, arquées, aiguës, armées en dedans près de leur sommet d'une forte dent aiguë, subcrénelée à son côté interne (1). *Palpes maxillaires* plus ou moins allongés, à 3 premiers articles allongés, graduellement plus longs, ou bien le 1er suballongé et les 2e et 3e allongés, subégaux, avec celui-ci subépaissi vers son extrémité, parfois subfusiforme : le dernier subulé, très petit, à peine distinct. *Languette* productile. *Palpes labiaux* courts, de 3 articles : le 1er suballongé, subarqué : le 2e plus ou moins renflé : le 3e très petit, subulé, presque indistinct. *Menton* assez grand, trapéziforme, plus étroit en avant, plus ou moins sculpté, souvent relevé sur son disque en une saillie triangulaire, à sommet parfois plus avancé que le bord antérieur.

Yeux très grands, subovalairement arrondis, saillants, étendus en arrière jusqu'au cou.

Antennes généralement peu allongées, grêles, insérées sur le front entre les yeux, près du bord antéro-interne de ceux-ci ; à 2 premiers articles plus épais : les suivants plus grêles, graduellement moins longs : les 3 derniers formant une massue allongée ou suballongée, le plus

_____

(1) Suivant que cette dent est plus ou moins rapprochée du sommet, la mandibule paraît bidentée ou unidentée au bout.

souvent bien distincte : le dernier plus ou moins ovalaire, plus ou moins acuminé.

Prothorax subcylindrique, plus ou moins arqué sur le côtés, généralement un peu plus rétréci en arrière qu'en avant, moins large que les élytres ; à peine arrondi au sommet, subtronqué à la base ; non ou très finement rebordé sur l'un et sur l'autre (1). *Repli* grand, visible vu de côté. *Epimères prothoraciques* grandes, séparées du repli par une ligne oblique, rarement longitudinale (2).

Ecusson très petit, souvent peu distinct, triangulaire.

Elytres suboblongues, subcarrées ou transverses, dépassant à peine ou non la poitrine, tronquées ou simultanément subéchancrées à leur bord apical, subsinuées ou non à leur angle postéro-extrême, très finement rebordées sur la suture et au sommet, mousses sur les côtés. *Repli* assez grand, subvertical, rebordé et subarqué à sa marge inférieure. *Epaules* assez saillantes.

Prosternum plus ou moins développé, parfois relevé en dos d'âne sur son milieu, prolongé entre les hanches antérieures en pointe courte, brusque, aiguë ou acérée, souvent enfouie. *Mésosternum* assez grand, bisinueusement tronqué en avant, brusquement rétréci, entre les hanches intermédiaires, en pointe parfois subaiguë, d'autres fois assez large, mousse ou même tronquée au bout, prolongée au delà de la moitié de celles-ci. *Médiépisternums* grands, confondus avec le mésosternum. *Médiépimères* grandes, triangulaires. *Métasternum* plus ou moins développé, fortement sinué pour l'insertion des hanches postérieures, prolongé entre celles-ci en 2 lobes larges, déprimés ou subexcavés ; avancé entre les intermédiaires en angle prononcé, mousse ou subtronqué. *Postépisternums* très étroits, seulement visibles en arrière. *Postépimères* très grandes, triangulaires.

Abdomen plus ou moins allongé, tantôt subparallèle, tantôt atténué en arrière, rebordé chez les uns et non chez les autres, se recourbant un peu en l'air ; à 4 premiers segments subégaux, le 5e un peu plus grand : le 6e plus étroit, saillant, rétractile : celui de l'armure distinct, terminé par 2 styles très courts, subépineux, quelquefois par 2 soies molles et

---

(1) Tous les angles sont effacés, ainsi que dans le genre *Dianous*.
(2) Elles sont généralement éparsement ponctuées, à interstices lisses, au lieu qu'elles le sont densément dans le genre *Dianous*.

pâles (1). *Ventre* à 1er arceau plus ou moins carinulé à sa base (2), plus grand que les suivants : ceux-ci subégaux ou graduellement un peu plus courts, avec le 5e à peine ou un peu plus grand : le 6e assez saillant, rétractile : le 7e souvent (♂) distinct.

Hanches petites, subglobuleuses ou en cône court. Les *antérieures* subcontiguës, souvent subétranglées dans leur milieu ; les *intermédiaires* légèrement ou médiocrement, les *postérieures* notablement distantes.

Pieds plus ou moins allongés, plus ou moins grêles. *Trochanters* petits, subcunéiformes. *Cuisses* étroites, un peu renflées vers leur milieu, parfois sublinéaires. *Tibias* grêles, simplement pubescents, sublinéaires (3) ; quelquefois subélargis vers leur sommet, obliquement coupés et ciliés-frangés à celui-ci, à éperons presque indistincts. *Tarses* plus ou moins allongés, souvent grêles, d'autres fois subdéprimés, parfois assez courts, à 4e article ou simple ou bilobé : le dernier en massue allongée, subégal aux 2 précédents réunis ; les *postérieurs* à 1er article ou très allongé et plus long que le dernier, ou allongé et subégal au dernier. *Ongles* petits, grêles, arqués.

Obs. Ce genre, remarquable par la grosseur des yeux, renferme un très grand nombre d'espèces qui, bien que d'un faciès analogue, varient passablement sous le rapport de l'abdomen et des tarses. Elles sont agiles et se plaisent en général au bord des eaux et dans les lieux humides.

J'ai cru indispensable de les répartir en plusieurs sous-genres, pour éviter de trop grands tableaux.

---

(1) Dans le genre *Dianous*, les soies terminales sont noires, bien plus longues et surtout plus raides, tandis qu'ici elles sont pâles, plus courtes et molles (*salinus, binotatus, plantaris, tempestivus*, etc.).

(2) La carène est plus ou moins accusée, plus ou moins prolongée.

(3) Les tibias postérieurs, et parfois les intermédiaires, sont un peu recourbés en dehors ou en dedans vers leur extrémité.

A. Le 4ᵉ *article des tarses* entier, parfois cordiforme ou subbilobé, non
   ou à peine plus large que le 3ᵉ : *celui-ci* toujours entier.
  B. *Abdomen* nettement rebordé sur les côtés.
    C. *Tarses postérieurs* allongés, aussi longs ou un peu moins longs
       que les tibias, à 1ᵉʳ article allongé ou très allongé, généralement
       plus long que le dernier (1) : le 2ᵉ suballongé, très rarement
       oblong. . . . . 1ᵉʳ sous-genre STENUS.
    CC. *Tarses postérieurs* courts ou assez courts, un peu ou à peine
        plus longs que la moitié des tibias, à 1ᵉʳ article suballongé, sub-
        égal au dernier : le 2ᵉ oblong ou suboblong. . 2ᵉ sous-genre NESTUS.
  BB. *Abdomen* non rebordé sur les côtés (si ce n'est à peine aux
      2 premiers segments). . . . . 3ᵉ sous-genre TESNUS.
AA. Le 4ᵉ *article des tarses* profondément bilobé, plus large que le 3ᵉ ;
    celui-ci parfois semibilobé.
  D. *Abdomen* nettement rebordé sur les côtés.
    E. *Tarses postérieurs* allongés, grêles, sensiblement plus longs
       que la moitié des tibias, sublinéaires jusqu'au sommet du 3ᵉ ou
       au moins du 2ᵉ article : le 1ᵉʳ allongé ou très allongé, bien plus
       long que le dernier. *Prothorax* généralement avec un sillon
       dorsal. . . . . 4ᵉ sous-genre MESOSTENUS.
    FE. *Tarses postérieurs* peu allongés, un peu ou à peine plus
        longs que la moitié des tibias, subdéprimés et graduellement
        élargis en palette, au moins dès le sommet du 2ᵉ article : le 1ᵉʳ
        suballongé ou oblong, non plus long que le dernier. *Prothorax*
        sans sillon dorsal. . . . . 5ᵉ sous-genre HEMISTENUS.
  DD. *Abdomen* non rebordé sur les côtés (si ce n'est à peine au
      1ᵉʳ segment). . . . . 6ᵉ sous-genre HYPOSTENUS

1ᵉʳ Sous-genre STENUS

OBS. Ce sous-genre est remarquable par le développement des tarses
postérieurs et surtout de leur 1ᵉʳ article qui est bien plus long que le
dernier, sauf de rares exceptions (*Guynemeri, aterrimus, alpicola*), mais
alors le 2ᵉ est suballongé ou au moins fortement oblong. Les 3ᵉ et 4ᵉ
sont suballongés ou oblongs, rarement assez courts. Le 4ᵉ article de
tous les tarses est entier et l'abdomen est toujours nettement rebordé. La
taille est ordinairement grande ou assez grande, très rarement petite. Il
renferme un assez grand nombre d'espèces dont je donne 2 tableaux :

(1) Les caractères tirés de la couleur des pieds étant variables et ceux des carènes abdo-
minales étant souvent peu appréciables, j'ai dû les subordonner à la méthode de Thomson qui
fait prédominer la structure des tarses postérieurs, caractère organique qui rapproche les
espèces d'une manière plus naturelle et plus absolue, malgré de rares exceptions.

a. *Elytres* parées d'une tache rouge ou fauve, ou testacée.

  b. *Pieds* entièrement noirs ou noirâtres. Les *premiers segments de l'abdomen* sans carène basilaire.

    c. *Tache des élytres* arrondie, réduite au disque. Leur *angle postéro-externe* ponctué.

      d. *Tache des élytres* petite ou médiocre, située immédiatement après le milieu du disque.

        e. *Tache des élytres* petite, également distante de la suture et des côtés. Le 1er *article des palpes* et *base du* 2e testacés.   1. BIGUTTATUS.

        ee. *Tache des élytres* médiocre, un peu plus distante de la suture que des côtés. Le 1er *article des palpes* seul testacé. . . 2. DIPUNCTATUS.

      dd. *Tache des élytres* assez grande, située sur le tiers postérieur du disque, rapprochée des côtés. Le 1er *article des palpes* seul d'un roux testacé. . . . . 3. LONGIPES.

    cc. *Tache des élytres* transversale, étendue jusque sur le repli. Leur *angle postéro-externe* presque lisse. . . . . 4. OCELLATUS.

  bb. *Pieds* variés de noir et brun ou de testacé.

    f. Les *premiers segments de l'abdomen* sans carène à leur base. *Elytres* inégales, à tache grande, bien plus rapprochée des côtés que de la suture. *Prothorax* inégal, avec 2 petites bosses lisses. *Taille* médiocre.

      g. Les 3 *premiers segments de l'abdomen* presque aussi densément ponctués sur le milieu que sur les côtés. *Tache des élytres* rapprochée des côtés. . . . . 5. GUTTULA.

      gg. Les 3 *premiers segments de l'abdomen* presque lisses sur leur milieu. *Tache des élytres* touchant aux côtés. . . . . 6. LAEVIGATUS.

    ff. Les *premiers segments de l'abdomen* unicarénés à leur base. *Elytres* presque égales (1), à tache petite, subégalement distante des côtés et de la suture. *Prothorax* subégal, avec un simple sillon dorsal.

      h. *Cuisses* à peine rembrunies à leur extrémité. *Taille* médiocre. . . . . 7. STIGMULA.

      hh. *Cuisses* assez largement rembrunies à leur extrémité. *Taille* grande. . . . . 8. BIMACULATUS.

1. Stenus biguttatus, LINNÉ.

Allongé, peu convexe, brièvement pubescent, d'un noir à peine bronzé et assez brillant, avec la base des palpes maxillaires testacée, et les élytres parées d'une petite tache fauve, située après le milieu du disque et

(1) Le mot *égal*, par opposition à *inégal*, s'entend d'une surface sans bosses ni impressions.

*également distante de la suture et des côtés. Tête bien plus large que le
prothorax, assez finement et densément ponctuée, excavée avec une petite
carène médiane. Prothorax oblong, bien moins large que les élytres, subarqué avant le milieu de ses côtés, assez fortement, densément et subrugueusement ponctué, avec un petit sillon médian, raccourci. Élytres un
peu plus longues que le prothorax, subinégales, fortement, densément et
subrugueusement ponctuées. Abdomen assez finement et densément ponctué.*

♂ Le 6ᵉ *arceau ventral* déprimé sur sa région médiane, profondément échancré au sommet, laissant apercevoir le 7ᵉ. Le 5ᵉ largement et
légèrement sinué dans le milieu de son bord apical, avec une impression
transverse, lisse, au-devant du sinus, limitée de chaque côté par une
carène obtuse et légèrement ciliée au bout. Le 4ᵉ à légère dépression
terminale, lisse.

♀ Le 6ᵉ *arceau ventral* prolongé en ogive arrondie, cachant le 7ᵉ. Les
4ᵉ et 5ᵉ simples.

Staphylinus biguttatus, Linné, Faun. Suec. 851. — Fabricius, Gen. Ins. 241,
11-12. — De Villers, Ent. I, 415, 15. — Walkenaer, Faun. Par. I, 276, 2.
Stenus biguttatus, Fabricius, Syst. El. II, 602, 1. — Gravenhorst, Micr. 154,
2 ; — Mon. 225, 2 — Latreille, Hist. nat. Crust. et Ins. IX, 352, 2, pl. 80,
fig. 1. — Gyllenhal, Ins. Suec. II, 464, 2. — Guérin, Icon. Régn. an. Ins. pl. 9,
fig. 8. — Boisduval et Lacordaire, Faun. Par. I, 443, 3. — Heer, Faun. Helv. I,
213, 1 (1). — Erichson, Col. March. I. 529, 1 ; — Gen. et Spec. Staph. 690, 1.—
Redtenbacher, Faun. Austr. ed. 2, 218, 5. — Fairmaire et Laboulbène, Faun.
Fr. I, 573, 1. — Kraatz, Ins. Deut. II, 742, 1. — Thomson, Skand. Col. II, 227,
31. — Fauvel, Faun. Gallo.-Rhén. III, 231, 1.
Paederus biguttatus, Olivier, Ent. III, nᵒ 44, 5, 4, pl. I, fig. 3, *a*, *b*.
Stenus bipustulatus, Ljungh, Web. u. Mohr. arch. I, 1, 63, 4. — Mannerheim,
Brach. 41, 1. — Runde, Brach. Hal. 14, 1.
Staphylinus bipustulatus, Marsham, Ent. Brit. 527, 82.

Long., 0,005 (2 1/4 l.). — Larg., 0,0007 (1/3 l.).

Corps allongé, peu convexe, d'un noir à peine bronzé et assez brillant,
avec les élytres parées d'une petite tache fauve ; revêtu d'un court duvet
brillant et argenté.

Tête bien plus large que le prothorax, à peine duveteuse, assez finement et densément ponctuée ; excavée avec une petite carène longitudi-

____
(1) Dans Kraatz (p. 742), au lieu de 203, il faut lire 213.

nale étroite, presque lisse, raccourcie en avant; d'un noir à peine bronzé et un peu brillant. *Mandibules* noires, à extrémité d'un roux de poix. *Palpes maxillaires* obscurs, à 1er article et base du 2e testacés (1). *Yeux* noirs, parfois lavés de gris.

Antennes atteignant à peine le milieu du prothorax, légèrement pubescentes, d'un brun de poix, avec le 1er article et la massue plus obscurs; à 1er article subépaissi : le 2e un peu moins épais, à peine plus court : le 3e grêle, allongé, presque 2 fois aussi long que le 4e : celui-ci et les suivants graduellement plus courts et à peine plus épais, avec les 7e et 8e obconiques, oblongs ou suboblongs : les 3 derniers subépaissis en massue allongée : les 2 pénultièmes subcarrés ou obconiques : le dernier en ovale acuminé.

Prothorax oblong, bien moins large que les élytres; subarqué sur les côtés avant leur milieu, subégalement rétréci en avant et en arrière; peu convexe; à peine duveteux; assez fortement, densément et subrugueusement ponctué; creusé sur son milieu d'un petit sillon longitudinal, canaliculé, raccourci, et de chaque côté d'une fossette peu marquée; d'un noir à peine bronzé et un peu brillant.

Écusson peu distinct, chagriné, noir.

Elytres subcarrées, un peu plus longues que le prothorax, subarcuément subélargies en arrière; subinégales, peu convexes; impressionnées à la base sur la suture et plus obsolètement en dedans des épaules; légèrement duveteuses, avec le duvet formant sur le milieu des côtés une plaque plus apparente; fortement, densément et subrugueusement ponctuées; d'un noir submétallique assez brillant; parées immédiatement après leur milieu d'une petite tache fauve, subarrondie et également distante de la suture et des côtés. *Epaules* étroitement arrondies.

Abdomen allongé, un peu moins large à sa base que les élytres; subatténué en arrière; subconvexe, avec les 4 premiers segments fortement impressionnés en travers à leur base et le 5e bien plus faiblement; distinctement duveteux, surtout sur les côtés; assez finement et densément ponctué, graduellement plus finement et plus légèrement vers son extrémité; rugueux dans le fond des impressions; d'un noir submétallique brillant. Le 7e *segment* très éparsement ponctué, subimpressionné vers son sommet.

Dessous du corps duveteux, d'un noir submétallique et brillant sur le

(1) Je ne parlerai pas de la couleur des palpes labiaux qui sont peu distincts.

postpectus et le ventre, mat et rugueux sur le prosternum et le mésosternum. *Épimères prothoraciques* très éparsement ponctuées (1). *Métasternum* subconvexe, assez densément ponctué, plus densément sur les
côtés, avec sa ligne médiane plus lisse et offrant parfois en arrière une
fossette ou impression lanciforme. *Ventre* convexe, assez finement et
densément ponctué, plus finement et plus légèrement vers son extrémité.

Pieds à peine duveteux, légèrement pointillés, d'un noir assez brillant,
avec les trochanters d'un roux de poix et le sommet des tarses brunâtres. *Tarses postérieurs* à peine moins longs que les tibias, à 1er article
très allongé, notablement plus long que le dernier : les 2e à 4e suballongés
ou fortement oblongs, graduellement moins longs.

PATRIE. Cette espèce est assez commune, courant au bord des eaux,
ou bien sous les pierres et les détritus des lieux humides, toute l'année
et dans presque toute la France. Je ne l'ai pas rencontrée dans la zone
méditerranéenne.

OBS. Elle varie peu, si ce n'est que le prothorax est parfois à peine
impressionné sur ses côtés. La tache des élytres est plus ou moins petite.
Le 2e article des palpes est parfois entièrement testacé.

Les ♀ sont un peu moins étroites, surtout à l'abdomen, et cela dans
la plupart des espèces.

2. Stenus bipunctatus, ERICHSON.

*Allongé, peu convexe, brièvement pubescent, d'un noir à peine bronzé
et un peu brillant, avec le 1er article des palpes maxillaires testacé, et
les élytres parées d'une tache fauve, médiocre, située après le milieu du
disque et un peu plus distante de la suture que des côtés. Tête sensiblement plus large que le prothorax, assez finement et densément ponctuée,
subexcavée avec une petite carène médiane. Prothorax oblong, bien moins
large que les élytres, subarqué avant le milieu de ses côtés, subimpressionné
vers le milieu de celui-ci, fortement, densément et rugueusement ponctué,
avec un petit sillon médian, raccourci. Élytres un peu plus longues que
le prothorax, subinégales, fortement, densément et rugueusement ponctuées. Abdomen assez finement et densément ponctué.*

---

(1) Toujours, les épimères prothoraciques sont généralement moins densément ponctuées que
le repli, à interstices lisses. Je n'en parlerai pas régulièrement.

♂ Le 6ᵉ *arceau ventral* subimpressionné sur sa région médiane, largement et subangulairement échancré au sommet, découvrant le 7ᵉ. Le 5ᵉ largement et légèrement sinué dans le milieu de son bord apical, avec une impression subtransverse lisse, au devant du sinus, limitée de chaque côté par une carène obtuse. Le 4ᵉ simple, presque entier (1).

♀ Le 6ᵉ *arceau ventral* prolongé en ogive arrondie, cachant le 7ᵉ. Les 4ᵉ et 5ᵉ simples.

Stenus bipunctatus, Erichson, Col. March. I, 830, 2 ; — Gen. et Spec. Staph. 691, 2. — Redtenbacher, Faun. Austr. ed. 2, 218, 8. — Heer, Faun. Helv. I, 214, 2. — Fairmaire et Laboulbène, Faun. Fr. I, 573, 2. — Kraatz, Ins. Deut. II, 743, 2. — Thomson, Skand. Col. II, 227, 32. — Fauvel, Faun. Gallo-Rhén. III, 232, 2.

Long , 0,0053 (2 1/2 l.). — Larg., 0.0010 (1/2 l.).

Corps allongé, peu convexe, d'un noir à peine bronzé et un peu brillant, avec les élytres parées d'une tache fauve, médiocre ; revêtu d'un court duvet brillant et argenté.

Tête sensiblement plus large que le prothorax, légèrement duveteuse, assez finement et densément ponctuée ; subexcavée avec une petite carène longitudinale très étroite, raccourcie en avant ; d'un noir à peine bronzé et un peu brillant. *Mandibules* d'un roux de poix, à base rembrunie. *Palpes maxillaires* à 1ᵉʳ article seul d'un roux testacé. *Yeux* obscurs.

Antennes n'atteignant pas le milieu du prothorax, légèrement pubescentes, noires ; à 1ᵉʳ article subépaissi : le 2ᵉ un peu moins épais et un peu plus court : le 3ᵉ grêle, allongé, presque 2 fois aussi long que le 4ᵉ : celui-ci et les suivants graduellement plus courts et à peine plus épais, avec les 7ᵉ et 8ᵉ obconiques, le 7ᵉ oblong, le 8ᵉ à peine oblong : les 3 derniers subépaissis en massue allongée : les 9ᵉ et 10ᵉ subtransverses : le dernier en ovale court et acuminé.

Prothorax oblong, bien moins large que les élytres, subarqué sur les côtés avant leur milieu, subégalement rétréci en avant et en arrière ; peu convexe ; à peine duveteux ; fortement, densément et rugueusement ponctué ; creusé sur son milieu d'un petit sillon longitudinal, raccourci ; marqué de chaque côté de son disque d'une légère impression parfois obsolète ; d'un noir à peine métallique et peu brillant.

(1) Le 7ᵉ arceau ventral, souvent rentré et dont je néglige de parler, est parfois subéchancré au bout.

Écusson peu distinct, chagriné, noir.

Élytres subcarrées, un peu plus longues que le prothorax, à peine arquées sur les côtés; subinégales, peu convexes; impressionnées à la base sur la suture et obliquement subimpressionnées en dedans des épaules; légèrement duveteuses avec le duvet formant vers le milieu des côtés une plaque plus apparente; fortement, densément et rugueusement ponctuées; d'un noir submétallique un peu brillant; parées immédiatement après leur milieu d'une tache fauve, médiocre, sub-arrondie et un peu ou à peine plus distante de la suture que des côtés. *Epaules* étroitement arrondies.

Abdomen allongé, un peu moins large à sa base que les élytres, sub-atténué en arrière; subconvexe, avec les 4 premiers segments assez fortement impressionnés en travers à leur base; distinctement duveteux, soyeux, surtout sur les côtés; assez finement et densément ponctué, un peu plus finement vers son extrémité, avec le fond des impressions ru-gueux; d'un noir submétallique assez brillant. Le 7° *segment* éparsement ponctué, subimpressionné au bout.

Dessous du corps duveteux, d'un noir submétallique brillant, mat et rugueux sur le prosternum. *Epimères prothoraciques* éparsement ponc-tuées. *Mésosternum* densément et subrugueusement ponctué. *Métasternum* subconvexe, densément ponctué sur les côtés, éparsement sur son milieu qui est plus lisse et subsillonné ou subfovéolé en arrière. *Ventre* convexe, assez finement et densément ponctué.

Pieds légèrement duveteux, légèrement pointillés, d'un noir brillant, à tarses souvent brunâtres. *Tarses postérieurs* un peu moins longs que les tibias, à 1ᵉʳ article très allongé, bien plus long que le dernier : les 2° à 4° suballongés ou oblongs, graduellement moins longs.

PATRIE. Cette espèce se trouve assez communément, de la même ma-nière que la précédente, dans presque toute la France.

OBS. Elle diffère du *biguttatus* par une taille un peu plus grande et un peu plus robuste, et par le 1ᵉʳ article des palpes maxillaires seul testacé. La tête est à peine moins large, à front moins excavé, à carène médiane plus étroite et moins accusée. Les antennes, un peu plus courtes, sont plus noires, à pénultièmes articles un peu plus transverses. Le prothorax est plus inégal, et la tache des élytres un peu plus grande et un peu plus distante de la suture. Le métasternum est moins densément ponctué sur son milieu. Les pieds et surtout les tarses sont un peu moins longs, avec les trochanters plus obscurs. Enfin, l'aspect général est un peu plus mat et plus rugueux, et le 4e arceau ventral ♂ est sans impression ou dépression lisse, sensible.

Le dessous du corps est souvent un peu bleuâtre, le dessus plus rarement. Le 1er article des palpes est quelquefois un peu rembruni.

3. Stenus longipes, HEER.

Allongé, assez étroit, peu convexe, brièvement duveteux, d'un noir peu brillant, avec le 1er article des palpes maxillaires d'un roux testacé et les élytres parées d'une tache rougeâtre, assez grande, rapprochée des côtés et située sur le tiers postérieur. Tête bien plus large que le prothorax, assez finement et densément ponctuée, excavée avec une fine carène médiane. Prothorax oblong, bien moins large que les élytres, subcylindrique, subdilaté vers le milieu de ses côtés, fortement, densément et subrugueusement ponctué, avec un canal médian, assez raccourci. Élytres à peine plus longues que le prothorax, subinégales, fortement, très densément et rugueusement ponctuées. Abdomen assez finement et densément ponctué.

♂ Le 6e *arceau ventral* subimpressionné sur sa ligne médiane, largement et angulairement échancré au sommet, découvrant le 7e (1). Le 5e subéchancré dans le milieu de son bord apical, avec une impression subogivale au devant du sinus, très finement chagrinée et avancée jusqu'au milieu. Le 4e simple, presque entier.

♀ Le 6e *arceau ventral* prolongé en ogive arrondie, cachant le 7e. Le 4e et 5e simples.

Stenus longipes, HEER, Faun. Helv. I, 214. — FAIRMAIRE et LABOULBÈNE. Faun. Fr. I, 574, 2. — KRAATZ, Ins. Deut. II, 743. — FAUVEL, Faun. Gallo-Rhén. III, 273, 3.

Long., 0,0053 (2 1/2 l.). — Larg., 0,0008 (1/3 l.).

Corps allongé, assez étroit, peu convexe, d'un noir peu brillant, avec les élytres parées d'une tache rougeâtre, assez grande; revêtu d'un court duvet brillant et argenté.

Tête bien plus large que le prothorax, légèrement duveteuse, assez finement et densément ponctuée, plus ou moins excavée avec une fine

---

(1) Je ferai désormais abstraction du 7e, qui importe peu.

carène longitudinale, parfois obsolète ; d'un noir submétallique un peu brillant. *Mandibules* d'un roux de poix. *Palpes maxillaires* noirs, à 1ᵉʳ article d'un roux testacé. *Yeux* obscurs.

Antennes atteignant environ le milieu du prothorax, à peine pubescentes, noires ; à 1ᵉʳ article subépaissi : le 2ᵉ moins épais et un peu plus court : le 3ᵉ grêle, allongé, presque 2 fois aussi long que le 4ᵉ : celui-ci et les suivants graduellement plus courts et à peine plus épais, avec les 7ᵉ et 8ᵉ obconiques, le 7ᵉ oblong, le 8ᵉ non plus long que large : les 3 derniers subépaissis en massue allongée : les 9ᵉ et 10ᵉ subtransverses : le dernier en ovale court et acuminé.

Prothorax oblong ou même assez fortement oblong, bien moins large que les élytres ; subcylindrique mais faiblement et subarcuément dilaté vers le milieu de ses côtés ; subégalement rétréci en avant et en arrière ; peu convexe ; à peine duveteux ; fortement, densément et subrugueusement ponctué ; creusé sur son milieu d'un petit canal longitudinal, plus ou moins raccourci ; non ou à peine impressionné sur les côtés ; d'un noir peu brillant.

Ecusson peu distinct, subruguleux, noir.

Elytres subcarrées, à peine plus longues que le prothorax, subarquées sur les côtés après leur milieu ; peu convexes ; subinégales, impressionnées à la base sur la suture, à peine subimpressionnées en arrière des épaules ; légèrement duveteuses, à duvet formant une plaque plus apparente et soyeuse sur le calus huméral et une autre en dehors de la tache fauve ; fortement, très densément et rugueusement ponctuées ; d'un noir peu brillant ; parées sur leur tiers postérieur d'une tache subarrondie, d'un fauve souvent rougeâtre, assez grande et plus rapprochée des côtés que de la suture. *Epaules* subarrondies.

Abdomen allongé, moins large à sa base que les élytres, graduellement atténué en arrière ; subconvexe, avec les 4 premiers segments fortement et le 5ᵉ faiblement impressionnés en travers à leur base ; distinctement duveteux-argenté, surtout sur les côtés ; assez finement et densément ponctué, plus fortement vers la base, avec le fond des impressions rugueux ; d'un noir à peine métallique et assez brillant. Le 7ᵉ *segment* à peine ponctué, subimpressionné au bout.

Dessous du corps légèrement pubescent, d'un noir brillant un peu bleuâtre, mat et rugueux sur le prosternum. *Epimères prothoraciques* fortement et éparsement ponctuées. *Mésosternum* densément et subrugueusement ponctué. *Métasternum* subconvexe, densément ponctué sur les côtés, moins densément sur son milieu qui offre en arrière un espace subimpressionné, lisse. *Ventre* très convexe, assez finement et assez densément ponctué.

Pieds légèrement duveteux, légèrement pointillés, d'un noir brillant à peine bleuâtre, avec les tarses brunâtres. *Tibias postérieurs* très grêles. sensiblement cambrés. *Tarses postérieurs* presque aussi longs que les tibias, à 1er article très allongé, notablement plus long que le dernier : les 2e à 4e suballongés ou fortement oblongs, graduellement moins longs.

PATRIE. Cette espèce se rencontre, peu communément, en été, au bord des eaux vives, dans les forêts et les régions montagneuses d'une grande partie de la France orientale, ainsi que dans la Savoie.

OBS. Longtemps confondue soit avec le *biguttatus*, soit avec le *bipunctatus*, elle se distingue de l'un et de l'autre par la tache des élytres plus grande, située plus en arrière et plus rapprochée des côtés. Pour la forme, elle est plus voisine du *biguttatus*, mais encore plus étroite, avec le 2e article des palpes maxillaires entièrement noir et les pieds, surtout les postérieurs, encore plus longs et plus grêles. La carène frontale est moins accusée, etc.

L'impression du 5e arceau ventral ♂ est plus étroite et plus avancée vers le milieu, et l'échancrure du 6e est en angle moins large que chez *bipunctatus* (1).

4. Stenus ocellatus, FAUVEL.

Allongé, peu convexe, à peine pubescent, d'un noir assez brillant et submétallique, avec le front bronzé, le 1er article des palpes maxillaires testacé, et les élytres parées d'une grande tache d'un fauve testacé, située sur le tiers postérieur et étendue jusque sur le repli. Tête plus large que le prothorax, assez finement et assez densément ponctuée, excavée avec une carène médiane lisse. Prothorax oblong, bien moins large que les élytres, subcylindrique, subarqué vers le milieu de ses côtés, fortement,

(1) J'ai vu, dans la collection Abeille des échantillons provenant des Apennins et que je considère comme constituant une espèce distincte *(St. aeneiceps*, R.). Elle est d'un noir plus brillant, un peu bleuâtre, avec la tête bronzée, à carène médiane plus accusée. Les premiers segments de l'abdomen sont moins densément et plus légèrement ponctués sur leur milieu Le métasternum est plus largement lisse sur son disque. Enfin l'impression du 5e arceau ventral ♂ est plus faible, avec le sinus apical moins prononcé ; la taille est un peu ou à peine plus grande, et la tache des élytres un peu plus rouge, etc.

*très densément et rugueusement ponctué, avec un canal médian, raccourci,
à fond lisse et brillant. Élytres à peine plus longues que le prothorax,
subinégales, fortement, très densément et rugueusement ponctuées, presque
lisses à leur angle postéro-externe. Abdomen brillant, assez finement et
médiocrement ponctué.*

♂ Le 6e *arceau ventral* déprimé sur sa région médiane, angulairement échancré au sommet, découvrant le 7e. Le 5e légèrement sinué dans
le milieu de son bord apical, avec une médiocre impression lisse au
devant du sinus, suboblongue et avancée jusqu'au milieu.

♀ Le 6e *arceau ventral* prolongé en ogive subarrondie, cachant le 7e.
Le 5e simple.

Stenus ocellatus, FAUVEL, Bull. Soc. Linn. Norm. 1865, IX, 305; — Not. Ent.
1865, III, 55; — Faun. Gallo-Rhén. III, 233, 4, pl. III, fig. 4. — DE MARSEUL,
l'Abeille, 1871, VIII, 345.

Long., 0,0049 (2 1/4 l.). — Larg., 0,0008 (1/3 l.).

Corps allongé, peu convexe, d'un noir assez brillant et submétallique,
avec le front bronzé, et les élytres parées d'une grande tache d'un fauve
testacé ; revêtu d'un léger duvet argenté, très court et à peine distinct.

Tête sensiblement ou même bien plus large que le prothorax ; légèrement duveteuse ; assez finement et assez densément ponctuée ; excavée
avec une carène médiane lisse, sensible mais raccourcie en avant ; d'un
bronzé assez brillant. *Mandibules* rousses, à base rembrunie. *Palpes
maxillaires* noirs, à 1er article testacé. *Yeux* obscurs.

Antennes atteignant environ le milieu du prothorax, à peine pubescentes, noires ; à 1er article subépaissi : le 2e un peu moins épais et un
peu plus court : le 3e grêle, allongé, 2 fois aussi long que le 4e : celui-ci
et les suivants graduellement moins longs et à peine plus épais : les 4e à
6e suballongés : le 7e fortement oblong, obconique : le 8e suboblong,
obconique : les 3 derniers formant une massue légère et allongée : les
9e et 10e subcarrés : le dernier en ovale court et acuminé.

Prothorax oblong, bien moins large que les élytres ; subcylindrique
mais faiblement arqué vers le milieu de ses côtés ; subégalement rétréci
en avant et en arrière ; peu convexe ; à peine duveteux ; fortement, très
densément et rugueusement ponctué ; creusé sur son milieu d'un sillon
canaliculé, plus ou moins raccourci, à fond lisse et luisant ; d'un noir
assez brillant et submétallique.

Écusson peu distinct, obsolètement chagriné, noir.

Élytres subcarrées, à peine plus longues que le prothorax ; à peine arquées sur les côtés après leur milieu ; peu convexes ; subinégales, assez fortement impressionnées à la base sur la suture, plus faiblement en dedans des épaules ; à peine duveteuses ; fortement, très densément et rugueusement ponctuées, avec les rugosités formant en arrière, près de la suture, comme des rides subobliques ou sublongitudinales ; presque lisses vers leur angle postéro-externe ; d'un noir assez brillant et submétallique, un peu bleuâtre vers la marge postérieure ; parées d'une grande tache d'un fauve testacé, subtransverse et étendue en dehors jusque sur le milieu du repli. *Épaules* étroitement arrondies.

Abdomen allongé, un peu moins large à sa base que les élytres, sub-atténué en arrière ; assez convexe, avec les 4 premiers segments fortement et le 5e à peine impressionnés en travers à leur base ; légèrement duveteux ; assez finement et médiocrement ponctué, plus finement et plus légèrement vers l'extrémité, avec le fond des impressions rugueux ; d'un noir brillant et submétallique. Le 7e *segment* éparsement ponctué, sub-impressionné au bout.

Dessous du corps légèrement pubescent, d'un noir brillant et un peu bleuâtre, avec le prosternum plus mat et rugueux. *Épimères prothoraciques* fortement et éparsement ponctuées. *Mésosternum* subrugueusement ponctué, à pointe plus lisse. *Métasternum* subconvexe, assez densément ponctué sur les côtés, moins densément sur son milieu qui offre en arrière un léger canal longitudinal. *Ventre* très convexe, assez finement et médiocrement ponctué.

Pieds à peine pubescents, éparsement pointillés, d'un noir brillant un peu bleuâtre, avec les tarses obscurs. *Tarses postérieurs* à peine moins longs que les tibias, à 1er article très allongé, bien plus long que le dernier : les 2e à 4e suballongés ou oblongs, graduellement moins longs.

Patrie. Cette espèce, qui est rare, se prend en mars et avril, dans les inondations, aux environs de Tarbes, d'où je l'ai reçue de M. Pandellé.

Obs. La grandeur et la forme de la tache des élytres suffisent pour caractériser cette espèce, qui d'ailleurs est d'une teinte plus brillante, avec la tête bronzée, à carène assez distincte, raccourcie, lisse et luisante. La ponctuation de la tête et du prothorax est moins serrée que dans les espèces précédentes, et l'ouverture des angles postéro-externes des élytres est plus lisse, etc.

Les tarses postérieurs sont un peu moins allongés que chez *longipes*, et l'impression du 5ᵉ arceau ventral ♂ est un peu plus étroite et nu peu plus oblongue, etc.

5. Stenus guttula, MULLER.

Allongé, peu convexe, légèrement pubescent, d'un noir assez brillant, avec les palpes et les pieds testacés, l'extrémité des cuisses largement rembrunie, le milieu des antennes et le sommet des tarses d'un roux de poix, et les élytres parées d'une tache testacée, assez grande et plus rapprochée des côtés que de la suture. Tête bien plus large que le prothorax, assez fortement et densément ponctuée, excavée avec une petite carène médiane, lisse. Prothorax oblong, bien moins large que les élytres, subcylindrique, subarqué vers le milieu de ses côtés, fortement, très densément et rugueusement ponctué, inégal, avec 2 petites bosses dorsales, lisses. Élytres à peine plus longues que le prothorax, inégales, fortement, très densément et rugueusement ponctuées. Abdomen assez finement et densément ponctué.

♂ *Le 6ᵉ arceau ventral* à peine sinué à son bord apical. Le 5ᵉ plus sensiblement sinué, avec une faible dépression plus lisse au devant du sinus, et les côtés de celui-ci ciliés de longs poils pâles et convergents, en arrière.

♀ *Le 6ᵉ arceau ventral* prolongé et subarrondi au sommet. Le 5ᵉ simple ou parfois à peine et étroitement subsinué dans le milieu de son bord apical.

Stenus guttula, MULLER. Germ. Mag. 225, 23.— ERICHSON, Col. March. I, 531, 3 ; — Gen. et Spec. Staph. 691, 3. — REDTENBACHER, Faun. Austr. ed. 2, 218, 6. — HEER, Faun. Helv. I, 214, 4. — FAIRMAIRE et LABOULBÈNE, Faun. Fr. I. 574, 4.— KRAATZ, Ins. Deut. II, 744, 3. — THOMSON, Skand. Col. II, 228, 33. — FAUVEL, Faun. Gallo-Rhén. III, 234, 5.
Stenus Kirbyi, GYLLENHAL, Ins. Suec. IV, 499, 2-3.— CURTIS, Brit. Ent. IV, pl. 164.
Stenus biguttatus, var. GRAVENHORST, Mon. 226.
Stenus biguttatus, var. *b*, GYLLENHAL, Ins. Suec. II, 465, 2.
Stenus geminus, HEER, Faun. Helv. I, 215, 6. — J. DUVAL, Gen. Staph. pl. 19, fig. 93 (1).

(1) Dans la Faune Gallo-Rhénane, au lieu de 83, il faut lire 93.

Long., 0,0045 (2 l.) — Larg., 0,0007 (1/3 l.).

Corps allongé, peu convexe, d'un noir assez brillant, avec les élytres parées d'une assez grande tache testacée ; revêtu d'un court duvet pâle et argenté.

Tête bien plus large que le prothorax, légèrement duveteuse ; assez fortement et densément ponctuée ; excavée avec une petite carène médiane, bien distincte, lisse et luisante, parfois subépatée ; d'un noir assez brillant et submétallique. *Mandibules* d'un roux de poix, à base rembrunie. *Palpes* testacés. *Yeux* obscurs.

Antennes atteignant à peine le milieu du prothorax, à peine pubescentes ; d'un roux de poix, avec la massue un peu rembrunie et le 1er article noir ; celui-ci subépaissi : le 2e à peine moins épais et à peine plus court : le 3e grêle, assez allongé, 1 fois et demie aussi long que le 4e : celui-ci et le suivant grêles, suballongés, subégaux : les 6e à 8e graduellement un peu plus courts et à peine plus épais, obconiques : les 6e et 7e oblongs, le 8e plus court : les 3 derniers formant ensemble une massue légère et suballongée : les 9e et 10e subcarrés : le dernier en ovale court et subacuminé.

Prothorax oblong, bien moins large que les élytres ; subcylindrique mais légèrement arqué vers le milieu de ses côtés ; subégalement rétréci en avant et en arrière ; peu convexe ; à peine duveteux ; fortement, très densément et rugueusement ponctué ; inégal, avec 2 petites bosses lisses sur le milieu du dos, semblant enclore un sillon obsolète et raccourci ; d'un noir assez brillant.

Écusson peu distinct, chagriné, noir.

Élytres subcarrées, à peine plus longues que le prothorax, à peine arquées sur les côtés après leur milieu ; peu convexes ; inégales, fortement impressionnées à la base sur la suture, plus faiblement et longitudinalement en dedans des épaules ; légèrement duveteuses ; fortement, très densément et rugueusement ponctuées ; d'un noir assez brillant ; parées d'une assez grande tache testacée, subarrondie, située après le milieu et plus rapprochée des côtés que de la suture. *Épaules* subarrondies.

Abdomen allongé, assez étroit, moins large à sa base que les élytres, subatténué en arrière ; assez convexe, avec les 4 premiers segments sensiblement et le 5e à peine impressionnés en travers à leur base ; distinctement duveteux, surtout sur les côtés ; assez finement et densément ponctué, graduellement plus finement et plus légèrement vers l'extrémité, avec le fond des impressions rugueux ; d'un noir assez brillant. Le 7e *segment* éparsement ponctué, subimpressionné-subéchancré au bout.

Dessous du corps légèrement pubescent, d'un noir brillant. *Prosternum* un peu moins brillant, fortement et rugueusement ponctué, sensiblement relevé sur sa ligne médiane en dos d'âne ou carène obtuse. *Épimères prothoraciques* lisses et parsemées de quelques gros points. *Mésosternum* grossièrement ponctué. *Métasternum* subconvexe, fortement et densément ponctué sur les côtés, moins densément sur son disque qui offre en arrière un espace longitudinal lisse, étroit. *Ventre* très convexe, assez finement et assez densément ponctué, plus éparsement à la base et sur le 6e arceau, plus finement et plus densément sur le milieu du 5e.

Pieds légèrement pubescents, éparsement pointillés, d'un testacé brillant, avec les hanches noires et l'extrémité des cuisses largement rembrunie, et le sommet des tibias et des tarses souvent d'un roux obscur. *Tarses postérieurs* à peine moins longs que les tibias, à 1er article très allongé, bien plus long que le dernier : les 2e à 4e graduellement moins longs, suballongés ou oblongs.

PATRIE. Cette espèce est assez commune, dès le mois de mars, au bord des eaux et dans le lit desséché des ruisseaux. Elle n'est pas rare en Provence.

OBS. La couleur des palpes et des pieds la distingue des précédentes. Quelquefois le 3e article des palpes maxillaires est un peu rembruni vers son extrémité. Rarement, les bosses du prothorax sont obsolètes *(guttula,* Heer) ; le plus souvent bien accusées *(geminus,* Heer) ou même accompagnées chacune, en arrière, d'une autre petite bosse moins apparente.

6. **Stenus laevigatus,** MULSANT et REY.

Allongé, peu convexe, à peine pubescent, d'un noir brillant à peine bleuâtre, avec les palpes et les pieds testacés, l'extrémité des cuisses très largement rembrunie, le milieu des antennes et souvent les tibias et les tarses d'un roux de poix, le 3e article des palpes maxillaires plus ou moins obscur, et les élytres parées d'une tache testacée, assez grande et subangulairement étendue jusqu'aux côtés. Tête bien plus large que le prothorax, assez finement et assez densément ponctuée, excavée avec une carène médiane lisse, subépatée. Prothorax oblong, bien moins large que les élytres, arcuément subdilaté vers le milieu de ses côtés, un peu plus rétréci en arrière qu'en avant, fortement, densément et rugueusement ponctué, inégal, avec 2 bosses dorsales lisses, oblongues et épatées. Élytres à peine plus longues que le prothorax, inégales, très fortement et densément ponctuées. Abdomen peu densément ponctué, presque lisse sur le milieu des 3 premiers segments.

♂ Le 6e *arceau ventral* à peine et étroitement sinué dans le milieu de son bord apical. Le 5e plus sensiblement et plus largement sinué, avec une grande dépression lisse au devant du sinus, ciliée sur les côtés de longs poils pâles et convergents en arrière.

♀ Le 6e *arceau ventral* prolongé et arrondi au sommet. Le 5e simple.

Stenus laevigatus, Mulsant et Rey, Ann. Soc. Linn. Lyon, 1861, VIII, 136 ; — Op. Ent. XII, 1861, 152.

Long., 0,0045 (2 l.). — Larg., 0,0007 (1/4 l.).

Patrie. L'Italie, la Corse, la Sardaigne.

Obs. Comme elle n'a pas encore été rencontrée dans la France continentale, je ne la décrirai pas plus longuement. Elle diffère du *guttula* par sa couleur plus brillante, par la tache des élytres presque toujours étendue jusqu'aux côtés, par son abdomen moins densément ponctué avec le dos des 3 premiers segments presque lisse. En outre, la tête est moins densément ponctuée surtout en arrière, à carène frontale plus épatée et plus luisante. Le 3e article des palpes maxillaires et le milieu des antennes sont ordinairement plus obscurs, avec le 2e article de celles-ci souvent aussi noir que le 1er. Le prothorax, encore plus inégal, est un peu plus rétréci en arrière. Les élytres, un peu plus fortement et un peu moins densément ponctuées, moins rugueuses, ont les côtés de l'impression basilaire suturale plus relevés, plus lisses ou moins ponctués. Le ventre est plus éparsement ponctué. Les cuisses sont encore plus largement rembrunies vers leur extrémité (1) ; les tibias et les tarses sont généralement d'un roux plus foncé, etc.

Les bosses du prothorax se prolongent parfois jusqu'à la base d'une manière flexueuse. Le dernier article des palpes maxillaires, les tibias et les tarses varient du testacé au roux brunâtre.

Peut-être doit-on assimiler au *laevigatus* le *maculifer* de Weise.

(1) La partie rembrunie recouvre plus de la dernière moitié des cuisses.

7. Stenus stigmula, ERICHSON.

Allongé, subdéprimé, à peine pubescent, d'un noir mat, avec les antennes d'un roux de poix à 1ᵉʳ article noir, les palpes et les pieds testacés, l'extrémité des cuisses un peu rembrunie, et les élytres parées d'une petite tache fauve, subégalement distante des côtés et de la suture. Tête un peu plus large que le prothorax, assez finement et densément ponctuée, subexcavée et bisillonnée, à intervalle subcaréné. Prothorax oblong, moins large que les élytres, légèrement arqué avant le milieu de ses côtés, subrétréci en arrière, fortement, très densément et subrugueusement ponctué, avec un petit sillon médian, raccourci. Élytres de la longueur du prothorax, presque égales, fortement, très densément et subrugueusement ponctuées. Abdomen assez finement et très densément ponctué, à premiers segments unicarénés à leur base.

♂ Le 6ᵉ *arceau ventral* profondément et subogivalement échancré au sommet, découvrant le 7ᵉ. Le 5ᵉ largement et assez profondément impressionné sur toute la longueur de sa région médiane, et sensiblement échancré au sommet de l'impression. Le 4ᵉ largement, mais moins fortement impressionné, et non jusqu'à sa base.

♀ Le 6ᵉ *arceau ventral* subogivalement prolongé au sommet, cachant le 7ᵉ. Les 4ᵉ et 5ᵉ simples.

Stenus stigmula, ERICHSON, Gen. et Spec. Staph. 693, 5. — REDTENBACHER, Faun. Austr. ed. 2, 219, 7. — FAIRMAIRE et LABOULBÈNE, Faun. Fr. I, 574, 6. — KRAATZ, Ins. Deut. II, 745, 4. — THOMSON, Skand. Col. Op. Ent. 1871, 370. — FAUVEL, Faun. Gallo-Rhén. III, 240, 14, pl. III, fig. 5.
Stenus maculipes, HEER, Faun. Helv. I, 215, 5.

Long., 0,0045 (2 l.). — Larg., 0,0008 (1/3 fort.).

Corps allongé, subdéprimé, d'un noir mat, avec les élytres parées d'une petite tache fauve ; revêtu d'un très court duvet cendré.

Tête un peu plus large que le prothorax, à peine duveteuse ; assez finement et densément ponctuée ; subexcavée et longitudinalement bisillonnée entre les yeux, à intervalle subélevé et obtusément caréné ; d'un noir peu brillant. *Mandibules* rousses, à base noire *Palpes* testacés, à sommet souvent rembruni. *Yeux* obscurs.

Antennes atteignant à peine la moitié du prothorax, légèrement pubescentes; d'un roux de poix, à 1er article noir : celui-ci subépaissi : le 2e un peu moins épais et à peine plus court : le 3e grêle, assez allongé, presque une fois et demie aussi long que le 4e : les 4e à 6e suballongés, grêles, graduellement à peine moins longs : les 7e et 8e un peu plus épais, obconiques : le 7e oblong, le 8e suboblong : les 3 derniers formant ensemble une massue suballongée : les 9e et 10e subtransverses : le dernier en ovale court et acuminé.

Prothorax oblong, sensiblement moins large que les élytres; légèrement ou même médiocrement arqué avant le milieu de ses côtés; plus rétréci en arrière qu'en avant; très peu convexe; à peine duveteux; fortement, très densément et subrugueusement ponctué; subégal, avec un petit sillon médian, raccourci ; d'un noir mat.

Ecusson peu distinct, noir.

Élytres subcarrées ou à peine transverses, de la longueur du prothorax, subélargies en arrière ; subdéprimées et presque égales ; légèrement duveteuses ; fortement, très densément et subrugueusement ponctuées ; d'un noir mat ; parées d'une petite tache fauve, subarrondie, située après leur milieu et subégalement distante des côtés et de la suture. *Épaules* subarrondies.

Abdomen allongé, un peu moins large à sa base que les élytres, subatténué en arrière ; subconvexe, avec les 4 premiers segments légèrement et le 5e à peine impressionnés en travers à leur base, et le milieu de celle-ci muni d'une petite carène courte et de plus en plus affaiblie ; distinctement duveteux surtout sur les côtés; assez finement et très densément ponctué, plus finement et plus légèrement vers son extrémité, avec le fond des impressions subruguleux ; d'un noir un peu brillant. Le 7e segment éparsement ponctué.

Dessous du corps brièvement pubescent, d'un noir brillant. *Prosternum* moins brillant, rugueux. *Épimères prothoraciques* fortement et modérément ponctuées. *Mésosternum* densément ponctué. *Métasternum* subconvexe, assez densément ponctué sur les côtés, moins densément sur son milieu qui est sillonné-impressionné en arrière. *Ventre* convexe, assez finement et densément ponctué, plus finement et plus densément en arrière sur le milieu du 5e arceau et plus éparsement sur le 6e.

Pieds légèrement pubescents, assez densément pointillés, d'un roux testacé assez brillant avec les hanches noires, les genoux et parfois les tarses un peu rembrunis. *Tarses postérieurs* un peu moins longs que les tibias, à 1er article très allongé, bien plus long que le dernier : les

2ᵉ à 4ᵉ graduellement moins longs, suballongés ou oblongs.

PATRIE. Cette espèce, médiocrement commune, se trouve, en été, au bord des mares, des étangs et des rivières, parmi les herbes, dans une grande partie de la France.

OBS. Elle est bien distincte du *guttula* par son corps moins étroit, plus déprimé, moins inégal et plus mat, et par les premiers segments abdominaux unicarénés sur le milieu de leur base. La tache des élytres est moindre, d'une couleur plus sombre ; les cuisses sont moins largement rembrunies, etc.

La description du *Kirbyi* de Lacordaire (Faun. Par. I, 442, 2) me semble se rapporter autant au *guttula* qu'au *stigmula*.

8. Stenus bimaculatus, GYLLENHAL.

Allongé, subdéprimé, à peine pubescent, d'un noir mat, avec le milieu des antennes d'un roux de poix, les palpes maxillaires testacés à sommet plus obscur, les pieds d'un roux testacé à genoux et tarses rembrunis, et les élytres parées d'une petite tache testacée, subégalement distante des côtés et de la suture. Tête un peu plus large que le prothorax, assez fortement et densément ponctuée, bisillonnée, à intervalle subcaréné. Prothorax suboblong, moins large que les élytres, sensiblement arqué avant le milieu de ses côtés, subrétréci en arrière, fortement et très densément ponctué, avec un canal médian, assez prolongé. Élytres de la longueur du prothorax, presque égales, fortement, densément et subrugueusement ponctuées. Abdomen assez fortement et densément ponctué, à premiers segments unicarénés à leur base.

♂ Le 6ᵉ *arceau ventral* profondément et subogivalement échancré au sommet, découvrant le 7ᵉ, lisse sur sa région médiane et subtuberculé à son extrême base. Le 5ᵉ largement échancré à son bord apical, avec une impression lisse au devant de l'échancrure, laquelle impression est presque avancée jusqu'à la base, armée vers le milieu de celle-ci d'un tubercule oblong et assez saillant, et limitée de chaque côté par une carène comprimée, assez saillante et légèrement ciliée au bout. Le 4ᵉ légèrement impressionné en arc et presque lisse en arrière jusqu'à son milieu où il offre un tubercule dentiforme un peu moindre. Le 3ᵉ avec un trait posté-

rieur lisse, lanciforme, au devant duquel un vestige de tubercule presque
indistinct.

♀ Le 6° *arceau ventral* prolongé en ogive étroitement échancrée au
bout, couvrant presque entièrement le 7°. Les 3° à 5° simples.

Stenus Juno, GRAVENHORST, Micr. 154, 1 ; — Mon. 225, 1. — LATREILLE, Hist.
    nat. Crust. et Ins. IX, 352, 1. — BOISDUVAL et LACORDAIRE, Faun. Par. I, 441, 1 ,
    pl. 2, fig. 21.
Staphylinus biguttatus, MARSHAM, Ent. Brit. 526, 81.
Stenus bimaculatus, GYLLENHAL, Ins. Suec. II, 466, 3. — RUNDE, Brach. Hal.
    14, 2. — ERICHSON, Col. March. I, 532, 4 ; — Gen. et Spec. Staph. 692, 4. —
    REDTENBACHER, Faun. Austr. ed. 2, 219, 7. — HEER, Faun. Helv. I, 213, 7. —
    — FAIRMAIRE et LABOULBÈNE, Faun. Fr. I, 574, 5. — KRAATZ, Ins. Deut. II, 746,
    5. — THOMSON, Skand. Col. II, 212. 1. — FAUVEL, Faun. Gallo-Rhén. III, 241, 15.

Long., 0,0060 (2 2/3 l.). — Larg., 0,0011 (1/2 l.).

Corps allongé, subdéprimé, d'un noir mat ou peu brillant, avec les
élytres parées d'une petite tache d'un fauve testacé ; revêtu d'un léger et
court duvet cendré.

Tête un peu plus large que le prothorax, à peine duveteuse, assez fortement et densément ponctuée ; longitudinalement bisillonnée entre les
yeux, à intervalle subélevé, obtusément caréné et atténué en avant ; d'un
noir peu brillant. *Mandibules* rousses, à base noire. *Palpes maxillaires*
testacés, à 3° article rembruni au sommet. *Yeux* obscurs.

Antennes assez courtes, atteignant environ le tiers antérieur du prothorax, légèrement pubescentes ; d'un roux de poix, à massue plus foncée,
à 1er article noir : celui-ci subépaissi : le 2° un peu plus étroit et à peine
plus court : le 3° grêle, assez allongé, presque 1 fois et demie aussi long
que le 4° : les suivants graduellement moins longs et à peine plus épais :
les 4° à 6° suballongés : le 7° fortement oblong, obconique : le 8° oblong,
obconique : les 3 derniers formant ensemble une massue suballongée :
les 9° et 10° subcarrés ; le dernier en ovale acuminé.

Prothorax suboblong, sensiblement moins large que les élytres ; sensiblement arqué avant le milieu de ses côtés ; plus rétréci en arrière qu'en
avant ; peu convexe ; à peine duveteux ; fortement et très densément
ponctué, subrugueusement par places ; subégal, avec un canal médian
bien distinct, assez prolongé mais non jusqu'au sommet ni à la base ; d'un
noir mat ou peu brillant.

Écusson peu distinct, chagriné, parfois fovéolé, noir.

Élytres subtransverses, de la longueur du prothorax, à peine arquées en arrière sur les côtés; subdéprimées et presque égales, parfois à peine ou faiblement impressionnées à la base sur la suture et en dedans des épaules; à peine duveteuses; fortement et densément ponctuées, subruguleusement en arrière et sur les parties subimpressionnées; d'un noir mat ou peu brillant; parées après leur milieu d'une petite tache testacée subarrondie, située à peu près à égale distance des côtés et de la suture. *Épaules* subarrondies.

Abdomen assez allongé, un peu moins large à sa base que les élytres, faiblement atténué en arrière; subconvexe, avec les 4 premiers segments sensiblement et le 5ᵉ à peine impressionnés en travers à leur base, et le milieu de celle-ci muni d'une petite carène, assez courte mais assez distincte; légèrement duveteux; assez finement et densément ponctué, plus finement et plus légèrement vers son extrémité, avec le fond des impressions ruguleux; d'un noir un peu brillant. Le 7ᵉ *segment* éparsement ponctué.

Dessous du corps visiblement pubescent, d'un noir brillant. *Prosternum* presque mat, rugueux. *Épimères prothoraciques* lisses, fortement et vaguement ponctuées. *Mésosternum* peu brillant, fortement, densément et subrugueusement ponctué. *Métasternum* subconvexe, fortement et assez densément ponctué, plus (♂) ou moins (♀) excavé en arrière sur son disque, avec le milieu de l'excavation parcouru par un fin canal longitudinal. *Ventre* convexe, assez finement et assez densément ponctué. Le 7ᵉ *arceau* éparsement ponctué, subéchancré en croissant.

Pieds légèrement pubescents, finement pointillés, d'un roux testacé assez brillant, avec les hanches noires, le sommet des cuisses et les tarses rembrunis. *Tarses postérieurs* à peine moins longs que les tibias, à 1ᵉʳ article très allongé, notablement plus long que le dernier: les 2ᵉ à 4ᵉ graduellement moins longs, suballongés ou oblongs.

PATRIE. On trouve assez communément cette espèce, en été, sous les pierres, les mousses, les détritus et les herbes, au bord des eaux et dans les inondations, dans presque toute la France.

Obs. Elle est bien plus grande que le *stigmula*, un peu moins mate, avec les élytres un peu moins égales et les cuisses un peu plus largement rembrunies à leur sommet. Les épimères prothoraciques sont moins ponctuées, etc.

La tache des élytres est tantôt d'un testacé pâle, tantôt d'un fauve roux.

Les distinctions des ♂ sont remarquables.

On rapporte au *bimaculatus* le *maculipes* de Grimmer (Steierm. Col. 1841, 33).

aa. *Élytres* noires, sans tache.
　b. *Pieds* entièrement noirs.
　　c. *Base des segments 1-3 de l'abdomen* simplement crénelée, sans carène. Le 1ᵉʳ *article des tarses postérieurs* allongé, sensiblement plus long que le dernier. *Pointe mésosternale* tronquée. . . . . 9. ASPHALTINUS.
　　cc. *Base des segments 1-3 de l'abdomen* munie d'une petite carène médiane. Le 1ᵉʳ *article des tarses postérieurs* très allongé, notablement plus long que le dernier.
　　　d. *Élytres* plus longues que le prothorax. *Pointe mésosternale* émoussée ou subarrondie. *Taille* grande ou assez grande.
　　　　e. *Tête* presque aussi large que les élytres (1).
　　　　　f. *Prothorax* suboblong, un peu moins large que la tête, à sillon obsolète. *Forme* assez robuste. . . . . 10. JUNO
　　　　　ff. *Prothorax* oblong, sensiblement moins large que la tête, à sillon bien marqué. *Forme* assez étroite. . . . . 11. ATER.
　　　　ee. *Tête* sensiblement moins large que les élytres (2), à peine plus large que le prothorax.
　　　　　g. *Élytres* très inégales, rugueuses-varioleuses. *Tibias postérieurs* ♂ armés d'une dent aiguë. . . . . . . 12. INTRICATUS.
　　　　　gg. *Élytres* peu inégales, non varioleuses. *Tibias postérieurs* inermes. . . . . 13. LONGITARSIS.
　　　dd. *Élytres* de la longueur du prothorax, égales. *Ponctuation* forte, non rugueuse. *Pointe mésosternale* aiguë. *Forme* subparallèle. *Taille* moyenne. . . . . 14. GALLICUS.
　bb. *Pieds* variés de noir ou de roux ou testacé.
　　h. *Base des segments 1-3 de l'abdomen* simplement crénelée, sans carène.
　　　i. *Prothorax* et *élytres* grossièrement et très fortement ponctués, très inégaux. Le 1ᵉʳ *article des tarses postérieurs* allongé, à peine plus long que le dernier. *Prosternum* à ligne médiane lisse. *Taille* assez grande. . . . . 15. GUYNENERI
　　　ii. *Prothorax* et *élytres* bien moins fortement ponctués, peu inégaux. *Prosternum* sans ligne médiane lisse.
　　　　k. *Carène frontale* fine. *Élytres* inégales. Le 1ᵉʳ *article des tarses postérieurs* très allongé, sensiblement plus long que le dernier. *Corps* peu brillant, à pubescence soyeuse bien distincte. *Taille* assez grande. . . . . 16. FOSSULATUS.

(1) Dans le tableau de la Faune Gallo-Rhénane (p. 228, ligne 10), au lieu de *longueur*, il faut lire *largeur*.
(2) C'est, vue de devant, qu'il faut comparer la tête à la largeur des élytres.

kk. *Carène frontale* large, épatée, lisse. Le 1er *article des tarses postérieurs* allongé, un peu plus long que le dernier. *Corps* assez brillant, à peine pubescent.

l. *Élytres* subcarrées, un peu plus longues que le prothorax, subégales. *Forme* non subparallèle. *Taille* moyenne. . 17. ATERRIMUS.

ll. *Élytres* transverses, à peine aussi longues que le prothorax, égales. *Forme* subparallèle. *Taille* petite. . . . . 18. ALPICOLA.

hh. *Base des segments* 1-5 *de l'abdomen* avec 1 petite carène médiane. Le 1er *article des tarses postérieurs* allongé ou très allongé, notablement plus long que le dernier.

m. *Tibias* brunâtres. *Trochanters* noirs. *Élytres* subégales.

n. *Élytres* évidemment plus longues que le prothorax.

o. *Palpes maxillaires* à 1er et 2e articles testacés. *Front* très grossièrement et rugueusement ponctué. *Tête* à peine plus large que le prothorax. *Taille* grande. . . . 19. FORTIS.

oo. *Palpes maxillaires* à 1er article et base du 2e testacés. *Front* assez fortement et rugueusement ponctué. *Tête* un peu plus large que le prothorax. *Taille* assez grande. 20. SCRUTATOR.

nn. *Élytres* de la longueur du prothorax. *Palpes maxillaires* à 1er article seul testacé. *Tête* bien plus large que le prothorax. *Taille* moyenne. . . . . 21. PRODITOR.

mm. *Tibias* plus ou moins roux ou testacés.

p. *Prothorax* oblong, sensiblement plus long que large. *Élytres* aussi densément ponctuées que le prothorax. *Carènes du* 5e *arceau ventral* ♂ au moins prolongées jusqu'au sommet.

q. *Élytres* subégales, non varioleuses. *Cuisses* étroitement rembrunies à leur extrémité. *Palpes maxillaires* entièrement testacés. Les *arceaux* 2-4 *du ventre* ♂ sans impression ou dépression lisse. *Trochanters* noirs. *Corps* mat. *Taille* assez grande. . . . . 22. BOOPS.

qq. *Élytres* subinégales, varioleuses. *Cuisses* plus ou moins largement rembrunies à leur extrémité. Les *arceaux* 2-4 *du ventre* ♂ avec 1 impression ou dépression lisse, ciliée sur les côtés. *Trochanters* d'un roux obscur.

r. *Élytres* de la longueur du prothorax : *celui-ci* aussi ponctué et aussi rugueux au sommet que sur le reste de sa surface. *Corps* presque mat, avec 1 seule bosse interne plus brillante sur les élytres.

s. Le 3e *article des palpes maxillaires* non ou à peine rembruni au sommet. *Taille* assez grande. . . . . 23. PROVIDUS.

ss. Le 3e *article des palpes maxillaires* entièrement rembruni. *Taille* moyenne. . . . . 24. SYLVESTER.

rr. *Élytres* à peine aussi longues que le prothorax : *celui-ci* moins ponctué, moins rugueux et plus brillant au sommet que sur le reste de sa surface. *Corps* assez brillant, avec

54 BRÉVIPENNES

1 bosse interne aux élytres et les épaules largement plus brillantes. Le 3e *article des palpes maxillaires* testacé. 25. Rogeri.

pp. *Prothorax* suboblong, à peine plus long que large. *Élytres* un peu moins densément ponctuées que le prothorax. *Carènes du 5e arceau ventral* ♂ angulées, isolées, non prolongées jusqu'au sommet. Le 3e *article des palpes maxillaires* et le *sommet du* 2e rembrunis. *Corps* assez brillant. . . 26. LUSTRATOR.

9. Stenus asphaltinus, ERICHSON.

Allongé, subdéprimé, légèrement pubescent, d'un noir brillant, avec la base des palpes testacée. Tête bien plus large que le prothorax, fortement et assez densément ponctuée, largement bisillonnée, à intervalle subélevé. Prothorax oblong, bien moins large que les élytres, subarqué avant le milieu de ses côtés, grossièrement et assez densément ponctué, avec un canal médian raccourci. Élytres à peine plus longues que le prothorax, subégales, grossièrement et assez densément ponctuées. Abdomen assez fortement et éparsement ponctué, à premiers segments simplement sub-impressionnés en travers à leur base. Le 1er article des tarses postérieurs allongé. Pointe mésosternale tronquée.

♂ Le 6e *arceau ventral* échancré au sommet. Le 5e légèrement sinué dans le milieu de son bord apical, longitudinalement subimpressionné sur sa région médiane, avec l'impression plus densément pubescente et plus finement et plus densément pointillée, surtout en arrière. *Tibias postérieurs* armés d'une petite dent tout près du sommet de leur tranche inférieure.

♀ Le 6e *arceau ventral* prolongé et arrondi au sommet. Le 5e simple, seulement plus pubescent et plus finement et plus densément ponctué sur sa région médiane. *Tibias postérieurs* inermes.

Stenus asphaltinus, ERICHSON, Gen. et Spec. Staph. 695, 9, — REDTENBACHER, Faun. Austr. ed. 2, 219, 11. — HEER, Faun. Helv. I, 576, 8.— FAIRMAIRE et LABOULBÈNE, Faun. Fr. I, 575, 8. — KRAATZ, Ins. Deut. II, 748, 7. — FAUVEL, Faun. Gallo-Rhén. III, 236, 8.

Long., 0,0051 (2 1/3 l.). — Larg., 0,0012 (1/2 l.).

Corps allongé, subdéprimé, d'un noir brillant; revêtu d'une fine pubescence courte, argentée et peu serrée.

Tête bien plus large que le prothorax, légèrement duveteuse, fortement et assez densément ponctuée; largement bisillonnée entre les yeux, à intervalle subélargi et subconvexe; d'un noir brillant. *Mandibules* d'un noir de poix. *Palpes maxillaires* noirs, à 1er article et base du 2e testacés. *Yeux* obscurs.

Antennes atteignant le milieu du prothorax, légèrement pisellées; brunâtres, à 2 premiers articles noirs; le 1er subépaissi: le 2e un peu moins épais, presque aussi long: les suivants grêles, graduellement moins longs: le 3e allongé, sensiblement plus long que le 4e: celui-ci suballongé, les 5e à 7e un peu moins longs: le 8e plus court et plus épais, subglobuleux: les 3 derniers formant ensemble une massue suballongée: le 9e subtransverse: le 10e aussi long que large: le dernier en ovale acuminé.

Prothorax oblong, bien moins large que les élytres; subarqué sur les côtés avant leur milieu; non ou à peine plus rétréci en arrière qu'en avant; peu convexe; éparsement duveteux; grossièrement et assez densément ponctué; subégal ou avec une faible impression transversale avant son sommet; creusé sur son milieu d'un canal longitudinal plus ou moins raccourci; d'un noir brillant.

Ecusson peu distinct, chagriné, noir.

Elytres subcarrées, à peine plus longues que le prothorax, un peu plus larges et subarquées en arrière sur les côtés; subdéprimées; subégales ou avec une impression postscutellaire peu sensible et une autre, discoïdale, obsolète et souvent nulle; éparsement duveteuses, à plaque de poils plus apparents, située sur les côtés après leur milieu; grossièrement, profondément et assez densément ponctuées, à points parfois anastomosés; d'un noir brillant. *Epaules* arrondies.

Abdomen allongé, à peine moins large à sa base que les élytres, graduellement subatténué en arrière; convexe, avec les 4 premiers segments simplement impressionnés en travers à leur base et le 5e plus faiblement; éparsement duveteux; assez fortement et éparsement ponctué, un peu plus légèrement vers son extrémité, avec le fond des impressions plus rugueux; d'un noir très brillant. Le 7e *segment* tronqué au sommet.

Dessous du corps éparsement pubescent, d'un noir brillant (1). *Épimères prothoraciques* fortement et modérément ponctuées. *Prosternum* et

(1) En général, les tempes, en dessous, sont éparsement ponctuées, avec leur intervalle plus ou moins lisse. Le prosternum est souvent lisse dans sa partie déclive, au-devant de sa pointe. Je négligerai ces détails insignifiants à quelques exceptions près.

mésosternum très fortement et subrugueusement ponctués : celui-ci à pointe nettement tronquée. *Métasternum* subconvexe, assez fortement et peu densément ponctué, parfois subimpressionné en arrière sur son milieu. *Ventre* très convexe, assez fortement et éparsement ponctué, avec le 5e arceau plus pubescent et plus finement et plus densément ponctué sur sa région médiane (♂ ♀) : le 6e très éparsement ponctué.

Pieds légèrement pubescents, finement pointillés, d'un noir brillant, souvent brunâtre. *Tarses postérieurs* un peu moins longs que les tibias, à 1er article allongé, sensiblement plus long que le dernier : les 2e à 4e graduellement moins longs, suballongés ou oblongs.

PATRIE. Cette espèce est peu commune. On la trouve à la fin de l'été et en automne, sous les pierres, les feuilles mortes et les détritus, dans plusieurs zones de la France : la Normandie, la Bretagne, l'Alsace, la Champagne, les environs de Paris et de Lyon, le Beaujolais, les Alpes, les Cévennes, la Guienne, les Landes, etc.

OBS. Quelquefois les pieds sont d'un brun roussâtre. J'ai même un échantillon appartenant à cette variété, provenant des environs de Dieppe, et dont la taille est un peu moin lre et la forme un peu plus linéaire, avec le prothorax un peu plus sensiblement arqué sur les côtés et partant un peu plus large relativement aux élytres, qui sont un peu plus étroites, un peu plus courtes et un peu plus égales, avec le dos des segments de l'abdomen plus lisse et le 6e arceau ventral ♂ un peu plus profondément échancré. M. Valéry Mayet m'en a communiqué un exemplaire identique, qu'il a capturé à l'entrée de la grotte de Saint-Fons (Hérault). Peut-être est-ce là une espèce distincte *(St. socius*, R.) ou une simple variété brachyptère.

10. Stenus Juno, FABRICIUS.

Allongé, peu convexe, légèrement pubescent, d'un noir peu brillant, avec les palpes testacés à sommet rembruni. Téte un peu plus large que le prothorax, assez fortement et densément ponctuée, bisillonnée, à intervalle

(1) Près de là viendrait le *St. gracilipes*, Kraatz (Ins. Deut. II, 750, 9). — *Noir, mat, densément et fortement ponctué, recouvert d'une pubescence blanchâtre; palpes à 1er article flave ; front largement et légèrement bisillonné ; prothorax oblong, à peine caniculé; élytres plus longues que le prothorax ; abdomen densément et assez finement ponctué; pieds grêles, tarses brunâtres.* — ♂ 6e arceau ventral angulairement échancré ; 5e largement échancré, avec une impression longitudinale légère, plus pubescente et plus finement ponctuée. — L 5 mil. — Silésie, Moravie, Carinthie.

subélevé. Prothorax suboblong, moins large que les élytres, médiocrement arqué avant le milieu de ses côtés, fortement, densément et subrugueusement ponctué, avec un sillon médian, obsolète et raccourci. Élytres un peu plus longues que le prothorax, subinégales, fortement, densément et rugueusement ponctuées. Abdomen assez finement et assez densément ponctué, à premiers segments avec 1 petite carène basilaire médiane. Le 1er article des tarses postérieurs très allongé. Pointe mésosternale subarrondie.

♂ *Métasternum* largement impressionné ou subexcavé, recouvert d'une longue pubescence pâle, villeuse, très dense sur sa base ainsi que sur la pointe mésosternale. Le 6e *arceau ventral* impressionné et presque lisse sur sa région médiane, profondément et subangulairement incisé au sommet. Le 5e largement excavé sur sa région médiane, avec l'excavation presque lisse, limitée de chaque côté par une carène tranchante, angulairement relevée au milieu, déclive en arrière où elle se termine par une dent déprimée et déjetée en dedans : ladite excavation moins profonde à la base et carénée sur le milieu de celle-ci, très profonde en arrière et circulairement échancrée au sommet. Les 1er à 3e à peine, le 4e plus sensiblement et surtout plus largement, impressionnés sur leur milieu, munis chacun, sur celui-ci, d'une fine carène longitudinale. *Cuisses postérieures* subépaissies et subarquées, densément ciliées en dessous dans leur première moitié. *Tibias postérieurs* largement sinués en dedans et un peu en dessous dans leur tiers postérieur, avec le sinus précédé d'un angle ou d'une dent très obtuse (1), située vers le milieu environ.

♀ *Pointe mésosternale* légèrement ciliée au sommet. *Métasternum* subdéprimé, légèrement pubescent. Le 6e *arceau ventral* prolongé et subentaillé au sommet. Les 1er à 5e simples. *Cuisses* et *tibias postérieurs* de forme normale.

Stenus Juno, FABRICIUS, Syst. El. II, 602, 2. — GYLLENHAL, Ins. Succ. II, 467, 4. — MANNERHEIM, Brach. 41, 3 — RUNDE, Brach. Hal. 13, 3. — ERICHSON, Col. March. I, 533, 5 ; — Gen. et Spec. Staph. 694, 7. — REDTENBACHER, Faun. Austr. ed. 2, 219, 12. — HEER, Faun. Helv. I, 216, 8. — FAIRMAIRE et LABOULBÈNE, Faun. Fr. I, 575, 7. — KRAATZ, Ins. Deut. II, 747, 6. — THOMSON, Scand. Col. II, 212, 2. — FAUVEL, Faun. Gallo-Rhén. III, 246, 21.

(1) Erichson, à propos des tibias postérieurs, dit : *apice unco introrsum vergente terminatis.* Il veut sans doute parler de l'éperon interne qui est parfois distinct, assez épais et un peu déjeté en dedans.

Staphylinus Juno, WALKENAER, Faun. Par. I, 276, 1.
Staphylinus clavicornis, FABRICIUS, Gen. Ins. 242, 11-12.
Stenus buphthalmus, LATREILLE, Hist. nat. Crust. et Ins. IX, 353, 6, pl. 80, fig. 2.
Stenus boops, GRAVENHORST, Mon. 226,,4. — BOISDUVAL et LACORDAIRE, Faun. Par. I,
447, 10.

Long., 0,0055 (2 1/2 l.) — Earg., 0,0014 (2/3 l.).

Corps allongé, peu convexe, d'un noir peu brillant; revêtu d'une fine
pubescence grisâtre, très courte et peu serrée.

Tête un peu plus large que le prothorax, à peine duveteuse, assez
fortement et densément ponctuée ; assez profondément bisillonnée entre
les yeux, à intervalle subélevé, subconvexe et assez large ; d'un noir
peu brillant. *Mandibules* d'un noir de poix, un peu plus foncées vers leur
extrémité. *Palpes maxillaires* testacés, à 2e article un peu rembruni à son
sommet, le 3e obscur, à base plus pâle. *Yeux* noirs.

Antennes atteignant à peine le milieu du prothorax, légèrement pilosellées, noires ou noirâtres ; à 1er article subépaissi : le 2e un peu moins
épais et un peu plus court : les suivants grêles, graduellement moins
longs : le 3e allongé, sensiblement plus long que le 4e : celui-ci et les
5e et 6e suballongés : les 7e et 8e un peu plus épais : le 7e fortement
oblong, obconique : le 8e subovalaire : les 3 derniers formant ensemble
une massue allongée : les 9e et 10e aussi longs que larges : le dernier en
ovale acuminé.

Prothorax suboblong, moins large que les élytres; médiocrement
arqué sur les côtés avant leur milieu; à peine plus rétréci en arrière
qu'en avant ; peu convexe; à peine duveteux ; fortement, densément et
rugueusement ponctué; subégal, avec un sillon médian, obsolète et très
raccourci ; d'un noir peu brillant ou presque mat.

Écusson peu distinct, subruguleux, noir.

Élytres subcarrées, un peu plus longues que le prothorax, subarquées
en arrière sur leurs côtés ; subdéprimées ou peu convexes ; subinégales,
avec une large impression postscutellaire, assez sensible, et une autre,
plus faible, sur le disque en dedans des épaules ; à peine duveteuses ;
fortement et densément ponctuées ; plus rugueusement en arrière et sur
les impressions; d'un noir presque mat ou peu brillant. *Épaules* arrondies.

Abdomen assez allongé, un peu moins large à sa base que les élytres,
à peine atténué en arrière ; assez convexe, avec les 4 premiers segments

fortement impressionnés en travers à leur base et distinctement unicarénés sur le milieu de celle-ci, le 5e bien plus faiblement ; légèrement
duveteux ; assez finement et assez densément ponctué, plus finement et
plus densément sur les derniers segments, avec le fond des impressions
subrugueux ; d'un noir un peu brillant. Le 7e *segment* subtronqué au
sommet.

Dessous du corps distinctement pubescent, d'un noir plus ou moins
brillant. *Épimères prothoraciques* lisses, très éparsement ponctuées.
Prosternum et *mésosternum* fortement et rugueusement ponctués : celui-
ci moins rugueusement, à pointe subarrondie. *Métasternum* assez fortement ponctué sur les côtés, plus (♂) ou moins (♀) finement et densément
sur son disque qui est finement canaliculé sur sa ligne médiane et souvent
subimpressionné en arrière (♀). *Ventre* très convexe, assez finement et
assez densément ponctué, plus finement et plus densément vers son
extrémité.

Pieds légèrement pubescents, finement pointillés, d'un noir assez brillant, à tarses brunâtres. *Tarses postérieurs* à peine moins longs que les
tibias, à 1er article très allongé, notablement plus long que le dernier :
les 2e à 4e notablement moins longs, suballongés ou oblongs.

Patrie. Cette espèce est assez commune, tout l'été, au bord des eaux
stagnantes et sous les détritus des inondations, dans presque toute la
France.

Obs. Elle est plus grande, plus robuste et moins brillante que l'*asphaltinus*, avec les premiers segments de l'abdomen unicarénés à leur base,
et la pointe mésosternale subarrondie au lieu d'être tronquée.

L'intervalle du front est, rarement, canaliculé. Quelquefois l'angle ou
la dent des tibias postérieurs ♂ est à peine visible et seulement suivant
un certain côté.

On attribue au *Juno* le *lineatulus* de Stephens (Ill. Brit. V, 295).

11. Stenus ater, Mannerheim.

*Allongé, peu convexe, légèrement pubescent, d'un noir mat, avec la
base des palpes d'un testacé pâle. Tête sensiblement plus large que le prothorax, presque aussi large que les élytres, assez fortement, densément
et rugueusement ponctuée, subexcavée, obsolètement bisillonnée, à inter-*

valle peu élevé. Prothorax oblong, bien moins large que les élytres, sub-cylindrique, faiblement arqué avant le milieu des côtés, fortement, densé-ment et subrugueusement ponctué, avec un canal médian bien distinct et assez prolongé. Elytres un peu plus longues que le prothorax, à peine inégales, fortement, densément et rugueusement ponctuées. Abdomen assez finement et assez densément ponctué, à premiers segments unicarénés à leur base. Le 1ᵉʳ article des tarses postérieurs très allongé.

♂ *Le 6ᵉ arceau ventral* lisse sur son milieu, profondément et subogi-valement échancré au sommet, bituberculé à sa base. Le 5ᵉ subéchancré dans le milieu de son bord apical, largement excavé au devant de l'échancrure, avec l'excavation lisse, limitée sur les côtés par une carène élevée et prolongée en arrière en forme de dent. Le 4ᵉ subexcavé sur son milieu, à excavation lisse postérieurement, graduellement affaiblie et ponctuée en avant, non prolongée jusqu'à la base, à carènes latérales moins saillantes, garnies, ainsi que celles du 5ᵉ arceau, de longs poils convergents en dedans. Les 1ᵉʳ à 3ᵉ seulement avec un léger espace lisse à leur sommet, le 3ᵉ parfois subdéprimé à celui-ci. *Tibias postérieurs* armés d'une dent obtuse vers le dernier quart de leur côté interne.

♀ *Le 6ᵉ arceau ventral* assez prolongé et subarrondi au sommet, avec celui-ci parfois à peine subsinué. Les 1ᵉʳ à 5ᵉ simples. *Tibias postérieurs* inermes.

Stenus maurus, MANNERHEIM, Brach. 41, 2. — RUNDE, Brach. Hal. 15, 4.
Stenus ater, MANNERHEIM, Brach. 42, 4. — BOISDUVAL et LACORDAIRE, Faun. Par. I, 447, 11. — ERICHSON, Col. March. I, 534, 6 ; — Gen. et Spec. Staph. 696, 10. — REDTENBACHER, Faun. Austr. ed. 2, 219, 12. — HEER, Faun. Hev. I, 216, 9. — FAIRMAIRE et LABOULBÈNE, Faun. Fr. I, 575, 9. — KRAATZ, Ins. Deut. II, 749, 8. — THOMSON, Scand. Col. II, 213, 3. — FAUVEL, Faun. Gallo-Rhén. III, 247, 22.

Long., 0,0052 (2 1/3 l.). — Larg., 0,0012 (1/2 l.).

Corps allongé, peu convexe, d'un noir mat ; revêtu d'une légère et courte pubescence cendrée.

Tête sensiblement plus large que le prothorax, presque aussi large que les élytres ; légèrement duveteuse ; assez fortement, densément et rugueu-sement ponctuée ; subexcavée et obsolètement bisillonnée entre les yeux, à intervalle peu élevé ; d'un noir presque mat. *Mandibules* d'un roux de poix à leur extrémité. *Palpes maxillaires* noirs, avec le 1ᵉʳ article et l'extrême base du 2ᵉ d'un flave testacé. *Yeux* obscurs.

Antennes atteignant environ le milieu du prothorax, éparsement pilosellées, noires ; à 1er article subépaissi : le 2e un peu moins épais et à
peine plus court : les suivants grêles, graduellement moins longs : le 3e
allongé, 1 fois et demie aussi long que le 4e : les 4e à 7e suballongés : le
8e à peine plus épais, oblong, obconique : les 3 derniers formant ensemble une massue allongée : les 9e et 10e presque aussi larges que longs :
le dernier en ovale acuminé.

Prothorax assez fortement oblong, bien moins large que les élytres ;
subcylindrique ou faiblement arqué sur les côtés avant leur milieu ; à
peine plus rétréci en arrière qu'en avant, peu convexe ; à peine duveteux ; fortement, densément et subrugueusement ponctué ; subégal, avec
un canal médian bien distinct, assez prolongé mais ne touchant ni au
sommet, ni à la base ; d'un noir mat, à partie antérieure et côtés du canal
un peu plus brillants et moins rugueux.

Écusson peu distinct, chagriné, noir.

Élytres subcarrées, un peu plus longues que le prothorax, à peine
arquées en arrière sur les côtés ; subdéprimées ; à peine inégales, avec
une faible impression postscutellaire et une autre, à peine distincte, sur
le disque ; légèrement duveteuses ; fortement, densément et rugueusement ponctuées ; d'un noir mat, à peine plus brillant sur les parties
saillantes. *Epaules* subarrondies.

Abdomen allongé, un peu moins large à sa base que les élytres, subatténué en arrière ; assez convexe, avec les 4 premiers segments assez
fortement impressionnés en travers à leur base et distinctement unicarénés
sur le milieu de celle-ci, le 5e bien plus faiblement, assez densément
duveteux, surtout sur les côtés ; assez finement et assez densément
ponctué, plus finement et plus densément sur les derniers segments, avec
le fond des impressions rugueux ; d'un noir assez brillant. Le 7e *segment*
subtronqué au sommet.

Dessous du corps pubescent, d'un noir brillant. *Epimères prothoraciques*
éparsement ponctuées. *Prosternum* et *mésosternum* fortement et rugueusement ponctués : celui-ci moins rugueusement, à pointe subémoussée.
Metasternum assez fortement et assez densément ponctué, subdéprimé sur
son disque, très finement et obsolètement canaliculé sur sa ligne médiane et subimpressionné en arrière. *Ventre* très convexe, assez finement
et assez densément ponctué, plus finement et un peu plus densément
vers son extrémité.

Pieds pubescents, finement pointillés, d'un noir assez brillant. *Tarses postérieurs* à peine moins longs que les tibias, à 1ᵉʳ article très allongé, notablement plus long que le dernier : les 2ᵉ à 4ᵉ graduellement moins longs, suballongés.

Patrie. Cette espèce, qui est très commune, se prend toute l'année, sous les pierres, les détritus, les feuilles mortes, etc., dans toute la **France.**

Obs. Elle se distingue de prime abord du *Juno* par sa taille un peu moindre et sa forme plus étroite. Le prothorax est plus fortement oblong, moins arqué sur les côtés et plus distinctement canaliculé. Les caractères masculins sont tout autres, etc.

J'en ai vu quelques exemplaires ♀ à taille moindre (0,0036), plus grêle, à corps plus mat, à élytres un peu plus courtes, à abdomen paraissant un peu plus fortement ponctué, à 1ᵉʳ article des palpes seul testacé (*St. adjectus*, R.). Peut-être est-ce là une espèce distincte, identique au *punctipennis* de Thomson (214, 5)? La découverte d'un exemplaire ♂ suffirait pour trancher la question.

12. Stenus intricatus, Erichson.

Allongé, peu convexe, finement pubescent, d'un noir peu brillant, avec la base des palpes d'un flave testacé. Tête à peine plus large que le prothorax, sensiblement moins large que les élytres, assez fortement, densément et subrugueusement ponctuée, subexcavée, assez largement bisillonnée, à intervalle subélevé. Prothorax oblong, bien moins large que les élytres, légèrement arqué avant le milieu de ses côtés, fortement, densément et subrugueusement ponctué, subinégal, longitudinalement canaliculé sur son milieu et subimpressionné latéralement. Elytres un peu plus longues que le prothorax, très inégales, varioleuses, fortement, densément et rugueusement ponctuées. Abdomen assez fortement et densément ponctué, à premiers segments tricarénés à leur base. Le 1ᵉʳ article des tarses postérieurs très allongé.

♂ Le 6ᵉ *arceau ventral* obsolètement chagriné sur sa région médiane, bituberculé à sa base, profondément et subogivalement échancré au sommet. Le 5ᵉ largement subéchancré à son bord apical, excavé au devant de l'échancrure, avec l'excavation obsolètement chagrinée, plus large et plus profonde en arrière (1), limitée de chaque côté par une carène tranchante, dentée après son milieu et au sommet. Le 4e marqué sur son milieu d'une impression obsolètement chagrinée, graduellement moins large en avant et non avancée jusqu'à la base, peu profonde, limitée latéralement par une fine carène. Les 1er à 3e avec une étroite ligne longitudinale lisse. *Tibias postérieurs* armés d'une dent aiguë, après le milieu de leur côté interne.

♀ Le 6e *arceau ventral* assez prolongé et subarrondi au sommet, celui-ci parfois à peine subsinué. Les 1er à 5e simples. *Tibias postérieurs* inermes.

Stenus intricatus, Erichson, Gen. et Spec. Staph. 694, 8. — Fauvel, Faun. Gallo-Rhén. III, 248, 24.

Long., 0,0052 (2 1/3 l.). — Larg., 0,0012 (1/2 l.).

Corps allongé, peu convexe, d'un noir peu brillant; revêtu d'une légère et courte pubescence cendrée.

Tête à peine plus large que le prothorax, sensiblement moins large que les élytres ; légèrement duveteuse ; assez fortement, densément et subrugueusement ponctuée; subexcavée et assez largement bisillonnée entre les yeux, à intervalle subélevé, subconvexe ; d'un noir peu brillant. *Mandibules* brunâtres. *Palpes maxillaires* noirs, à 1er article et base du 2e d'un flave testacé. *Yeux* obscurs.

Antennes atteignant environ le milieu du prothorax, légèrement pilo-sellées, noires; à 1er article subépaissi : le 2e un peu moins épais et à peine plus court : les suivants grêles, graduellement moins longs : le 3e allongé, d'une moitié plus long que le 4e : celui-ci et les 5e et 6e sub-allongés : les 7e et 8e un peu plus épais, obconiques : le 7e fortement oblong, le 8e assez court : les 3 derniers formant ensemble une massue allongée : les 9e et 10e à peine aussi larges que longs : le dernier en ovale acuminé.

Prothorax oblong, bien moins large que les élytres ; légèrement arqué sur les côtés avant leur milieu ; à peine plus rétréci en arrière qu'en avant; faiblement convexe; à peine duveteux ; fortement, densément et subrugueusement ponctué ; subinégal, avec un canal longitudinal assez distinct, raccourci aux deux extrémités et à fond souvent lisse; marqué

(1) Cette excavation présente parfois, sur son milieu, un tubercule obsolète.

sur les côtés d'une légère impression oblongue qui fait paraître ceux-ci parfois un peu subcomprimés ; d'un noir peu brillant, si ce n'est sur les parties saillantes.

Écusson peu distinct, chagriné, noir.

Élytres subcarrées, un peu plus longues que le prothorax, à peine élargies et à peine arquées en arrière sur les côtés ; subdéprimées ; très inégales, avec une impression postscutellaire assez forte et assez grande, et une autre longitudinale, intrahumérale, prolongée jusqu'au milieu ; légèrement duveteuses ; fortement, densément et rugueusement ponctuées, à ponctuation varioleuse, ridée en arrière et sur les impressions, ainsi que sur le milieu du disque où elle forme comme une aréole de rides circulaires et concentriques ; d'un noir peu brillant, si ce n'est sur les parties saillantes. *Épaules* subarrondies.

Abdomen assez allongé, un peu moins large à sa base que les élytres, subatténué en arrière ; subconvexe, avec les 4 premiers segments sensiblement impressionnés en travers à leur base et unicarénés ou même tricarénés (1) sur celle-ci, le 5e bien plus faiblement ; distinctement duveteux, surtout sur les côtés ; assez fortement et densément ponctué (2), plus finement sur les derniers segments, avec le fond des impressions ruguleux ; d'un noir assez brillant. Le 7e *segment* subimpressionné et subtronqué au bout.

Dessous du corps légèrement pubescent, d'un noir brillant. *Épimères prothoraciques* fortement et éparsement ponctuées. *Prosternum* et *mésosternum* moins brillants, fortement et très rugueusement ponctués : celui-ci à pointe subarrondie. *Métasternum* fortement et assez densément ponctué, subdéprimé sur son disque, obsolètement canaliculé et subimpressionné en arrière sur son milieu. *Ventre* très convexe, assez fortement et densément ponctué, plus finement vers son extrémité.

Pieds pubescents, pointillés, d'un noir brillant, à tarses moins foncés. *Tarses postérieurs* un peu moins longs que les tibias, à 1er article très allongé, notablement plus long que le dernier : les 2e à 4e graduellement moins longs, suballongés ou oblongs.

PATRIE. Cette espèce, peu commune, se rencontre au printemps et à l'automne, au bord des eaux, sous les mousses et détritus des lieux

(1) Les carènes externes, qui existent même chez plusieurs autres espèces, sont souvent peu apparentes et parfois tout à fait nulles.
(2) Le milieu des segments 4-5 est généralement moins ponctué ou plus lisse au sommet.

humides, dans les environs de Lyon, la Provence, le Languedoc, etc.
Elle n'est pas bien rare aux environs d'Hyères et de Saint-Raphaël (Var).

Obs. Elle diffère de l'*ater* par sa tête moins large relativement au prothorax et aux élytres, avec celles-ci plus inégales, à ponctuation plus
varioleuse, et celui-là moins fortement oblong, à peine plus arqué sur les
côtés et subimpressionné sur ceux-ci. Les tarses postérieurs sont un peu
moins allongés. Les signes ♂ sont différents, etc.

Souvent les élytres offrent vers leur angle sutural une dépression ou
faible impression qui force la partie postérieure de la suture de se relever
un peu en forme de crête. Du reste, les impressions de leur disque sont
très variables, et elles sont plus fortement varioleuses chez les exemplaires de la Corse. Les pieds sont parfois d'un brun roussâtre.

J'en ai vu un échantillon d'Espagne à forme un peu plus épaisse.

13. Stenus longitarsis, Thomson.

*Allongé, peu convexe, finement pubescent, d'un noir presque mat, avec
le 1er article des palpes d'un flave testacé. Tête à peine plus large que le
prothorax, sensiblement moins large que les élytres, assez fortement,
densément et subrugueusement ponctuée, peu excavée, sensiblement bisillonnée, à intervalle subélevé. Prothorax oblong, bien moins large que les
élytres, subarqué vers le milieu de ses côtés, fortement, densément et
subrugueusement ponctué, subinégal, canaliculé sur son milieu, à peine
impressionné latéralement. Elytres un peu plus longues que le prothorax,
subinégales, non varioleuses, fortement, densément et rugueusement
ponctuées. Abdomen assez fortement et densément ponctué, à premiers
segments tricarénés à leur base. Le 1er article des tarses postérieurs très
allongé.*

♂ *Métasternum* largement impressionné et garni sur son milieu d'une
pubescence villeuse, assez longue et cendrée. Le 6e *arceau ventral*
éparsement pointillé sur son disque, obsolètement bituberculé à sa base,
assez profondément et angulairement échancré au sommet. Le 5e largement subéchancré à son bord apical, excavé au devant de l'échancrure,
avec l'excavation presque lisse, brusquement plus étroite et moins profonde en avant, limitée de chaque côté par une carène assez saillante,
subdentée avant son milieu et prolongée en dent à son sommet. Le 4e

creusé sur son milieu d'une impression presque lisse, graduellement moins large et plus faible en avant, ne touchant pas à la base, limitée latéralement par une fine carène aiguë. Le 3e avec un très léger espace lisse postérieur, subtriangulaire. *Tibias postérieurs* inermes, à peine flexueux.

♀ Le 6e *arceau ventral* prolongé et subarrondi. Les 3e à 5e simples. *Tibias postérieurs* inermes, droits.

Stenus longitarsis, Thomson, Oefv. Vet. ac. Foerh. 1857, 222, 8 ; — Skand. Col. II, 213, 4. — Kraatz, Ins. Deut. II, 747, note, — Redtenbacher, Faun. Austr. ed. 3, 245. — Fauvel, Faun. Gallo-Rhén. III. 247, 23.
Stenus Barnevillei, Bedel, l'Abeille, 1870, VII, 92.

Long., 0,0045 (2 l.). — Larg., 0,0011 (1/2 l.).

Patrie. Cette espèce est assez rare. Elle se trouve dès février, parmi les mousses et les feuilles tombées, dans les bois et au bord des mares, dans certaines provinces de la France : la Normandie, la Lorraine, la Champagne, les environs de Paris et de Lyon, le Bourbonnais, le Beaujolais, le Languedoc, la Guienne, la Provence, etc.

Obs. Elle ressemble presque en tous points à l'*intricatus*, seulement la taille est un peu moindre et les élytres sont un peu moins inégales et moins varioleuses. Les tarses postérieurs sont un peu plus longs. Les signes masculins sont à peu près les mêmes quant aux arceaux du ventre, mais le métasternum est impressionné-villeux, et les tibias postérieurs sont inermes au lieu d'être aigument dentés à leur côté interne, ce qui est concluant.

Les élytres varient pour les rugosités qui sont parfois réunies comme chez *intricatus*. En tous cas, elles sont généralement moins varioleuses (1).

14. Stenus Gallicus, Fauvel.

Allongé, subparallèle, légèrement convexe, éparsement pubescent, d'un noir subplombé brillant, avec la base des palpes d'un flave testacé. Tête sensiblement plus large que le prothorax, un peu plus large que les élytres

---

(1) Le *St. fasciculatus*, J. Sahlberg (Nat. Faun. Fl. Fenn. 1870, XI, 341), est remarquable par sa ponctuation plus forte et plus varioleuse, par sa taille un peu moindre et sa couleur d'un noir plus profond. — Finlande.

à leur base, fortement et densément ponctuée, légèrement bisillonnée, à intervalle peu élevé. *Prothorax* à peine oblong, à peine moins large en son milieu que les élytres, sensiblement arqué sur les côtés, rétréci en arrière, fortement et densément ponctué, égal, à sillon dorsal obsolète. *Élytres* de la longueur du prothorax, égales, fortement et assez densément ponctuées. *Abdomen* finement et modérément ponctué, à premiers segments presque lisses sur le dos, unicarinulés à leur base. Le 1er article des tarses postérieurs très allongé. *Pointe mésosternale* aiguë.

♂ Le 6e *arceau ventral* angulairement échancré au sommet. Le 5e largement et subangulairement échancré à son bord apical, sensiblement impressionné au devant de l'échancrure, avec l'impression lisse en arrière, pointillée et graduellement rétrécie en avant, limitée latéralement par une fine carène, subarquée sur sa tranche et non prolongée jusqu'au sommet.

♀ Le 6e *arceau ventral* prolongé et étroitement subsinué à son sommet. Le 5e simple.

Stenus gallicus, FAUVEL, Faun. Gallo-Rhén. III, 248, 28.

Long., 0,0039 (1 2/3 l.). — Larg., 0,0007 (1/3 l.).

Corps allongé, subparallèle, légèrement convexe, d'un noir subplombé brillant ; revêtu d'une fine et courte pubescence grise et très peu serrée.

Tête sensiblement plus large que le prothorax, un peu plus large que les élytres à leur base ; à peine duveteuse ; fortement et densément ponctuée ; à peine subexcavée et légèrement mais distinctement bisillonnée entre les yeux, à intervalle large et peu élevé ; d'un noir subplombé brillant. *Mandibules* brunâtres. *Palpes maxillaires* noirs, à 1er article et base du 2e d'un testacé pâle. *Yeux* obscurs.

Antennes atteignant environ le milieu du prothorax, éparsement pilosellées, noires ; à 1er article subépaissi : le 2e un peu moins épais et à peine moins long : les suivants grêles, graduellement moins longs : le 3e allongé, sensiblement plus long que le 4e : celui-ci et les 5e et 6e assez allongés : les 7e et 8e un peu plus épais, obconiques : le 7e oblong, le 8e aussi large que long : les 3 derniers formant ensemble une massue allongée : les 9e et 10e subcarrés : le dernier en ovale acuminé.

Prothorax à peine oblong ou à peine plus long que large en son milieu ; à peine moins large à celui-ci que les élytres ; sensiblement arqué sur les

côtés dans leur milieu ou un peu avant celui-ci, et puis visiblement plus
rétréci en arrière qu'en avant ; subconvexe ; à peine duveteux ; fortement
et densément ponctué ; égal, avec une légère trace de sillon court, sur le
dos ; d'un noir subplombé brillant.

Écusson peu distinct, chagriné, noir.

Élytres subtransverses, de la longueur du prothorax, subélargies et à
peine arquées en arrière sur les côtés ; peu convexes ; égales, ou avec
une faible impression postscutellaire et une autre intrahumérale, obsolète ;
éparsement duveteuses ; fortement et un peu moins densément ponctuées
que la tête et le prothorax ; d'un noir subplombé brillant. *Épaules* subarrondies.

Abdomen assez allongé, presque aussi large à sa base que les élytres,
subparallèle ou à peine rétréci en arrière ; assez convexe, avec les 4
premiers segments sensiblement impressionnés en travers à leur base et
unicarinulés sur le milieu de celle-ci, le 5e plus faiblement ; légèrement
duveteux, plus distinctement sur les côtés ; finement et modérément
ponctué, plus éparsement ou presque lisse sur le dos des 4 premiers
segments, avec le fond des impressions subrugueux ; d'un noir subplombé
brillant. Le 7e *segment* subtronqué au bout.

Dessous du corps pubescent, d'un noir brillant. *Épimères prothoraciques*
éparsement ponctuées. *Prosternum* et *mésosternum* très rugueusement
ponctués, celui-ci à pointe aiguë. *Métasternum* assez finement et modérément ponctué, subdéprimé ou subimpressionné et finement canaliculé
en arrière sur son disque. *Ventre* convexe, assez longuement pubescent,
finement et assez densément ponctué.

Pieds pubescents, finement pointillés, d'un noir assez brillant. *Tarses
postérieurs* à peine moins longs que les tibias, à 1er article très allongé,
notablement plus long que le dernier : les 2e à 4e graduellement moins
longs, suballongés ou oblongs.

PATRIE. Cette rare espèce se trouve, en hiver et au printemps, sous les
pierres et les détritus du bord des eaux, à Saint-Raphaël (Var).

M. Fauvel l'indique de Metz, peut-être par erreur.

OBS. Elle est remarquable par sa forme subparallèle, sa ponctuation
forte et non rugueuse, sa teinte brillante et ses élytres assez courtes. La
pointe mésosternale est aiguë (1).

---

(1) Le *S. calcaratus*, Scriba (Berl. Ent. Zeit. 1864, 380), a, comme le *gallicus*, une forme
subparallèle, allongée et les élytres non plus longues que le prothorax ; mais la taille est plus

15. Stenus Guynemeri, J. Duval.

Allongé, subdéprimé, à peine pubescent, d'un noir vernissé, avec la base des palpes, celle des cuisses et le milieu des tibias testacés. Tête un peu plus large que le prothorax, presque aussi large que les élytres, fortement et rugueusement ponctuée, bisillonnée, tricalleuse. Prothorax à peine oblong, à peine moins large en son milieu que les élytres, subdilaté-arqué sur les côtés, subrétréci en arrière, grossièrement et subrugueusement ponctué, très inégal ou 7-fovéolé. Élytres de la longueur du prothorax, très inégales, très grossièrement et rugueusement ponctuées. Abdomen légèrement et assez densément ponctué. Le 1er article des tarses postérieurs allongé.

♂ Le 6ᵉ *arceau ventral* échancré au sommet en angle obtus ou très ouvert. Le 5ᵉ à peine sinué dans le milieu de son bord apical, longitudinalement et légèrement impressionné au devant du sinus, avec l'impression plus densément pubescente, plus finement et plus densément pointillée.

♀ Le 6ᵉ *arceau ventral* prolongé et arrondi au sommet. Le 5ᵉ simple.

Stenus Guynemeri, J. Duval, Ann. Ent. Fr. 1850,51.— Gen. Staph. pl. 19, fig. 94.
— Fairmaire et Laboulbène, Faun. Fr. I, 581, 27.— Fauvel, Faun. Gallo-Rhén. III, 237, 9.
Stenus rugosus, Kiesenwetter, Stett. Ent. Zeit. 1850, 221.

Long., 0,0052 (2 1/3 l.). — Larg., 0,0010 (1/2 l.).

Corps allongé, subdéprimé, d'un noir très brillant et comme vernissé; revêtu d'une fine pubescence courte, pâle et peu apparente.

Tête un peu plus large que le prothorax, presque aussi large que les élytres; à peine duveteuse; fortement et rugueusement ponctuée; for-

grande, la ponctuation plus serrée et plus rugueuse, la teinte est mate, excepté à l'abdomen. La tête est moins large, etc. — ♂ Cuisses renflées, les postérieures avec une dent interne obtuse; tibias postérieurs à dent médiane obtuse; métasternum impressionné-pileux; arceaux 1-5 du ventre à impression graduellement plus large et plus longuement pileuse sur les côtés, très lisse au milieu sur les 4 premiers; les 4ᵉ et 5ᵉ échancrés à leur bord apical, ce dernier plus fortement, avec l'impression large, lisse, relevée latéralement en forte carène prolongée en arrière en une saillie dentiforme; le 6ᵉ échancré en angle obtus. — L. 6 mill. — Hollande, Allemagne septentrionale.

tement bisillonnée, avec 3 callosités longitudinales, lisses, subégalement
relevées presque au-dessus du niveau des yeux, les latérales souvent
subinterrompues ; d'un noir brillant. *Mandibules* brunâtres. *Palpes maxillaires* d'un noir de poix, à 1ᵉʳ article et base du 2ᵉ plus ou moins largement testacés. *Yeux* obscurs.

Antennes atteignant environ le milieu du prothorax, légèrement pilosellées, noires ; à 1ᵉʳ article subépaissi : le 2ᵉ à peine moins épais et
presque aussi long : les suivants grêles, graduellement moins longs : le
3ᵉ allongé, sensiblement plus long que le 4ᵉ : celui-ci et les 5ᵉ et 6ᵉ assez
allongés : les 7ᵉ et 8ᵉ à peine plus épais : le 7ᵉ fortement oblong, obconique : le 8ᵉ subovalaire : les 3 derniers formant ensemble une massue
allongée : les 9ᵉ et 10ᵉ subglobuleux : le dernier en ovale acuminé.

Prothorax à peine oblong, à peine plus long que large en son milieu ;
à peine moins large à celui-ci que les élytres ; assez fortement subdilaté-
arqué sur les côtés vers leur milieu ou un peu avant celui-ci ; un peu
plus rétréci en arrière qu'en avant ; peu convexe ; presque glabre ; fortement, grossièrement et subrugueusement ponctué ; très inégal, avec
7 fossettes profondes, 2 en avant, 2 en arrière, 2 sur les parties dilatées,
et 1 médiane, plus profonde et allongée, sulciforme ; d'un noir très
brillant.

Écusson peu distinct, finement chagriné, noir.

Élytres subtransverses, de la longueur du prothorax, à peine arquées
en arrière sur les côtés ; subdéprimées ; très inégales, avec une forte
impression postscutellaire et une autre intra-humérale, subobliquement
prolongée jusque sur le milieu du disque ; fortement, très grossièrement
et rugueusement ponctuées, avec les rugosités formant çà et là de fortes
rides contournées, vers les côtés après le milieu, en une aréole concen-
trique ; d'un noir très brillant. *Épaules* étroitement arrondies.

Abdomen allongé, à peine moins large à sa base que les élytres, à peine
atténué en arrière ; assez convexe, avec les 5 premiers segments graduellement moins fortement impressionnés en travers à leur base ; finement
pubescent ; finement, légèrement et assez densément ponctué(1), un peu
plus lisse sur le milieu des premiers segments, avec le fond des impressions subrugueux ; d'un noir brillant. Le 7ᵉ *segment* éparsement ponctué,
subimpressionné au bout.

---

(1) M. Fauvel dit (p. 237) : *ponctuation... forte, peu serrée sur l'abdomen.* Je l'ai toujours
vue *légère et assez serrée* sur les échantillons des Pyrénées.

Dessous du corps pubescent, d'un noir brillant. *Epimères prothora-ciques* lisses, avec quelques gros points. *Prosternum* et *mésosternum* moins brillants, fortement et très rugueusement ponctués : celui-ci à pointe subémoussé, celui-là à ligne médiane relevée en dos d'âne ou carène épatée, lisse. *Métasternum* assez fortement et assez densément ponctué, subdéprimé ou subimpressionné en arrière sur son disque, avec une étroite ligne longitudinale lisse. *Ventre* très convexe, assez longuement pubescent, finement et peu densément ponctué.

Pieds légèrement pubescents, subéparsement pointillés, testacés, avec l'extrémité des cuisses largement, la base et le sommet des tibias étroi-tement rembrunis, les tarses d'un brun de poix, et les hanches noires. *Tarses postérieurs* un peu ou même sensiblement moins longs que les tibias, à 1er article allongé, à peine plus long (1) que le dernier, celui-ci allongé : les 2e à 4e graduellement moins longs : le 2e suballongé ou au moins fortement oblong, les 3e et 4e oblongs.

PATRIE. Cette espèce se prend, en juillet et août, sous les pierres au bord des torrents et des cascades, sous les mousses humides, presque jusque dans l'eau, dans les régions montagneuses : la Savoie, la Grande-Chartreuse, les Pyrénées-Orientales, etc.

OBS. Elle est remarquable par sa teinte vernissée, par son prothorax et ses élytres très inégaux et impressionnés, et par sa tête tricalleuse. Le prosternum est relevé sur son milieu en carène épatée, lisse, ce que je n'ai pas encore observé.

Quelquefois le 1er article des palpes maxillaires est un peu rembruni à son sommet, et le 2e presque entièrement d'un roux testacé. D'autres fois, ils sont tous deux en entier d'un flave testacé.

J'ai reçu d'Afrique, sous le nom de *tylocephalus*, Kraatz (Ins. Deut. II, 761, note 1), un exemplaire encore plus fortement inégal, à abdomen plus fortement et moins densément ponctué.

16. Stenus fossulatus, ERICHSON.

Allongé, peu convexe, soyeux, d'un noir subplombé, peu brillant, avec les palpes et les pieds testacés, le 3e article de ceux-là un peu obscurci au

---

(1) Cette espèce fait exception dans son groupe, par ses tarses postérieurs moins allongés, à 1er article à peine plus long que le dernier, celui-ci étant plus allongé, mais alors le 2e est suballongé ou au moins fortement oblong.

sommet, l'extrémité des cuisses largement, la base et le sommet des tibias étroitement, le bout de chaque article des tarses très étroitement, rembrunis. *Tête* sensiblement plus large que le prothorax, presque aussi large que les élytres, assez finement, très densément et rugueusement ponctuée, largement bisillonnée, à intervalle subélevé et finement carinulé. *Prothorax* oblong, moins large que les élytres, subarqué sur les côtés, subrétréci en arrière, fortement, densément et subrugueusement ponctué, subinégal, avec une légère fossette de chaque côté, et n cuanal médian obsolète. *Élytres* à peine plus longues que le prothorax, inégales, fortement, densément et subrugueusement ponctuées. *Abdomen* assez finement et densément ponctué. Le 1er article des tarses postérieurs très allongé.

♂ Le 6e *arceau ventral* médiocrement et angulairement échancré au sommet. Le 5e largement sinué dans le milieu de son bord apical, largement impressionné au devant de l'échancrure, avec l'impression un peu plus lisse et plus sensible en arrière, limitée latéralement par une carène obtuse. Le 4e à peine sinué au sommet et faiblement et longitudinalement impressionné : les 2 impressions garnies sur les côtés de longs poils blonds, subconvergents.

♀ Le 6e *arceau ventral* prolongé et subarrondi au sommet. Le 5e subsinué au milieu de son bord apical, plus finement et un peu plus densément pointillé au devant du sinus.

Stenus fossulatus, ERICHSON, Gen. et Spec. Staph. 711, 40. — REDTENBACHER, Faun. Austr. ed. 2, 226. — FAIRMAIRE et LABOULBÈNE, Faun. Fr. I, 585, 39.— KRAATZ, Ins. Deut. II, 767, 31. — FAUVEL, Faun. Gallo-Rhén. III, 238, 40.

Long., 0,0050 (2 1/3 l.). — Larg., 0,0007 (1/3 l,).

Corps allongé, peu convexe, d'un noir peu brillant, subplombé par l'effet d'une fine et courte pubescence blanche, soyeuse, assez serrée et bien apparente.

Tête sensiblement plus large que le prothorax, presque aussi large que les élytres ; finement duveteuse ; assez finement, très densément et rugueusement ponctuée ; subexcavée et largement bisillonnée entre les yeux, à intervalle subélevé et finement carinulé ; d'un noir peu brillant et subplombé. *Mandibules* d'un brun de poix. *Palpes maxillaires* testacés, à 3e article un peu ou à peine rembruni au sommet. *Yeux* obscurs.

Antennes atteignant à peine le milieu du prothorax, légèrement pilo-sellées, brunâtres, à massue plus foncée et les 2 premiers articles noirs ; le 1er subépaissi : le 2e à peine moins épais et à peine plus court : les suivants grêles, graduellement moins longs : le 3e allongé, d'un tiers plus long que le 4e : les 4e et 5e suballongés : les 6e et 7e oblongs, avec le 7e à peine plus épais, obconique : le 8e un peu plus épais, assez court, subglobuleux : les 3 derniers formant ensemble une massue suballongée : les 9e et 10e subtransverses : le dernier en ovale court et acuminé.

Prothorax oblong, sensiblement moins large en son milieu que les élytres, subarqué sur les côtés vers leur milieu ou à peine avant celui-ci ; à peine plus rétréci en arrière qu'en avant ; peu convexe ; finement duve-teux ; fortement, densément et subrugueusement ponctué, subinégal, avec une légère fossette oblique de chaque côté du disque et un sillon médian obsolète ; d'un noir subplombé et peu brillant.

Ecusson peu distinct, chagriné, noir.

Élytres subcarrées, à peine plus longues que le prothorax, à peine arquées sur les côtés ; faiblement convexes ; inégales, avec une impression postscutellaire assez forte, une autre moindre, intrahumérale, et une 3e légère vers les côtés après le milieu ; distinctement duveteuses ; forte-ment, densément et subrugueusement ponctuées, plus rugueusement en arrière et sur les impressions ; d'un noir subplombé, peu ou un peu brillant. *Epaules* subarrondies.

Abdomen assez allongé, un peu moins large à sa base que les élytres, graduellement subatténué en arrière, convexe, avec les 5 premiers seg-ments sensiblement impressionnés en travers à leur base, le 5e plus faiblement ; distinctement duveteux ; assez finement et densément ponc-tué, un peu plus finement en arrière, à fond des impressions subrugueux ; d'un noir subplombé un peu brillant. Le 7e *segment* très éparsement ponctué, mousse au bout.

Dessous du corps pubescent, d'un noir subplombé, brillant. *Epimères prothoraciques* très éparsement ponctuées. *Prosternum* très rugueusement, *mésosternum* moins rugueusement ponctués, celui-ci à pointe tronquée. *Métasternum* subconvexe, assez fortement et assez densément ponctué, avec une étroite ligne médiane lisse. *Ventre* très convexe, assez finement et assez densément ponctué, plus densément en arrière.

Pieds légèrement pubescents, finement pointillés, d'un testacé assez brillant, avec l'extrémité des cuisses plus ou moins largement, la base et le sommet des tibias plus étroitement et le bout de chaque article des tarses encore plus étroitement, rembrunis, et les hanches noires. *Tarses postérieurs* un peu moins longs que les tibias, à 1er article très allongé, sensiblement plus long que le dernier : les 2e à 4e suballongés ou oblongs.

PATRIE. Cette espèce, qui est rare, se trouve, en juillet et août, parmi les mousses et les feuilles mortes, au bord des eaux vives, dans les régions montagneuses ou boisées : la Flandre, la Normandie, l'Alsace, la Lorraine, les environs de Paris, l'Auvergne, le Languedoc, le Bugey, les Alpes du Dauphiné et de la Provence, etc.

OBS. Elle est moins brillante et bien moins fortement ponctuée et moins inégale que le *Guynemeri*, avec le prosternum nullement lisse sur sa ligne médiane et le 1er article des tarses postérieurs plus allongé relativement au dernier, etc.

17. Stenus aterrimus, ERICHSON.

Allongé, peu convexe, à peine pubescent, d'un noir assez brillant, avec les pieds, les palpes et les antennes d'un roux de poix, et les 2 premiers articles de celles-ci noirs. Tête bien plus large que le prothorax, assez finement et assez densément ponctuée, légèrement bisillonnée, à intervalle peu élevé, épaté, lisse. Prothorax suboblong, moins large que les élytres, médiocrement arqué avant le milieu de ses côtés, rétréci en arrière, assez finement et densément ponctué, subégal, avec 2 légères impressions latérales et une petite fossette médiane oblongue. Élytres subcarrées, un peu plus longues que le prothorax, subégales, assez fortement et assez densément ponctuées. Abdomen assez finement et peu densément ponctué. Le 1er article des tarses postérieurs allongé.

♂ Le 6e *arceau ventral* largement, peu profondément et angulairement échancré au sommet, le 5e largement et à peine échancré à son bord apical.

♀ Le 6e *arceau ventral* prolongé et subarrondi au sommet. Le 5e simple.

Stenus aterrimus, ERICHSON, Col. March. I, 549, 23 ; — Gen. et Spec. Staph. 712. 42. — REDTENBACHER, Faun. Austr. ed. 2, 222, 29. — HEER, Faun. Helv. I, 217, 13. — FAIRMAIRE et LABOULBÈNE, Faun. Fr. I, 583, 33. — KRAATZ, Ins. Deut. II, 767, 32. — THOMSON, Skand. Col. IX, 196, 34, b. — FAUVEL, Faun. Gallo-Rhén. III, 235, 6.

Long., 0,0044 (2 l.). — Larg., 0,0007 (1/3 l.).

Corps allongé, peu convexe, d'un noir assez brillant ; revêtu d'une très courte pubescence blanchâtre, éparse et peu distincte.

Tête bien plus large que le prothorax, aussi large environ que les élytres ; presque glabre ; assez finement et assez densément ponctuée ; à peine excavée et légèrement bisillonnée entre les yeux, à intervalle élevé, épaté, lisse; d'un noir brillant. *Mandibules* brunâtres. *Palpes maxillaires* d'un roux de poix, à base plus pâle. *Yeux* obscurs.

Antennes atteignant le milieu du prothorax, légèrement pilosellées, d'un roux de poix, avec la massue un peu plus sombre et le 1er ou les 2 premiers articles noirs : le 1er subépaissi : le 2e un peu moins épais et non ou à peine plus court : les suivants grêles, graduellement moins longs : le 3e allongé, un peu plus long que le 4e : les 4e à 7e suballongés : le 8e à peine moins grêle, fortement oblong : les 3 derniers formant ensemble une massue suballongée et peu épaisse : le 9e obconique : le 10e subcarré : le dernier paraissant plus étroit, en ovale court et acuminé.

Prothorax suboblong, sensiblement moins large en son milieu que les élytres ; médiocrement arqué sur les côtés avant leur milieu ; évidemment plus rétréci en arrière qu'en avant; peu convexe ; à peine duveteux ; assez finement et densément ponctué ; subégal, avec une légère impression de chaque côté du disque après le milieu, et une petite fossette médiane oblongue, parfois ponctiforme sur le même niveau ; d'un noir assez brillant.

Écusson peu distinct, chagriné, noir.

Élytres subcarrées, un peu plus longues que le prothorax, à peine arquées sur les côtés ; faiblement convexes ; subégales, avec une légère impression suturale et une autre posthumérale, à peine distincte; à peine duveteuses ; assez fortement et assez densément ponctuées ; d'un noir assez brillant. *Épaules* étroitement arrondies.

Abdomen suballongé, évidemment moins large que les élytres, subatténué en arrière ; subconvexe, avec les 5 premiers segments graduellement plus légèrement impressionnés en travers à leur base; éparsement duveteux ; assez finement et peu densément ponctué, avec le fond des impressions à peine ruguleux ; d'un noir brillant. Le 7e *segment* moins ponctué, subtronqué au bout.

Dessous du corps légèrement pubescent, d'un noir assez brillant (1).

_____

(1) Il est à noter que cette espèce et les deux précédentes ont les tempes lisses ou presque lisses en avant.

Épimères prothoraciques éparsement ponctuées. *Prosternum* et *mésosternum* densément et rugueusement ponctués, celui-ci à pointe mousse. *Métasternum* assez fortement et assez densément ponctué, subdéprimé sur son disque et triangulairement subimpressionné en arrière sur celui-ci. *Ventre* très convexe, assez fortement et assez densément ponctué, plus finement en arrière.

Pieds légèrement pubescents, finement pointillés, d'un roux de poix, avec les postérieurs souvent plus foncés et les hanches noires. *Tarses postérieurs* un peu ou même sensiblement moins longs que les tibias, à 1er article allongé, un peu plus long que le dernier : les 2e à 4e graduellement moins longs : le 2e suballongé, les 3e et 4e oblongs.

PATRIE. Cette espèce est assez commune, toute l'année, dans les forêts, dans les nids de la *Formica rufa*, dans une grande partie de la France.

Obs. Elle est généralement moindre que le *fossulatus*, plus brillante, moins plombée et surtout bien moins pubescente. La ponctuation est moins forte et moins rugueuse. La carène frontale est plus large, plus épatée et plus lisse ; le prothorax est moins oblong, et les élytres sont moins inégales, etc.

Les antennes et les pieds antérieurs sont parfois d'un roux assez clair ou testacé (1).

18. Stenus alpicola, FAUVEL.

Allongé, assez étroit, subparallèle, subdéprimé, brièvement pubescent, d'un noir assez brillant, avec la base des palpes d'un flave testacé et celle des cuisses rousse. Tête plus large que le prothorax, assez finement et densément ponctuée, légèrement bisillonnée, à intervalle relevé en carène épatée, lisse. Prothorax aussi large que long, un peu moins large que les élytres, fortement arqué en avant sur les côtés, subrétréci en arrière, assez finement et densément ponctué, subégal, avec un sillon dorsal obsolète. Elytres transverses, à peine aussi longues que le prothorax, égales, assez fortement et assez densément ponctuées. Abdomen finement et densément ponctué. Le 1er article des tarses postérieurs allongé.

(1) Le *St. subfasciatus*, Fairmaire (Ann. Ent. Fr. 1860, 162) est remarquable par sa teinte plus noire et moins brillante, par ses élytres parées d'une impression transverse fasciée de longs poils argentés. — ♂ Cuisses renflées ; le 6e arceau ventral profondément et circulairement échancré. — L. 5 mill. — Constantine, Bône.

♂ Le 6ᵉ *arceau ventral* assez fortement échancré en angle subaigu. Le 5ᵉ sinué-subangulé dans le milieu de son bord apical.

♀ Le 6ᵉ *arceau ventral* prolongé et subogivalement arrondi. Le 5ᵉ simple.

Stenus alpicola, Fauvel, Faun. Gallo-Rhén. III, 236, 7.

Long., 0,0029 (1 1/3 l.). — Larg., 0,0005 (1/4 l.).

Corps allongé, assez étroit, subparallèle, subdéprimé, d'un noir assez brillant, avec une courte pubescence grisâtre, assez serrée.

Tête plus large que le prothorax, aussi large que les élytres ; légèrement pubescente ; assez finement et densément ponctuée ; légèrement bisillonnée entre les yeux, à intervalle relevé en carène épatée, lisse ; d'un noir assez brillant. *Bouche* obscure. *Palpes maxillaires* noirs, à 1ᵉʳ article et extrême base du 2ᵉ d'un flave testacé. *Yeux* obscurs.

Antennes atteignant le milieu du prothorax, légèrement pilosellées, noires ou noirâtres ; à 1ᵉʳ article subépaissi : le 2ᵉ un peu moins épais et non ou à peine plus court : les suivants assez grêles, graduellement moins longs : le 3ᵉ allongé, presque aussi long que les 2 suivants réunis : ceux-ci très fortement oblongs ou suballongés, les 6ᵉ et 7ᵉ oblongs, le 8ᵉ suboblong : les 3 derniers formant ensemble une massue allongée, légère : les 9ᵉ et 10ᵉ presque aussi larges que longs : le dernier en ovale acuminé.

Prothorax au moins aussi large que long, un peu moins large que les élytres ; fortement arqué en avant sur les côtés et subrétréci en arrière ; peu convexe ou même subdéprimé sur le dos ; légèrement pubescent ; assez finement et densément ponctué ; subégal, avec un sillon longitudinal, obsolète ; d'un noir assez brillant.

Écusson très petit, d'un noir assez brillant.

Élytres transverses, à peine aussi longues que le prothorax, à peine arquées en arrière sur les côtés ; subdéprimées ; égales, ou avec une faible impression le long de la suture ; légèrement pubescentes ; un peu plus fortement et un peu moins densément ponctuées que le prothorax ; noires, assez brillantes. *Épaules* subarrondies.

Abdomen allongé, aussi large à sa base que les élytres, subatténué en arrière après son milieu ; subconvexe, avec les premiers segments légèrement, le 5ᵉ à peine, impressionnés en travers à leur base ; assez densément pubescent ; finement et densément ponctué, avec la base des impressions subcrénelée; d'un noir assez brillant. Le 7e *segment* moins ponctué, mousse au bout.

Dessous du corps finement pubescent, d'un noir assez brillant. *Prosternum* et *mésosternum* rugueusement ponctués, celui-ci à pointe mousse. *Métasternum* assez densément ponctué, subdéprimé et brièvement canaliculé en arrière sur son disque. *Ventre* très convexe, assez finement et densément ponctué, un peu plus densément sur le milieu du 5e arceau.

Pieds finement pubescents, finement pointillés, assez brillants, brunâtres, à cuisses plus ou moins rousses excepté à leur sommet. *Tarses postérieurs* sensiblement moins longs que les tibias, à 1er article allongé, un peu plus long que le dernier : les 2e à 4e graduellement plus courts : le 2e oblong, les 3e et 4e assez courts.

PATRIE. Cette espèce, qui est très rare, se rencontre, en été, au pied des neiges, dans les régions alpines : le Valais, les Hautes-Pyrénées, etc., de 1,000 à 1,800m d'altitude.

OBS. Elle est distincte de l'*aterrimus* par sa taille moindre et par sa forme plus étroite et plus parallèle. Les élytres, un peu plu égales, sont plus courtes ; l'abdomen, moins atténué en arrière et relativement plus large, est plus finement et plus densément pointillé, etc.

Par ses tarses postérieurs plus courts, elle semble faire exception dans le sous-genre, mais leur 1er article est allongé, sensiblement plus long que le dernier, ce qui m'a forcé à l'y réunir.

19. Stenus fortis, REY.

Allongé, peu convexe, à peine pubescent, d'un noir peu brillant, avec les 2 premiers articles des palpes et la base des cuisses largement testacés, les tibias et les tarses d'un roux brunâtre. Tête à peine plus large que le prothorax, grossièrement et rugueusement ponctuée, faiblement bisillonnée, à intervalle peu élevé, subconvexe. Prothorax suboblong, un peu moins large en son milieu que les élytres, médiocrement arqué sur les côtés, à peine rétréci en arrière, grossièrement, densément et subrugueusement ponctué, subinégal, avec 2 légères impressions latérales et 1 fossette médiane oblongue. Elytres un peu plus longues que le prothorax, subégales, grossièrement, densément et subrugueusement ponctuées. Abdomen assez fortement et assez densément ponctué, à premiers segments unicarinulés à leur base. Le 1er article des tarses postérieurs allongé.

♂ *Métas ternum* subexcavé et assez longuement pubescent, ainsi que la pointe mésosternale. Le 6° *arceau ventral* profondément et angulairement échancré, à sommet de l'angle subarrondi. Le 5° sensiblement et largement échancré à son bord apical, largement impressionné au devant de l'échancrure, avec l'impression lisse presque jusqu'à la base, relevé latéralement en carènes prolongées en dent saillante, garnie sur les côtés de longs poils convergents en arrière. Les 1ᵉʳ à 4° graduellement un peu plus déprimés sur leur milieu et plus lisses à leur extrémité, à peine garnis sur leurs côtés de poils un peu plus longs et couchés en série longitudinale.

♀ M'est inconnue.

Long., 0,0055 (2 1/2 l.), — Larg., 0,0014 (2/3 l.).

PATRIE. Cette espèce est très rare. Elle a été capturée dans les collines des environs de Lyon.

OBS. Peut-être est-ce là la variété à base des cuisses testacée qu'a mentionnée Erichson à la fin de la description du *Juno*. En effet, elle en a la taille et le port robuste, mais la tête est moins large, la ponctuation est encore plus grossière, et les signes masculins, tout autres, rappellent plutôt ceux des espèces suivantes.

Les tibias sont brunâtres, à peine roussâtres dans leur milieu.

Les palpes sont d'un testacé pâle, à 3° article rembruni moins sa base.

20. Stenus scrutator, ERICHSON

Allongé, subdéprimé, éparsement pubescent, d'un noir mat, avec la base des cuisses ferrugineuse, les tibias, les antennes et les palpes brunâtres, le 1ᵉʳ article de ceux-ci et la base du 2° testacés. Tête un peu plus large que le prothorax, assez fortement, très densément et rugueusement ponctuée, subexcavée, largement et assez profondément bisillonnée, à intervalle snbélevé, obsolètement caréné. Prothorax suboblong, moins large que les élytres, sensiblement arqué sur les côtés, rétréci en arrière, assez fortement, très densément et subrugueusement ponctué, subégal, avec un sillon obsolète. Elytres évidemment plus longues que le prothorax, peu inégales, fortement, densément et subrugueusement ponctuées. Abdomen assez finement et densément ponctué, graduellement plus finement en arrière, à premiers segments unicarénés à leur base. Le 1ᵉʳ article des tarses postérieurs très allongé.

♂ *Métasternum* légèrement impressionné, non villeux. Le 6° *arceau ventral* entaillé au sommet. Le 5ᵉ largement échancré à son bord apical, largement impressionné au devant de l'échancrure, avec l'impression terminée de chaque côté par une carène élevée, saillante : le 4° sub-impressionné en arrière.

♀ *Métasternum* normal. Le 6° *arceau ventral* prolongé, subsinué à son sommet. Les 4° et 5° simples.

Stenus femoralis, ERICHSON, Col. March. I, 547, 20. — HEER, Faun. Helv, I, 217, 12,

Stenus scrutator, ERICHSON, Gen. et Spec. Staph. 708, 33. — REDTENBACHER, Faun. Austr. ed. 2, 231, 23. — HEER, Faun. Helv. I, 576, 12. — FAIRMAIRE et LABOULBÈNE, Faun. Fr. I, 582, 30. — KRAATZ, Ins. Deut. II, 765, 29. — THOMSON, Skand. Col. II, 216, 9.

Long., 0,0050 (2 1/4 l.). — Larg., 0,0008 (1/4 l. fort).

PATRIE. Cette espèce, qu'on rencontre en Suisse et en Allemagne, aurait été trouvée, d'après M. Fauvel (Suppl. 62), à Dax (Landes), et d'après M. Pandellé, à Mont-Louis (Pyrénées-Orientales).

OBS. Elle diffère du *boops* par une taille à peine moindre, par les palpes, les antennes et les tibias plus obscurs, et par son abdomen plus finement ponctué, surtout en arrière. Le métasternum des ♂ est sans longue pubescence, etc. La taille est moins robuste, la ponctuation moins forte et moins grossière que chez *fortis*, avec les palpes plus largement rembrunis et les tibias plus obscurs, etc.

Elle diffère du *St. ater* par la couleur ferrugineuse de la base des cuisses.

21. Stenus proditor, ERICHSON.

Allongé, subdéprimé, à peine pubescent, d'un noir brillant, avec les palpes testacés a 3ᵉ article noirâtre, les antennes d'un brun de poix, à 1ᵉʳ article noir, les pieds d'un noir de poix à base des cuisses d'un roux obscur. Tête bien plus large que le prothorax, assez finement et densement ponctuée, profondément bisillonnée, à intervalle assez élevé, subcaréné, parfois plus lisse. Prothorax suboblong, un peu moins large en son milieu

que les élytres, arqué sur les côtés, rétréci en arrière, assez fortement
et densément ponctué, presque égal, à sillon obsolète. Elytres de la longueur du prothorax, subégales, assez fortement et densément ponctuées.
Abdomen assez finement et assez densément ponctué, à premiers segments
unicarénés à leur base. Le 1er article des tarses postérieurs allongé.

♂ Le 6e arceau ventral légèrement et angulairement échancré au
sommet. Le 5e assez profondément sinué au milieu de son bord apical,
longitudinalement impressionné au devant du sinus, avec l'impression
lisse, plus large en arrière et terminée de chaque coté par une légère
carène.

♀ Le 6e arceau ventral prolongé et arrondi au sommet. Le 5e simple.

Stenus proditor, ERICHSON, Col. March. I, 550, 24; — Gen. et Spec. Staph. 713,
44. — REDTENBACHER, Faun. Austr. ed. 2, 222, 29. — HEER, Faun. Helv. I,
220, 22. — KRAATZ, Ins. Deut. II, 768, 33. — THOMSON, Skand. Col. IX, 192,
11, b. — FAUVEL, Faun. Gallo-Rhén. III, 244, note.

Long., 0,0034 (1 1/2 l.). — Larg., 0,0005 (1/4 l.).

PATRIE. Allemagne, Autriche, Suisse. On pourrait trouver cette espèce
dans la France orientale.

OBS. Bien distincte du *scrutator* par sa taille moindre, par sa couleur
plus brillante, par ses élytres plus courtes et ses cuisses plus obscures
elle rappelle un peu, pour la forme et pour la taille, les *Gallicus* et *Alpicola*
Elle diffère du premier par sa ponctuation moins profonde et moins grossière et par la base des cuisses moins noire; du deuxième, par sa taille
un peu plus forte, sa couleur plus brillante, sa tête plus large et surtout
par les premiers segments de l'abdomen munis à leur base d'une petite
carène médiane.

Les cuisses sont parfois presque entièrement noires.

Le *Stenus proditor*, Er. serait le *ripaecola* de J. Sahlberg (Ant. Lapp.
Col. Nat. Faun. et Flora Fenn. XI, 414, 80, 1870) et non celui de
Seidlitz (Faun. Balt. 254 (1).

_____

(1) Le *Stenus excubitor* d'Erichson (Gen. 714, 45) semble différer du *proditor* par sa couleur
plombée, sa pubescence plus serrée et par le front plus obsolètement bisillonné, etc. —
Long. 1 2/3 l. — Prusse, Autriche.

22. Stenus boops, GYLLENHAL.

Allongé, subdéprimé, éparsement pubescent, d'un noir mat, avec le milieu des antennes d'un roux de poix, les palpes et les pieds testacés, les genoux étroitement rembrunis et les tarses brunâtres. Tête un peu plus large que le prothorax, assez fortement et très densément ponctuée, subexcavée, assez fortement bisillonnée, à intervalle peu élevé, subconvexe. Prothorax oblong, moins large que les élytres, médiocrement arqué sur les côtés, subrétréci en arrière, assez fortement et très densément ponctué, subégal, avec un sillon postérieur obsolète. Elytres de la longueur du prothorax, subégales, assez fortement, très densément et subrugueusement ponctuées. Abdomen assez fortement et densément ponctué, à premiers segments unicarénés à leur base. Le 1er article des tarses postérieurs très allongé.

♂ *Métasternum* subexcavé, garni d'une pubescence grise, assez longue et assez serrée, plus longue et plus dense sur la pointe mésosternale. Le 6e *arceau ventral* lisse sur sa ligne médiane, assez profondément échancré au sommet en angle subarrondi. Le 5e largement subéchancré à son bord apical, largement impressionné au devant de l'échancrure, avec l'impression lisse en arrière, graduellement affaiblie et ponctuée en avant, limitée latéralement par des carènes assez saillantes, un peu prolongées en dent émoussée et légèrement ciliée. *Cuisses postérieures* subrenflées après leur milieu, légèrement ciliées en dessous avant celui-ci.

♀ *Métasternum* normal. Le 6e *arceau ventral* prolongé, subsinué à son sommet. Le 5e simple. *Cuisses postérieures* simples.

Staphylinus clavicornis, SCOPOLI, Ent. Carn. 100, 303.
Staphylinus buphthalmus, SCHRANK, Beitr. Nat. 72, 21.
Stenus boops, GYLLENHAL, Ins. Suec. II, 469, 5. — MANNERHEIM, Brach. 42, 5.—
    RUNDE, Brach. Hal. 15, 5. — HEER, Faune Helv., I. 216, 10. — THOMSON, Skand.
    Col. II, 215, 7 (1).
Stenus boops, var. I, GRAVENHORST, Mon. 227.
Stenus cicindeloides, LJUNGH, Web. et Mohr. Arch. I, 1, 62, 1.
Stenus speculator, BOISDUVAL et LACORDAIRE, Faun. Par. I, 445, 6. — ERICHSON,

---

(1) A l'exemple de Heer et de Thomson, j'ai adopté le nom de *boops* de Gyllenhal, dont la description ne laisse rien à désirer. Il n'en est pas ainsi du *clavicornis* de Scopoli.

Col. March. I, 548, 18 ; — Gen. et Spec. Staph. 708, 31 (1). — REDTENBACHER, Faun. Austr. ed. 2, 221, 25. — FAIRMAIRE et LABOULBÈNE, Faun. Fr. I, 581, 28. — KRAATZ, Ins. Deut. II, 761, 23.

Stenus clavicornis, FAUVEL, Faun. Gallo-Rhén. III, 242, 16.

Long., 0,0055 (2 1/2 l.). — Larg., 0,0003 (1/3 l. fort).

Corps allongé, subdéprimé, d'un noir mat ou peu brillant; revêtu d'un léger duvet blanc, très court.

Tête un peu plus large que le prothorax, à peine moins large que les élytres ; à peine duveteuse ; assez fortement et très densément ponctuée; subexcavée et assez fortement bisillonnée entre les yeux, à intervalle peu élevé, assez large, subconvexe ; d'un noir peu brillant. *Mandibules* brunâtres. *Palpes* d'un testacé pâle. *Yeux* obscurs.

Antennes atteignant à peine le milieu du prothorax, éparsement pilosellées, d'un roux de poix, à massue plus foncée et les 2 premiers articles noirs : le 1er subépaissi : le 2e un peu moins épais et à peine plus court : les suivants grêles, graduellement moins longs : le 3e allongé, sensiblement plus long que le 4e : celui-ci et les 5e et 6e subalongés : les 7e et 8e un peu plus épais, obconiques : le 7e oblong, le 8e suboblong : les 3 derniers formant ensemble une massue allongée : les 8e et 9e environ aussi larges que longs : le dernier en ovale acuminé.

Prothorax oblong, évidemment moins large en son milieu que les élytres ; médiocrement arqué sur les côtés un peu avant leur milieu et un peu plus rétréci en arrière qu'en avant ; très peu convexe ; à peine duveteux ; assez fortement et très densément ponctué, plus rugueusement sur les côtés du disque, un peu moins densément sur le milieu du dos et vers le sommet ; subégal, avec une faible dépression transversale en avant et en arrière, et un sillon-canaliculé médian, postérieur et raccourci ; d'un noir mat, un peu plus brillant sur les parties saillantes.

Écusson peu distinct, subruguleux, noir.

Élytres subcarrées, de la longueur du prothorax, subarquées postérieurement sur les côtés ; subdéprimées ; subégales, avec une impression postscutellaire assez sensible et une autre intrahumérale peu distincte ; à peine duveteuses ; assez fortement, très densément et subrugueusement

---

(1) Dans Kraatz, au lieu de 13, il faut lire 31. A propos de *speculator*, Lacordaire et Erichson citent *boops*, Gyll. dénomination antérieure, qu'ils rejettent sans en donner les motifs.

ponctuées ; d'un noir mat, un peu plus brillant sur les parties saillantes. *Epaules* subarrondies.

Abdomen allongé, un peu moins large que les élytres ; à peine atténué, plus brusquement vers le sommet ; subconvexe, avec les 5 premiers segments sensiblement impressionnés en travers et unicarénés à leur base, le 5ᵉ plus faiblement ; assez densément duveteux, surtout sur les côtés ; assez fortement et densément ponctué, plus finement en arrière, avec le fond des impressions ruguleux ; d'un noir un peu brillant. Le 7ᵉ *segment* un peu moins ponctué, mousse au bout.

Dessous du corps pubescent, d'un noir brillant. *Epimères prothoraciques* très éparsement ponctuées. *Prosternum* et *mésosternum* moins brillants, fortement et rugueusement ponctués : celui-là subélevé sur sa ligne médiane en carène mousse, celui-ci à pointe subtronquée. *Métasternum* assez fortement et assez densément ponctué, subexcavé (♂) ou déprimé (♀) sur son disque qui est subimpressionné et finement canaliculé en arrière. *Ventre* très convexe, assez finement et densément ponctué, moins finement en avant, à intervalle des points obsolètement chagriné.

Pieds légèrement pubescents, finement pointillés, d'un testacé assez brillant, avec les tarses brunâtres, les genoux et parfois l'extrême base des cuisses étroitement rembrunis, les trochanters et les hanches noirs. *Tarses postérieurs* un peu moins longs que les tibias. à 1ᵉʳ article très allongé, notablement plus long que le dernier : les 2ᵉ à 4ᵉ graduellement moins longs, suballongés ou oblongs.

Patrie. Cette espèce est commune, en tout temps, sous les pierres, les détritus, les feuilles mortes et les mousses des forêts et lieux humides, dans presque toute la France.

Obs. Elle est moindre que le *St. fortis,* moins robuste, moins grossièrement ponctuée, à 3ᵉ article des palpes et tibias plus pâles, genoux bien moins largement rembrunis, etc. (1).

J'ai vu 2 échantillons, d'Angleterre, à tête paraissant un peu moins large.

On attribue parfois au *boops* les *nigricornis, punctatissimus, atricornis*

(1) J'ai jadis reçu de feu M. Truqui un exemplaire que je regarde comme espèce distincte (*St. simplex*, R.).— Elle est moindre, plus grêle ; la tête est un peu moins large ; le prothorax, est plus étroit, plus faiblement arqué sur les côtés ; les élytres sont un peu plus courtes ; les pieds sont d'un testacé moins pâle et les trochanters sont roussâtres. L'impression du 5ᵉ arceau ventral ♂ est plus courte, lisse, réduite au tiers postérieur, limitée de chaque côté par une carène courte, peu saillante, oblique ou subarquée. — Long. 0,0044. — Turin.

et *canaliculatus* de Stephens (Ill. Brit. V, 293 et 294), et le *brunnipes*
de Grimmer (Steierm. Col. 1841, 33)?

23. Stenus providus, ERICHSON.

*Allongé, peu convexe, à peine pubescent, d'un noir presque mat, avec
les palpes d'un flave testacé à sommet souvent enfumé, les pieds testacés, l'extrémité des cuisses largement rembrunie, la base et le sommet
des tibias et les tarses brunâtres. Tête sensiblement plus large que le
prothorax, assez fortement et densément ponctuée, subexcavée et assez
fortement bisillonnée, à intervalle peu élevé, subconvexe. Prothorax
oblong, moins large que les élytres, sensiblement arqué sur les côtés, subrétréci en arrière, fortement, densément et subrugueusement ponctué,
subinégal, avec un sillon obsolète. Elytres de la longueur du prothorax,
subinégales, fortement, densément et subrugueusement ponctuées. Abdomen assez fortement et densément ponctué, à premiers segments unicarénés à leur base. Le 1er article des tarses postérieurs très allongé.*

♂ *Métasternum* largement impressionné ou subexcavé sur son disque,
avec l'impression plus finement et plus densément ponctuée, garnie d'une
assez longue pubescence grise et assez serrée, plus longue et plus dense
sur la pointe mésosternale. Le 6e *arceau ventral* lisse sur sa partie médiane, profondément et subogivalement échancré au sommet. Le 5e largement échancré dans le milieu de son bord apical et largement impressionné au devant de l'échancrure, avec l'impression prolongée jusqu'à
la base, faible antérieurement où elle est lisse en son milieu seulement,
brusquement plus profonde en arrière où elle est lisse dans toute sa
largeur, limitée de chaque côté par une carène plus saillante et acuminée
postérieurement. Les 1er à 4e déprimés ou graduellement moins faiblement subimpressionnés sur leur disque, avec un espace triangulaire
lisse, postérieur, plus ou moins grand : tous ou au moins les 2e à 5e
garnis sur les côtés de leur impression d'une longue pubescence blonde
ou grise, semi redressée, plus longue et convergente au sommet des 4e
et 5e. *Cuisses postérieures* à peine épaissies après leur milieu, assez densément ciliées en dessous.

♀ *Métasternum* normal. Le 6e *arceau ventral* prolongé et subéchancré
au bout. Les 1er à 5e simples. *Cuisses postérieures* simples.

Stenus providus, Erichson, Col. March. I, 546, 19 ; — Gen. et Spec. Staph. 707,
32. — Redtenbacher, Faun. Austr. ed. 2, 221, 24. — Heer, Faun. Helv. I,
217, 11 (1). — Fairmaire et Laboulbène, Faun. Fr. I, 581, 29. — Kraatz,
Ins. Deut II, 763, 26. — Thomson, Skand. Col. II, 216, 8. — Fauvel, Faun.
Gallo-Rhén. III, 243, 17.

Long., 0,0055 (2 1/2 l.). — Larg., 0,0008 (1/3 l. fort).

Corps allongé, peu convexe, d'un noir presque mat, revêtu d'un léger
duvet blanchâtre, très court et peu serré.

Tête sensiblement plus large que le prothorax, un peu moins large que
les élytres ; à peine duveteuse ; assez fortement et densément ponctuée ;
subexcavée et assez fortement bisillonnée entre les yeux, à intervalle peu
élevé, assez large, subconvexe ; d'un noir peu brillant. *Mandibules* brunâtres. *Palpes* d'un flave testacé, à 3e article souvent un peu rembruni au
sommet. *Yeux* obscurs.

Antennes atteignant environ le milieu du prothorax, éparsement pilosellées, noirâtres ou brunâtres, à 2 premiers articles plus noirs ; le 1er
subépaissi : le 2e un peu moins épais, à peine moins long : les suivants
grêles, graduellement moins longs : le 3e allongé, près d'une moitié plus
long que le 4e ; les 4e à 6e plus ou moins allongés : les 7e à 8e un peu
plus épais, obconiques : le 7e fortement, le 8e à peine oblong : les 3 derniers formant ensemble une massue allongée : les 9e et 10e presque aussi
larges que longs ; le dernier en ovale acuminé.

Prothorax oblong, moins large en son milieu que les élytres, sensiblement arqué -subdilaté vers le milieu des côtés ou un peu en avant ; à peine
plus rétréci en arrière qu'en avant ; peu convexe ; à peine duveteux ;
fortement, densément et subrugueusement ponctué ; subinégal, avec une
faible dépression avant le sommet et avant la base, une légère impression
de chaque côté du disque, et un sillon médian, obsolète et raccourci ;
d'un noir presque mat, à parties saillantes plus lisses et plus brillantes.

Ecusson peu distinct, chagriné, noir.

Élytres subcarrées, de la longueur du prothorax ou à peine plus
longues, subarquées en arrière sur les côtés ; peu convexes ; subinégales,
avec une impression postscutellaire sensible, plus ou moins prolongée
sur la suture, et une autre intrahumérale, oblongue, un peu plus légère ;

---

(1) D'après la couleur des palpes et des antennes, je rapporte ici le *providus* de Heer, et,
selon moi, le *boops* du même auteur doit s'appliquer au *boops*, Gr , et cela malgré les types.

à peine duveteuses ; fortement, densément et subrugueusement ponctuées, plus rugueusement en arrière, sur les impressions et sur le milieu du disque près des côtés ; d'un noir presque mat, plus brillant sur les bosses internes. *Epaules* subarrondies.

Abdomen allongé, moins large à sa base que les élytres, à peine atténué en arrière ; subconvexe, avec les 5 premiers segments graduellement moins sensiblement impressionnés en travers et unicarénés à leur base ; légèrement duveteux ; assez fortement et densément ponctué, plus finement vers son extrémité, avec le fond des impressions subruguleux ; d'un noir un peu brillant. Le 7e *segment* moins ponctué, mousse au bout.

Dessous du corps pubescent, d'un noir brillant. *Epimères prothoraciques* fortement et éparsement ponctuées. *Prosternum* et *mésosternum* moins brillants, fortement et rugueusement ponctués : celui-ci à pointe mésosternale subtronquée et ciliée. *Métasternum* assez fortement et assez densément ponctué, déprimé ou subimpressionné en arrière (♀) sur son disque. *Ventre* très convexe, assez fortement et assez densément ponctué, plus finement en arrière.

Pieds finement pubescents, légèrement pointillés, d'un testacé assez brillant, avec les hanches noires, les cuisses largement rembrunies à leur extrémité, les trochanters d'un roux obscur, la base et le sommet des tibias et les tarses brunâtres. *Tarses postérieurs* à peine moins longs que les tibias, à 1er article très allongé, notablement plus long que le dernier : les 2e à 4e graduellement moins longs, suballongés ou oblongs.

PATRIE. Cette espèce est commune, toute l'année, au bord des eaux, sous les pierres, les mousses, les détritus, etc., dans presque toute la France.

OBS. Elle diffère du *boops*, outre les signes masculins, par ses élytres plus inégales et plus varioleuses, par ses cuisses plus largement rembrunies à leur extrémité, et par le 3e article des palpes ordinairement un peu rembruni vers son sommet. Les trochanters sont moins noirs, etc.

Les 5 premiers arceaux du ventre ♂ présentent plusieurs modifications auxquelles il est impossible d'assigner une limite fixe. Les dépressions des 4 premiers sont parfois presque nulles, à espace lisse plus réduit, à pubescence ou blanche ou blonde, tantôt redressée en série longitudinale, tantôt couchée ou obsolète.

Les palpes sont parfois entièrement pâles, les trochanters quelquefois

roussâtres. Une forme brachyptère a la taille moindre et les palpes plus
obscurs.

24. Stenus sylvester, ERICHSON.

*Suballongé, peu convexe, à peine pubescent, d'un noir presque mat,
avec la base des palpes largement testacée, les pieds roux à extrémité
des cuisses et tarses rembrunis. Tête un peu plus large que le prothorax,
assez fortement et densément ponctuée, subexcavée et légèrement bisillonnée, à intervalle subélevé, subconvexe. Prothorax oblong, moins large
que les élytres, médiocrement arqué sur les côtés, rétréci en arrière,
fortement et densément ponctué, subégal, finement canaliculé sur son
milieu. Élytres de la longueur du prothorax, subégales, fortement, densément et subrugueusement ponctuées. Abdomen finement et densément
ponctué, à premiers segments unicarinulés à leur base. Le 1er article des
tarses postérieurs très allongé.*

♂ Le 6e *arceau ventral* échancré au sommet en triangle arrondi. Le
5e largement échancré à son bord apical, largement impressionné au devant de l'échancrure, avec l'impression très lisse, non avancée tout à fait
jusqu'à la base, limitée latéralement par des carènes saillantes, prolongées au sommet en dent subobtuse à poils convergents. Le 4e à grande
impression très faible, lisse, limitée en arrière par des poils convergents.
Les 2e et 3e à dépression triangulaire lisse, moins grande.

♀ Le 6e *arceau ventral* subogivalement prolongé au sommet. Les 2e à
5e simples.

Stenus sylvester, ERICHSON, Col. March. I, 547, 21 ; — Gen. et Spec. Staph. 708,
34. — REDTENBACHER, Faun. Austr. ed. 2, 226. — HEER, Faun. Helv. 1, 577, 12.
— FAIRMAIRE et LABOULBÈNE, Faun. Fr. 1, 582, 31. — KRAATZ, Ins. Deut. II,
766, 30. — THOMSON, Skand. Col. II, 217, 10. — FAUVEL, Faun. Gallo-Rhén. III,
244, 19.

Long., 0,0040 (1 3/4 l.). — Larg., 0,0006 (1/3 l. faible).

Corps suballongé, peu convexe, d'un noir mat ou presque mat ; revêtu
d'une très fine pubescence blanchâtre, peu serrée.

Tête un peu mais évidemment plus large que le prothorax, environ de
la largeur des élytres ; à peine duveteuse ; assez fortement, densément
et subrugueusement ponctuée ; subexcavée et légèrement bisillonnée entre

les yeux, à intervalle peu élevé, subconvexe ; d'un noir presque mat. *Mandibules* brunâtres. *Palpes* testacés, à 3ᵉ article rembruni. *Yeux* obscurs.

Antennes dépassant un peu le milieu du prothorax, à peine pilosellées, brunâtres, à 2 premiers articles noirs : le 1ᵉʳ subépaissi : le 2ᵉ à peine moins épais et à peine moins long : les suivants grêles, graduellement moins longs : le 3ᵉ allongé, près d'une moitié plus long que le 4ᵉ : les 4ᵉ à 6ᵉ suballongés : les 7ᵉ et 8ᵉ un peu plus épais : le 7ᵉ oblong, obconique : le 8ᵉ subglobuleux : les 3 derniers formant ensemble une massue allongée : les 9ᵉ et 10ᵉ presque aussi longs que larges : le dernier en ovale subacuminé.

Prothorax oblong, un peu ou même sensiblement moins large en son milieu que les élytres ; médiocrement arqué sur les côtés vers leur milieu ; plus fortement rétréci en arrière qu'en avant ; peu convexe ; à peine duveteux ; fortement, densément et subrugueusement p onctué ; subégal avec une faible impression de chaque côté du disque et un canal médian léger mais assez prolongé ; d'un noir presque mat.

Écusson peu distinct, chagriné, noir.

Élytres subcarrées, de la longueur du prothorax ou à peine plus longues ; subarquées en arrière sur les côtés ; peu convexes ; subinégales, avec une impression postscutellaire sensible, plus ou moins prolongée sur la suture, et une autre intrahumérale, allongée, suboblique, un peu plus faible ; à peine duveteuses ; fortement, densément et subrugueusement ponctuées, plus rugueusement sur les impressions ; d'un noir presque mat, plus brillant sur les saillies internes. *Épaules* subarrondies.

Abdomen suballongé, un peu moins large à sa base que les élytres, à peine atténué en arrière ; assez convexe, avec les 5 premiers segments sensiblement impressionnés en travers à leur base et unicarinulés sur le milieu de celle-ci, le 5ᵉ plus faiblement ; légèrement duveteux ; finement et densément ponctué, encore plus finement en arrière, avec le fond des impressions ruguleux ; d'un noir assez brillant ; le 7ᵉ *segment* moins ponctué, subtronqué au bout.

Dessous du corps pubescent, d'un noir brillant. *Épimères prothoraciques* éparsement ponctuées. *Prosternum* et *mésosternum* moins brillants, fortement et rugueusement ponctués : celui-ci à pointe mousse. *Métasternum* assez fortement et assez densément ponctué, subdéprimé sur son disque. *Ventre* convexe, finement et assez densément ponctué.

Pieds légèrement pubescents, finement pointillés, d'un roux assez brillant, avec les hanches noires, l'extrémité des cuisses et les tarses rembrunis. *Tarses postérieurs* évidemment moins longs que les tibias, à 1er article très allongé, notablement plus long que le dernier : les 2e à 4e graduellement moins longs : le 2e suballongé, le 3e oblong, le 4e suboblong.

PATRIE. Cette espèce, qui est très rare, se rencontre, au printemps, sous les feuilles mortes, dans les forêts humides, dans la Flandre, la Champagne, les environs de Paris, l'Alsace, la Lorraine, les Alpes, etc.

OBS. Elle est bien moindre que le *St. providus*. Le 3e article des palpes est entièrement rembruni; les tarses postérieurs sont moins longs, surtout leurs articles intermédiaires; les distinctions ♂ sont tout autres, etc.

25. Stenus Rogeri, KRAATZ.

Allongé, subdéprimé, légèrement duveteux, d'un noir assez brillant, avec le milieu des antennes d'un roux de poix, les palpes d'un flave testacé à sommet à peine plus foncé, les pieds d'un roux testacé, les genoux, le sommet des tibias et les tarses rembrunis. Tête plus large que le prothorax, assez fortement, densément et subrugueusement ponctuée, subexcavée et assez profondément bisillonnée, à intervalle subélevé, subconvexe. Prothorax oblong, un peu moins large que les élytres, modérément arqué sur les côtés, subrétréci en arrière, fortement, densément et rugueusement ponctué, plus lisse au sommet, subinégal, avec un sillon médian bien distinct et 2 légères impressions latérales. Élytres un peu moins longues que le prothorax, subinégales, fortement, densément et rugueusement ponctuées. Abdomen assez fortement et densément ponctué, plus finement en arrière, à premiers segments unicarénés à leur base. Le 1er article des tarses postérieurs très allongé.

♂ *Métasternum* largement subimpressionné, moins fortement et plus densément ponctué et densément pubescent sur son disque, plus longuement sur la pointe mésosternale. Le 6e *arceau ventral* largement lisse sur sa région médiane, profondément et subogivalement échancré au sommet. Le 5e largement et sensiblement échancré à son bord apical, largement impressionné au devant de l'échancrure, à impression lisse, avancée jusqu'à la base, brusquement plus profonde dans son dernier tiers ou sa dernière moitié, limitée de chaque côté par une carène saillante, prolongée postérieurement en dent subaiguë. Les *quatre premiers* subdéprimés sur leur milieu, surtout en arrière où ils offrent un espace triangulaire lisse, plus ou moins sensible, plus grand, plus déprimé et comme subimpressionné vers l'extrémité du 4e : toutes ces dépressions, ainsi que l'impression du 5e, garnies sur les côtés d'une longue pubescence pâle, redressée en 2 séries longitudinales, plus couchée sur les côtés des 4e et 5e où elle est subconvergente en arrière. *Cuisses postérieures* à peine épaissies, densément ciliées en dessous.

♀ *Métasternum* normal. Le 6e *arceau ventral* prolongé et subarrondi au sommet, souvent subéchancré au bout. Les 1er à 5e simples. *Cuisses postérieures* simples.

Stenus Rogeri, Kraatz, Ins. Deut. II, 764, 27. — Thomson, Op. Ent. 1871, IV, 369.

Var. *a. Palpes* entièrement d'un flave testacé. Le 5e *arceau ventral* ♂ à impression très faible à sa base, pointillée, à large espace longitudinal lisse.

Stenus novator, J. Duval, Gen. Staph. Cat. p. 74.

Long., 0,0052 (2 1/3 l.). — Larg., 0,0008 (1/3 l.).

Patrie. Cette espèce est assez rare. Elle se prend, en été, sous les pierres, les mousses et les détritus, au bord des eaux, aux environs de Cluny et de Tournus (Saône-et-Loire), dans le Beaujolais, aux environs de Lyon, au Mont-Dore, dans les Pyrénées, etc.

Elle est un peu plus brillante que le *providus*. Le prothorax est moins ponctué au sommet que sur le reste de sa surface. Les élytres, plus courtes, ont non seulement leurs saillies internes, mais encore les épaules, largement plus brillantes. L'impression du 5e arceau ventral ♂ est lisse en avant sur toute ou presque toute sa longueur, excepté dans la var. *a* (*novator*) où elle est pointillée sur les côtés, à peu près comme chez *providus*. La ♀ a le 6e arceau ventral subéchancré au bout.

Les échantillons de Provence ont la taille un peu plus grande, les élytres un peu moins courtes, les espaces lisses des premiers arceaux du ventre ♂ plus réduits, et l'impression du 5e obsolète ou nulle à sa base (*St. subrugosus*, R.).

26. Stenus lustrator, Erichson.

Suballongé, subdéprimé, à peine pubescent, d'un noir subplombé assez brillant, avec la base des palpes pâle, les pieds testacés, l'extrémité des cuisses, le sommet des tibias et les tarses rembrunis. Tête bien plus large que le prothorax, assez fortement et densément ponctuée, subexcavée, assez fortement bisillonnée, à intervalle peu élevé, subconvexe. Prothorax suboblong, moins large que les élytres, assez fortement arqué sur les côtés, rétréci en arrière, profondément et densément ponctué, subégal, à sillon très obsolète. Elytres un peu plus longues que le prothorax, subégales, profondément et assez densément ponctuées. Abdomen assez finement et densément ponctué, à premiers segments unicarénés à leur base. Le 1er article des tarses postérieurs très allongé.

♂ *Métasternum* à peine impressionné et assez longuement villeux sur son disque. Le 6e *arceau ventral* ponctué sur sa région médiane, échancré au sommet en angle émoussé. Le 5e largement et angulairement échancré à son bord apical, largement et faiblement impressionné au devant de l'échancrure, avec l'impression lisse, obsolètement carinulée sur son milieu, limitée de chaque côté par une carène tranchante, comprimée, angulairement relevée dans le milieu et non prolongée jusqu'au sommet. Les 1er à 4e largement déprimés sur leur région médiane, avec les dépressions garnies latéralement de longs cils blonds, serrés, arqués et convergents en arrière, nuls sur le 5e : le 4e lisse et presque subimpressionné vers son extrémité. *Cuisses postérieures* assez fortement ciliées en dessous.

♀ *Métasternum* normal. Le 6e *arceau ventral* prolongé et subsinué au sommet. Les 1er à 4e simples. Le 5e à peine et subangulairement échancré à son bord apical. *Cuisses postérieures* simples.

Stenus lustrator, Erichson, Col. March. I, 548, 22 ; — Gen. et Spec. Staph. 712, 41. — Redtenbacher, Faun. Austr. ed. 2, 226. — Fairmaire et Laboulbène, Faun. Fr. I, 582, 32. — Kraatz, Ins. Deut. II, 764, 28. — Thomson, Skand. Col. IX, 191, 8, b. — Fauvel, Faun. Gallo-Rhén. III, 244, 18.

Long., 0,0051 (2 1/3 l.). — Larg., 0,0008 (1/3 l. fort).

Corps suballongé, subdéprimé, d'un noir subplombé assez brillant; revêtu d'une courte pubescence blanchâtre, peu serrée.

Tête bien plus large que le prothorax, environ de la largeur des élytres ; à peine duveteuse ; assez fortement et densément ponctuée ; subexcavée et assez fortement bisillonnée entre les yeux, à intervalle peu
élevé, large, subconvexe ; d'un noir submétallique un peu brillant. *Mandibules* ferrugineuses, à base plus foncée. *Palpes* pâles, à 3e article et
extrémité du 2e largement rembrunis. *Yeux* obscurs.

Antennes dépassant un peu le milieu du prothorax, éparsement pilosellées, noirâtres ; à 1er article subépaissi : le 2e à peine moins épais,
moins long : les suivants très grêles, graduellement moins longs et à
peine plus épais : le 3e allongé, d'un bon tiers plus long que le 4e : les
4e à 6e allongés ou suballongés : le 7e fortement oblong, obconique : le
8e subglobuleux ou obturbiné : les 3 derniers formant une massue
allongée et peu épaisse : les 9e et 10e un peu moins larges que longs :
le dernier en ovale acuminé.

Prothorax suboblong, à peine plus long que large ; un peu mais
évidemment moins large en son milieu que les élytres ; assez fortement
arqué sur les côtés vers leur milieu et puis assez brusquement rétréci
en arrière ; très peu convexe ; à peine duveteux ; fortement, profondément et densément ponctué ; subégal, avec un court sillon dorsal très
obsolète ou peu distinct, et de chaque côté une impression à peine
sentie ; d'un noir subplombé assez brillant.

Ecusson peu distinct, chagriné, noir, parfois subfovéolé au bout.

Elytres subcarrées, un peu plus longues que le prothorax, à peine
arquées en arrière sur les côtés ; subdéprimées ; subégales, avec une
légère impression postscutellaire et une autre intrahumérale, allongée et
encore plus faible ; éparsément duveteuses ; fortement, profondément et un
peu moins densément ponctuées que le prothorax ; à peine ou non rugueusement sur les impressions ; d'un noir subplombé assez brillant.
Epaules subarrondies.

Abdomen assez allongé, moins large à sa base que les élytres, subatténué en arrière ; subconvexe, avec les 5 premiers segments graduellement moins sensiblement impressionnés en travers à leur base et
unicarénés sur le milieu de celles-ci ; légèrement duveteux ; assez finement et densément ponctué, un peu plus finement en arrière, avec le fond
des impressions ruguleux, et le milieu des premiers segments un peu plus
lisse postérieurement ; d'un noir subplombé brillant. Le 7e *segment*
mousse au bout.

Dessous du corps pubescent, d'un noir brillant. *Epimères prothora-*

ciques fortement et éparsement ponctuées. *Prosternum* et *mésosternum* moins brillants, fortement, densément et rugueusement ponctués : celui-ci à pointe mousse et ciliée. *Métasternum* assez fortement et densément ponctué, finement canaliculé et subimpressionné en arrière sur son disque. *Ventre* très convexe, assez finement et densément ponctué, un peu moins finement en avant.

Pieds légèrement pubescents, finement pointillés, d'un testacé brillant, avec les hanches noires, l'extrémité des cuisses, le sommet des tibias et les tarses rembrunis. *Tarses postérieurs* un peu moins longs que les tibias, à 1ᵉʳ article très allongé, bien plus long que le dernier : les 2ᵉ à 4ᵉ graduellement moins longs, suballongés ou oblongs.

PATRIE. On trouve cette espèce, en été, sous les détritus au bord des mares et sous les mousses humides des forêts, dans la Normandie, la Flandre, la Champagne, l'Anjou, l'Auvergne, les environs de Paris et de Lyon, le Beaujolais, la Bresse, etc. Elle est assez rare.

OBS. Elle diffère des précédentes par son prothorax moins oblong et plus fortement arqué sur les côtés, et surtout par les carènes du 5ᵉ arceau ventral ♂ non prolongées jusqu'au sommet et dépourvues de longs cils. Les élytres sont un peu ou à peine moins densement ponctuées que le prothorax, et la ponctuation de ces deux segments est plus grossière que chez *Rogeri ;* la teinte générale est plus brillante et plus plombée; les palpes sont plus rembrunis, etc.

J'en ai vu une variété à ponctuation encore plus grossière, à palpes et tibias plus obscurs.

2ᵉ Sous-genre NESTUS, Rey

Anagramme de *Stenus*

OBS. Dans ce sous-genre, les tarses postérieurs, courts ou assez courts, sont un peu ou à peine plus longs que la moitié des tibias, et leur 1ᵉʳ article est suballongé et subégal au dernier, le 2ᵉ oblong ou suboblong ; les 3ᵉ et 4ᵉ sont courts ou assez courts. Le dernier article de tous les tarses est le plus souvent entier, parfois cordiforme, rarement subbilobé. L'abdomen est rebordé sur les côtés. La taille est ordinairement moyenne ou petite. Les distinctions ♂ sont moins compliquées.

Le nombre des espèces en est assez considérable, il donnera lieu à 2 tableaux.

a. *Pieds* entièrement noirs ou noirâtres.
  b. Le 4° *article des tarses* entier ou subcordiforme.
    c. *Base des premiers segments* (2-5 1) *de l'abdomen* avec 4 petites carènes.
      d. Le 1er *article des palpes maxillaires* noir ou noirâtre. *Élytres* à pubescence argentée, bien distincte et subfasciée. *Corps* mat ou peu brillant.
        e. *Tête* presque aussi large que les élytres : *celles-ci* de la longueur du prothorax. *Taille* assez grande. . . . . 27. PALPOSUS.
        ee. *Tête* sensiblement moins large que les élytres : *celles-ci* un peu plus longues que le prothorax. *Taille* moyenne. . . 28. RURALIS.
      dd. Le 1er *article des palpes maxillaires* roux ou testacé. *Élytres* normalement pubescentes. *Taille* généralement petite.
        f. *Élytres* visiblement inégales, à impression basilaire bien accusée, les intrahumérales sensibles. *Front* plus ou moins bisillonné.
          g. *Tête* presque aussi large que les élytres. *Prothorax* plus ou moins caniculé. *Avant-corps* subrugueusement ponctué.
            h. *Prothorax* et *élytres* fortement et densément ponctués. *Abdomen* plus ou moins finement et densément ponctué. *Élytres* de la longueur du prothorax. *Corps* d'un noir peu brillant ou presque mat.
              i. *Prothorax* brièvement et obsolètement caniculé. *Abdomen* subatténué, un peu moins large à sa base que les élytres. *Avant-corps* presque mat. *Taille* petite. . . . . 29. BUPHTHALMUS.
              ii. *Prothorax* caniculé sur presque toute sa longueur. *Abdomen* subparallèle, presque aussi large à sa base que les élytres. *Avant-corps* peu brillant. *Taille* moindre. . 30. NOTATUS.
            hh. *Prothorax* et *élytres* grossièrement et peu densement ponctués. *Abdomen* finement et subéparsement ponctué. *Élytres* un peu plus longues que le prothorax. *Corps* d'un noir plombé très brillant. . . . . 31. NITIDUS (1).
          gg. *Tête* un peu ou sensiblement moins large que les élytres.
            k. *Tête* non ou à peine plus large que le prothorax : *celui-ci* généralement sans canal.
              l. *Avant-corps* aussi brillant que l'abdomen, grossièrement, assez densément, mais peu rugueusement ponctué. *Élytres* peu ridées-varioleuses. *Taille* petite. . . . . . 32. FORAMINOSUS.
              ll. *Avant-corps* presque mat, assez fortement, densément et

---

(1) Dans Fairmaire (p. 576), la désignation β doit aller après la description du *St. nitidus.*

rugueusement ponctué. *Elytres* ridées-varioleuses. *Taille*
moyenne. . . . . 33. INCRASSATUS.
kk. *Tête* évidemment plus large que le prothorax.
    m. *Elytres* amples, très inégales, distinctement 3-impres-
       sionnées, d'un quart plus longues que le prothorax. *Front*
       subexcavé, à intervalle large, peu élevé, non caréné.
       Avant-corps subrugueux, assez brillant. *Taille* assez
       petite. . . . . 34. INAEQUALIS.
mm. *Elytres* normales, inégales ou subinégales, mais non
    distinctement 3-impressionnées. *Taille* petite.
    n. *Prothorax* non ou à peine canaliculé. *Front* légèrement
      bisillonné.
      o. *Intervalle des sillons frontaux* large, subconvexe,
        nullement caréné. *Prothorax* subdéprimé à sa base.
        Avant-corps subrugueux, un peu brillant. . . 35. CINERASCENS.
      oo. *Intervalle des sillons frontaux* élevé, convexe, plus
        ou moins caréné.
        p. *Elytres* oblongues, d'un tiers plus longues que le
          prothorax, subparallèles : *celui-ci* subégal, sans canal
          apparent. *Carène frontale* fine, bien accusée. *Avant-*
          corps subrugueux, un peu brillant. . . . . 36. LONGIPENNIS.
        pp. *Elytres* subcarrées, d'un quart plus longues que le
          prothorax : *celui-ci* souvent à canal obsolète. *Carène*
          frontale moins fine, moins accusée. *Avant-corps*
          non subrugueux, presque aussi brillant que l'abdomen.
                          37. ATRATULUS.
nn. *Prothorax* distinctement canaliculé. *Front* bifovéolé.
    Avant-corps brillant. . . . . 38. FOVEIFRONS.
ff. *Elytres* égales ou subégales, à impression postscutellaire
  légère, les intra-humérales peu sensibles. *Front* obsolètement
  bisillonné.
    q. *Prothorax* canaliculé sur presque toute sa longueur.
      Élytres un peu plus longues que le prothorax. *Corps*
      presque mat, non parallèle. *Taille* assez petite. . . 39. CANALICULATUS
    qq. *Prothorax* subdéprimé, avec seulement un vestige de canal
      raccourci. *Élytres* de la longueur du prothorax. *Corps* sub-
      parallèle.
      r. *Corps* d'un noir plombé assez brillant, à pubescence assez
        longue et bien distincte. *Taille* petite. . . . . 40. ALDIPILUS.
      rr. *Corps* d'un noir profond, peu brillant, à peine pubescent.
        Taille très petite. . . . . 41. SUBDEPRESSUS.
qqq. *Prothorax* subconvexe, sans vestige de canal apparent.
    s. *Élytres* aussi densément ponctuées que le prothorax. Les
      premiers segments de l'abdomen assez légèrement im-
      pressionnés en travers à leur base.
    t. *Élytres* un peu plus longues que le prothorax, brièvement

et assez densément pubescentes. *Avant-corps* presque
mat. *Tête* moins large que les élytres. *Forme* non parallèle. *Taille* petite. . . . . 42. MORIO.

tt. *Élytres* de la longueur du prothorax, éparsement pubescentes. *Tête* de la largeur des élytres. *Forme* subparallèle. *Taille* très petite. . . . . 43. AEQUALIS.

ss. *Élytres* un peu plus densément ponctuées que le prothorax.
Les *premiers segments de l'abdomen* fortement impressionnés en travers à leur base. *Corps* assez brillant. *Taille*
petite. . . . . 44. GRACILENTUS.

cc. *Base des premiers segments de l'abdomen* avec 1 seule
carène médiane.

u. *Front* obsolètement bisillonné, à intervalle à peine convexe.
Élytres non ou à peine plus longues que le prothorax : *celui-ci*
subégal. *Corps* mat. *Taille* assez petite. . . . . 45. CARBONARIUS.

uu. *Front* profondément bisillonné, à intervalle subcaréné. *Prothorax* bifovéolé. *Corps* un peu brillant. *Taille* très petite.

v. *Élytres* très inégales, bien plus longues que le prothorax
Carène frontale prolongée jusqu'à l'épistome. . . 46. PUSILLUS.

vv. *Élytres* moins inégales, à peine plus longues que le prothorax. *Carène frontale* raccourcie en avant. . . . 47. EXIGUUS.

ccc. *Base des premiers segments de l'abdomen* sans carène.

x. *Tête* non ou à peine moins large que les élytres : celles-ci
à peine plus longues que le prothorax. *Ponctuation du prothorax et des élytres* assez forte. Le 1er *article des palpes*
pâle. . . . . 48. OREOPHILUS.

xx. *Tête* un peu moins large que les élytres : celles-ci un peu
plus longues que le prothorax. *Ponctuation du prothorax
et des élytres* assez fine. Le 1er *article des palpes* brunâtre. *Forme* plus étroite. . . . . 49. INCANUS.

bb. Le 4e *article des tarses* bilobé environ jusqu'au milieu de sa
longueur. *Métasternum* finement carinulé sur sa ligne médiane.
Corps presque mat. *Taille* petite. . . . . 50. OPACUS.

27. Stenus (Nestus) palposus, ZETTERSTEDT.

*Assez allongé, subdéprimé, assez densément pubescent, d'un noir mat.
Tête un peu plus large que le prothorax, presque aussi large que les
élytres, assez fortement et densément ponctuée, largement bisillonnée, à
intervalle peu élevé, large, faiblement convexe. Prothorax fortement
oblong, un peu moins large que les élytres, médiocrement arqué en
avant sur les côtés, subrétréci en arrière, fortement, densément et subrugueusement ponctué, subinégal, à sillon obsolète et raccourci. Élytres*

BRÉVIP. 7

de la longueur du prothorax, inégales, fortement, densément et rugueu-sement ponctuées, fasciées de blanc argenté. Abdomen assez finement et assez densément ponctué, à premiers segments 4-carinulés à leur base.

♂ Les 5e et 6e *arceaux du ventre* longitudinalement impressionnés sur leur milieu, angulairement subéchancrés à leur sommet, avec un léger espace lisse au-devant de l'échancrure du 5e. Le 4e légèrement, le 3e obsolètement impressionnés en arrière.

♀ Le 6e *arceau ventral* prolongé et arrondi au sommet. Les 3e à 5e simples.

Stenus palposus, ZETTERSTEDT, Ins. Lapp. 70, 6. — J. SAHLBERG, Enum. Brach. Fenn. I, 55, 160. — FAUVEL, Faun. Gallo-Rhén. III, 251, 29.
Stenus buphthalmus, GYLLENHAL, Ins. Succ. IV, 475, 10. — SAHLBERG, Ins. Fenn. 428, 11.
Stenus carbonarius, ERICHSON, Gen. et Spec. Staph. 696, 11. — HEER, Faun. Helv. I, 217, 14. — KRAATZ, Ins. Deut. II, 570, 10 (1).
Stenus argentellus, THOMSON, Skand. Col. II, 222, 22 ; — IX, 194. — SEIDLITZ, Faun. Balt. 255. — REDTENBACHER, Faun. Austr. ed. 3, 245.

Long., 0,0044 (2 l.). — Larg., 0,0008 (1/3 l. fort).

Corps assez allongé, subdéprimé, d'un noir mat; recouvert d'une pu-bescence argentée, courte, assez grossière, assez serrée, fasciée sur les élytres.

Tête un peu plus large que le prothorax, presque aussi large que les élytres ; légèrement pubescente ; assez fortement et densément ponc-tuée ; largement bisillonnée entre les yeux, à intervalle peu élevé, large et faiblement convexe ; d'un noir mat. *Bouche* obscure. *Palpes maxillaires* noirs, à 1er article à peine moins foncé. *Yeux* obscurs.

Antennes courtes, atteignant à peine le milieu du prothorax ; éparse-ment pisellées, noires ; à 1er article subépaissi : le 2e presque aussi épais et à peine moins long : les suivants assez grêles, graduellement moins longs : le 3e allongé, d'un tiers plus long que le 4e : les 4e et 5e suballongés : le 6e fortement oblong, obconique : les 7e et 8e un peu plus épais : le 7e à peine oblong, obconique : le 8e assez court : les 3 derniers formant ensemble une massue distincte et suballongée : les 9e et 10e subtransverses : le dernier en ovale court, acuminé.

(1) A l'exemple de Thomson, Fauvel et John Sahlberg, j'ai dû changer le nom de *carbonarius* de Gyllenhal, celui-ci l'ayant appliqué à une autre espèce maintenue.

Prothorax fortement oblong, un peu moins large en avant que les élytres ; médiocrement arqué sur les côtés avant leur milieu et puis subrétréci en arrière ; légèrement convexe ; éparsement pubescent ; fortement, densément et subrugueusement ponctué ; subinégal, avec un sillon-caniculé médian, obsolète et raccourci ; d'un noir mat.

Ecusson peu distinct, chagriné, noir.

Elytres subcarrées, de la longueur du prothorax, à peine arquées en arrière sur les côtés ; subdéprimées ; inégales, avec une large impression suturale bien sensible et une autre intrahumérale, obsolète ; assez densément pubescentes, à pubescence argentée, formant sur les côtés du disque des fascies blanchâtres, dont la principale située après le milieu ; fortement, densément et rugueusement ponctuées, avec la ponctuation plus ou moins ridée ou varioleuse ; d'un noir mat. *Epaules* arrondies.

Abdomen suballongé, un peu moins large que les élytres, à peine atténué en arrière ; assez convexe, avec les 5 premiers segments sensiblement impressionnés en travers et 4-carinulés à leur base, le 5e plus faiblement ; assez densément pubescent-argenté ; assez finement et assez densément ponctué ; d'un noir peu brillant. Le 7e *segment* étroit, sub-impressionné au bout.

Dessous du corps pubescent, d'un noir assez brillant. *Prosternum* et *mésosternum* moins brillants, rugueux : celui-ci à pointe lanciforme, subémoussée. *Métasternum* assez densément ponctué, subdéprimé sur son disque (1). *Ventre* convexe, assez fortement et assez densément ponctué, plus finement en arrière.

Pieds pubescents, finement ponctués, noirs ou noirâtres, assez brillants. *Tarses postérieurs* moins longs que les tibias, à 1er article sub-allongé, subégal au dernier : les 2e à 4e graduellement plus courts : le 2e oblong, les 3e et 4e assez courts.

Patrie. On prend cette rare espèce au bord des eaux vives, dans les régions froides et montagneuses, en Alsace, dans le Bourbonnais, etc.

Obs. Elle commence une série d'espèces d'une étude d'une difficulté inextricable, distinctes des précédentes par la base des premiers segments abdominaux pourvus de 4 petites carènes, souvent peu apparentes et presque inappréciables (2).

---

(1) On aperçoit parfois en arrière une très fine carène longitudinale raccourcie.

(2) Le *St. labilis* d'Erichson serait plus étroit, plus brillant et plus plombé, avec le front plus fortement bisillonné, le 1er article des palpes moins foncé et le prothorax plus allongé moins arrondi sur les côtés et plus distinctement canaliculé. — 2 l. — Finlande.

Le *Stenus carbonarius* de Gyllenhal (Ins. Suec. IV, 505, 13) s'applique à une autre espèce, décrite plus loin.

28. Stenus (Nestus) ruralis, ERICHSON.

Allongé, subdéprimé, assez densément pubescent, d'un noir peu brillant. Tête un peu plus large que le prothorax, sensiblement moins large que les élytres, assez fortement et densément ponctuée, largement et faiblement bisillonnée, à intervalle peu élevé, étroit, légèrement convexe. Prothorax oblong, moins large que les élytres, subarqué en avant sur les côtés, subrétréci en arrière, fortement, densément et subrugueusement ponctué, subinégal, obsolètement canaliculé. Elytres un peu plus longues que le prothorax, inégales, fortement, densément et rugueusement ponctuées, fasciées de blanc argenté. Abdomen assez finement et assez densément ponctué, à premiers segments brièvement 4-carinulés à leur base.

♂ Le 6ᵉ *arceau ventral* légèrement et angulairement échancré au sommet.

♀ Le 6ᵉ *arceau ventral* prolongé et subarrondi au sommet.

Stenus ruralis, ERICHSON, Gen. et Spec. Staph. 697, 13. — REDTENBACHER, Faun. Austr. ed. 2, 220, 14. — FAIRMAIRE et LABOULBÈNE, Faun. Fr. I, 576, 12. — KRAATZ, Ins. Deut. II, 751, 11. — FAUVEL, Faun. Gallo-Rhén. III, 252, 30. — J. SAHLBERG, Enum. Brach. Fenn. 55, 161.

Long., 0,0037 (1 2/3 l.). — Larg., 0,0007 (1/3 l.).

PATRIE. Cette espèce, peu commune, se trouve, en été, sur le sable des rivières, en Alsace, dans les Alpes de la Savoie et du Dauphiné, dans les Pyrénées, etc. Je l'ai rencontrée dans les îles du Rhône, où elle avait été sans doute amenée par les inondations.

OBS. Je crois inutile de la décrire plus longuement. Elle ne diffère du *palposus* que par sa tête un peu moins large et à intervalle subélevé plus étroit; par son prothorax un peu moins oblong et à canal un peu moins raccourci, et par ses élytres un peu moins courtes. La taille est généralement moindre, etc.

Les sillons frontaux, bien que faibles, sont parfois assez accusés.

Quelques auteurs rapportent au *ruralis* les *Alpestris* de Heer (Faun. Helv. I, 577, 14') et *Shepardi* de Crotch (Ent. ann. 1867, 47 ; 1870, 85).

29. Stenus (Nestus) buphthalmus, Gravenhorst.

Allongé, peu convexe, à peine pubescent, d'un noir presque mat, avec le 1er article des palpes testacé. Tête plus large que le prothorax, presque aussi large que les élytres, assez fortement et densément ponctuée, largement bisillonnée, à intervalle subélevé, subconvexe. Prothorax oblong, moins large que les élytres, légèrement arqué sur les côtés avant leur milieu, subrétréci en arrière, fortement, très densément et subrugueusement ponctué, subinégal, obsolètement et brièvement canaliculé. Élytres environ de la longueur du prothorax, inégales, fortement, très densément et rugueusement ponctuées. Abdomen assez finement et assez densément ponctué, assez brillant, à premiers segments 4-carinulés à leur base.

♂ Le 6° arceau ventral largement, légèrement et subangulairement échancré au sommet.

♀ Le 6° arceau ventral prolongé et arrondi au sommet.

Stenus buphthalmus, Gravenhorst, Micr. 156, 6; — Mon. 230, 9.— Gyllenhal, Ins. Succ. II, 475, 10. — Mannerheim, Brach. 43, 11. — Runde, Brach. Hal. 16, 9.— Erichson, Col. March. I, 536, 8; — Gen. et Spec. Staph. 699, 16. — — Redtenbacher, Faun. Austr. ed. 2, 219, 13. — Heer, Faun. Helv. I, 218, 15. — Fairmaire et Laboulbène, Faun. Fr. I, 576, 10. — Kraatz, Ins. Deut. II, 752, 13. — Thomson, Skand. Col. II, 220. 16.— Fauvel, Faun. Gallo-Rhén. III, 253, 32, pl. III, fig. 6.
Stenus boops, Ljungh, Web. Beitr. II, 158, 12.
Stenus clavicornis, Panzer, Faun. Germ. 27. 11.
Stenus canaliculatus, Boisduval et Lacordaire, Faun. Par. I, 449, 14.

Long., 0,0040 (1 3/4 l.). — Larg., 0,0007 (1/3 l.).

Corps allongé, peu convexe, d'un noir presque mat, plus brillant sur l'abdomen ; recouvert d'une courte pubescence cendrée, peu serrée et peu apparente.

Tête plus large que le prothorax, presque aussi large que les élytres ; à peine pubescente ; assez fortement et densément ponctuée ; largement et faiblement bisillonnée entre les yeux, à intervalle subélevé, subconvexe, parfois obtusément subcaréné ; d'un noir peu brillant. *Bouche* obscure. *Palpes maxillaires* noirs, à 1er article testacé. *Yeux* obscurs.

Antennes assez courtes, atteignant à peine le milieu du prothorax,

légèrement pilosellées, noires ; à 1er article subépaissi : le 2e un peu
moins épais, à peine moins long : les suivants grêles, graduellement plus
courts : le 3e allongé, un peu plus long que le 4e : les 4e et 5e suballongés,
le 6e fortement oblong : les 7e et 8e un peu plus épais : le 7e suboblong,
obconique : le 8e court, subcarré : les 3 derniers formant ensemble une
massue suballongée : les 9e et 10e subtransverses : le dernier en ovale
court, subacuminé.

Prothorax oblong, moins large que les élytres, légèrement arqué sur
les côtés avant leur milieu et subrétréci en arrière ; peu convexe, parfois
subdéprimé en arrière sur son disque ; à peine pubescent ; fortement,
très densément et subrugueusement ponctué, un peu moins densément
et un peu moins rugueusement sur le milieu du dos ; subinégal, avec une
faible impression de chaque côté et un canal médian obsolète et plus ou
moins raccourci ; d'un noir presque mat.

Ecusson peu distinct, ruguleux, noir.

Elytres subtransverses, non plus longues que le prothorax, subarquées
en arrière sur les côtés ; peu convexes ; inégales, avec une impression
postscutellaire bien accusée, une autre basilaire et intrahumérale, plus
légère, et une troisième oblique, faible, située sur les côtés après le
milieu ; à peine pubescentes ; fortement, très densément et rugueusement ponctuées, plus rugueusement sur les impressions et le long de la
suture ; d'un noir presque mat (1). *Epaules* subarrondies.

Abdomen suballongé, un peu moins large à sa base que les élytres ; un
peu atténué en arrière ; subconvexe, à premiers segments sensiblement
et graduellement moins impressionnés en travers et 4-carinulés à leur
base, le 5e à peine ou non ; légèrement pubescent ; assez finement et
assez densément ponctué, plus finement et plus densément en arrière ;
d'un noir assez brillant. Le 7e *segment* mousse au bout.

Dessous du corps légèrement pubescent, d'un noir assez brillant.
Prosternum et *mésosternum* fortement et rugueusement ponctués, celui-ci
à pointe mousse ou subtronquée. *Métasternum* assez fortement et assez
densément ponctué, plus ou moins déprimé en arrière sur son disque.
Ventre convexe, assez fortement et assez densément ponctué, plus finement et plus densément sur le milieu des 4e et 5e arceaux.

Pieds légèrement pubescents, finement pointillés, d'un noir assez bril-

(1) Les parties saillantes sont un peu plus brillantes, moins densément ponctuées et moins
rugueuses.

lant. *Tarses* assez courts, à pénultième article subcordiforme ; les *postérieurs* à peine plus longs que la moitié des tibias, à 1er article suballongé, à peine égal au dernier : les 2e à 4e graduellement plus courts : le 2e à peine suboblong, les 3e et 4e courts.

PATRIE. Cette espèce se trouve très communément, toute l'année et presque de toute manière, dans toute la France.

OBS. Elle se distingue du *St. ruralis* par sa taille un peu moindre, sa tête plus large et ses élytres à pubescence moins dense et non fasciée, ainsi que par la couleur testacée du 1er article des palpes, etc.

Les élytres sont plus ou moins varioleuses et plus ou moins rugueuses, tantôt à peine plus longues, tantôt non plus longues que le prothorax. L'intervalle des sillons frontaux est parfois subcarinulé. Les pieds sont rarement d'un brun à peine roussâtre. Les ♀ ont l'abdomen un peu plus large, un peu plus épais et un peu moins atténué en arrière.

On attribue au *buphthalmus* l'*angustatus* de Stephens (Ill. Brit. V, 299).

Le *St. sulcatulus*, Mulsant et Rey (Op. Ent. 1870, XIV, 108), a le prothorax un peu plus fortement arqué sur les côtés, plus distinctemen canaliculé sur presque toute sa longueur ; les élytres subcarrées, un peu plus amples et un peu plus longues ; le 5e arceau ventral ♂ largement et sensiblement sinué et le 6e un peu plus fortement échancré. Peut-être est-ce là une espèce distincte ou bien une forme macroptère du *buphthalmus?* — Beaujolais.

30. Stenus (Nestus) notatus , REY.

Allongé, subdéprimé, à peine pubescent, d'un noir peu brillant, avec le 1er article des palpes d'un roux parfois testacé. Tête plus large que le prothorax, de la largeur des élytres, assez fortement et densément ponctuée, assez largement bisillonnée, à intervalle subélevé, subconvexe. Prothorax suboblong, un peu moins large que les élytres, sensiblement arqué sur les côtés avant leur milieu, subrétréci en arrière, fortement, très densément et subrugueusement ponctué, subinégal, finement canaliculé sur presque toute sa longueur. Élytres de la longueur du prothorax, inégales, subfovéolées antérieurement sur leur disque, fortement, densément et subrugueusement ponctuées. Abdomen subparallèle, presque de la longueur des élytres, finement et densément ponctué, plus éparsement sur le dos des 5 premiers segments.

♂ Le 6ᵉ *arceau ventral* largement et à peine échancré au sommet.

♀ Le 6ᵉ *arceau ventral* prolongé et subogivalement arrondi au sommet.

Long., 0,0029 (1 1/3 l.). — Larg., 0,0006 (1/4 l.).

Patrie. Cette rare espèce a été capturée, en automne, parmi les mousses, dans les montagnes du Lyonnais et à la Grande-Chartreuse.

Obs. Je ne la décrirai pas davantage, tant elle ressemble au *buphthalmus*, dont elle n'est peut-être qu'une variété. Toutefois, elle est moindre, plus déprimée, plus linéaire. La tête est un peu plus large comparativement aux élytres. Les antennes sont plus courtes, à 3ᵉ et 4ᵉ articles moins inégaux; le prothorax est moins oblong, plus fortement arqué sur les côtés, plus longuement canaliculé ; les élytres, plus déprimées, sont un peu moins densément ponctuées, moins rugueuses, moins varioleuses et plus brillantes, notées chacune, sur la partie antérieure du disque, d'une petite impression ou fossette à fond subrugueux ; l'abdomen, plus parallèle, est presque aussi large à sa base que les élytres, plus lisse sur le dos, etc.

Les tibias et les tarses sont parfois brunâtres. Le 1ᵉʳ article des palpes, d'un roux assez foncé, est quelquefois testacé. Les élytres varient quant à leur ponctuation.

31. Stenus (Nestus) nitidus, Boisduval et Lacordaire.

Assez allongé, peu convexe, éparsement pubescent, d'un noir plombé très brillant, avec le 1ᵉʳ article des palpes d'un flave testacé. Tête à peine plus large que le prothorax, presque aussi large que les élytres, fortement et peu densément ponctuée, profondément bisillonnée, à intervalle élevé, subcaréné. Prothorax suboblong, moins large que les élytres, assez fortement arqué sur les côtés avant leur milieu, rétréci en arrière, très fortement et peu densément ponctué, subégal, postérieurement canaliculé. Élytres un peu plus longues que le prothorax, subinégales, très fortement et peu densément ponctuées. Abdomen finement et subéparsement ponctué, à premiers segments faiblement 4-carinulés à leur base.

♂ Le 6ᵉ *arceau ventral* légèrement échancré au sommet.

♀ Le 6ᵉ *arceau ventral* prolongé et arrondi au sommet.

Stenus nitidus, Boisduval et Lacordaire, Faun. Par. I, 450, 16. — Erichson, Gen et Spec. Staph. 703, 25. — Redtenbacher, Faun. Austr. ed. 2, 219, 13. — — Fairmaire et Laboulbène, Faun. Fr. I, 576, 11. — Kraatz, Ins. Deut. II 756, 17.— Thomson, Skand. Col. II, 228, 28.
Stenus melanopus, Fauvel, Faun. Gallo-Rhén. III, 256, 36.

Long., 0,0033 (1 1/2 l.). — Larg., 0,0007 (1/3 l.).

Corps assez allongé, peu convexe, d'un noir plombé très brillant; revêtu d'une fine pubescence blanchâtre, assez courte et éparse.

Tête à peine plus large que le prothorax, presque aussi large que les élytres ; à peine pubescente ; fortement et peu densément ponctuée ; profondément bisillonnée entre les yeux, à sillons convergents en avant, à intervalle subcaréné, aussi élevé que les côtés du front; d'un noir plombé très brillant. *Bouche* obscure. *Palpes maxillaires* noirs, à 1ᵉʳ article d'un flave testacé. *Yeux* obscurs.

Antennes assez courtes, atteignant environ le milieu du prothorax, légèrement pilosellées, noires; à 1ᵉʳ article épaissi : le 2ᵉ un peu moins épais, paraissant aussi long : le 3ᵉ grêle, allongé, un peu plus long que le 4ᵉ : les suivants grêles, graduellement moins longs : les 4ᵉ et 5ᵉ sub-allongés, le 6ᵉ oblong : les 7ᵉ et 8ᵉ à peine plus épais : le 7ᵉ suboblong, le 8ᵉ subglobuleux : les 3 derniers formant ensemble une massue sensible et suballongée : les 9ᵉ et 10ᵉ transverses : le dernier en ovale court et subacuminé.

Prothorax suboblong, un peu moins large en sa partie dilatée que les élytres ; assez fortement arqué sur les côtés vers ou un peu avant leur milieu et puis rétréci en arrière; peu convexe ; éparsement pubescent ; très fortement et peu densément ponctué, à interstices lisses; subégal, avec un sillon postérieur canaliculé, bien accusé, plus raccourci en avant qu'en arrière ; d'un noir plombé très brillant.

Écusson peu distinct, noir.

Élytres subcarrées, un peu ou à peine plus longues que le prothorax ; subélargies en arrière; peu convexes; inégales, avec une impression sensible sur la suture et une autre moindre, basilaire et intrahumérale ; éparsement pubescentes ; très fortement et peu densément ponctuées, à interstices plans et lisses ; d'un noir plombé très brillant. *Epaules* subarrondies.

Abdomen peu allongé, un peu moins large à sa base que les élytres, un peu atténué en arrière; assez convexe; à premiers segments graduellement moins sensiblement impressionnés en travers et 4-carinulés à leur base, le 5ᵉ à peine; éparsement pubescent; finement et peu densément ponctué; d'un noir subplombé très brillant. Le 7ᵉ *segment* mousse au bout.

Dessous du corps pubescent; d'un noir brillant. *Prosternum* et *mésosternum* assez fortement et rugueusement ponctués. *Métasternum* assez fortement et assez densément ponctué, subdéprimé sur son disque, avec parfois une légère ligne médiane lisse. *Ventre* très convexe, assez finement et assez densément ponctué, plus finement en arrière et plus densément sur le milieu du 5ᵉ arceau.

Pieds légèrement pubescents, éparsement pointillés, noirs ou noirâtres. *Tarses postérieurs* à peine plus longs que la moitié des tibias, à 1ᵉʳ article suballongé, à peine égal au dernier : les 2ᵉ à 4ᵉ graduellement plus courts : le 2ᵉ suboblong, les 3ᵉ et 4ᵉ courts.

PATRIE. Cette espèce est assez commune, toute l'année, dans les fumiers secs et parmi les détritus, dans presque toute la France. Elle est plus répandue dans les provinces méridionales.

OBS. La ponctuation moins serrée, plus forte et moins rugueuse, la couleur moins noire, plombée et bien plus brillante, les élytres moins courtes, la forme plus épaisse, tels sont les caractères qui la séparent à première vue des *buphthalmus* et *notatus*.

Elle ressemble au *foraminosus*, décrit ci-après. La ponctuation est un peu moins grossière et moins serrée; la tête est plus large, plus profondément bisillonnée, avec le 1ᵉʳ article des palpes maxillaires d'une couleur plus pâle; les élytres sont relativement un peu moins longues, etc.

La ponctuation varie un peu de densité, de grosseur et de profondeur. Les élytres paraissent parfois un peu plus longues. Chez les ♀, le corps est un peu plus épais, l'abdomen plus large et moins atténué en arrière.

J'ai vu un exemplaire ♀ dont le 6ᵉ arceau ventral est peu prolongé et même subsinué au sommet.

On réunit au *nitidus* le *melanopus* de Marsham (Ent. Brit. I, 528).

32. Stenus (Nestus) foraminosus, ERICHSON.

Assez allongé, peu convexe, éparsement pubescent, d'un noir plombé très brillant, avec le 1er article des palpes d'un testacé de poix. Tête à peine plus large que le prothorax, sensiblement moins large que les élytres, grossièrement et assez densément ponctuée, obsolètement bisillonnée, à intervalle large, peu convexe. Prothorax à peine oblong, moins large que les élytres, assez fortement arqué sur les côtés avant leur milieu, rétréci en arrière, grossièrement et assez densément ponctué, égal, sans sillon apparent. Élytres sensiblement plus longues que le prothorax, peu inégales, grossièrement et assez densément ponctuées, à interstices non ruguleux. Abdomen assez fortement et peu densément ponctué, à premiers segments obsolètement 4-carinulés à leur base.

♂ Nous est inconnu.

♀ Le 6e arceau ventral subogivalement prolongé au sommet.

Stenus foraminosus, ERICHSON, Gen. et Spec. Staph. 703, 24. ? — REDTENBACHER, Faun. Austr. 220, 19. — FAIRMAIRE et LABOULBÈNE, Faun. Fr. I, 580, 26. — KRAATZ, Ins. Deut. II, 755, 16. — FAUVEL, Faun. Gallo-Rhén. III, 257, note.

Long., 0,0030 (1 1/3 l.). — Larg., 0,0007 (1/3 l.).

Corps assez allongé, peu convexe, d'un noir plombé très brillant ; revêtu d'une fine pubescence blanchâtre, assez courte et éparse.

Tête à peine plus large que le prothorax, sensiblement moins large que les élytres ; à peine pubescente ; grossièrement, profondément et assez densément ponctuée ; obsolètement bisillonnée entre les yeux, à intervalle large, peu convexe, plus élevé que les côtés ; d'un noir plombé brillant. *Bouche* obscure. *Palpes maxillaires* noirs, à 1er article d'un roux de poix. *Yeux* noirâtres.

Antennes courtes, atteignant à peine le milieu du prothorax, éparsement pilosellées, noires ; à 1er article subépaissi : le 2e presque aussi épais et paraissant aussi long : les suivants grêles, graduellement moins longs : le 3e suballongé, un peu ou à peine plus long que le 4e : les 4e à 6e suballongés ou fortement oblongs : les 7e et 8e à peine plus épais : le 7e oblong : le 8e assez court, subglobuleux : les 3 derniers formant une massue assez brusque et suballongée : les 9° et 10° subtransverses : le dernier en ovale court, acuminé.

Prothorax à peine oblong, à peine plus long que large en sa partie dilatée ; moins large que les élytres ; assez fortement arqué sur les côtés avant leur milieu et puis sensiblement rétréci en arrière ; peu convexe ; éparsement pubescent ; profondément, aussi grossièrement et aussi densément ponctué que la tête ; à interstices lisses ; subégal et sans vestige de sillon ; d'un noir plombé très brillant.

Écusson peu distinct, noir.

Élytres subcarrées, d'un quart plus longues que le prothorax, subélargies en arrière ; subdéprimées ; peu inégales, avec une légère impression postscutellaire ; éparsement pubescentes ; grossièrement, profondément et assez densément ponctuées, à ponctuation paraissant pourtant à peine moins serrée que celle du prothorax, à interstices plans, presque lisses ou obsolètement ruguleux vus de côté ; d'un noir plombé très brillant. *Épaules* étroitement arrondies.

Abdomen peu allongé, un peu moins large à sa base que les élytres, subatténué en arrière ; assez convexe, à premiers segments subimpressionnés en travers et obsolètement 4-carinulés à leur base ; éparsement pubescent ; assez fortement et peu densément ponctué ; d'un noir subplombé très brillant.

Dessous du corps éparsement pubescent, d'un noir très brillant. *Prosternum* et *mésosternum* moins brillants, fortement et rugueusement ponctués. *Métasternum* fortement et assez densément ponctué sur les côtés, moins fortement et subdéprimé sur son disque. *Ventre* convexe, assez fortement et peu densément ponctué.

Pieds peu pubescents, éparsement pointillés, d'un noir brillant. *Tarses postérieurs* à peine plus longs que la moitié des tibias, à 1er article suballongé, subégal au dernier : les 2° à 4° graduellement plus courts : le 2° oblong, les 3° et 4° courts.

Patrie. Je n'ai vu qu'un seul exemplaire typique de cette espèce, capturé aux environs de Lyon.

Obs. Elle est remarquable par sa ponctuation grossière et profonde et sa teinte plombée. Elle ressemble au *St. nitidus* auquel Kraatz la compare avec raison, mais elle est plus fortement ponctuée, avec la tête moins large, etc.

Elle est moindre, moins rugueuse, plus grossièrement ponctuée et bien plus brillante que l'*incrassatus*.

Les carènes basilaires des premiers segments abdominaux sont à peine distinctes. Le 1er article des palpes maxillaires est moins obscur que chez les *St. palposus* et *ruralis*.

J'ai vu, dans la collection Mayet, un exemplaire un peu moindre, à ponctuation à peine moins profonde et moins grossière, à prothorax paraissant un peu plus court, subtransverse, avec une fossette poncti-forme, obsolète, seulement visible suivant un certain jour et située près de la base. Peut-être est-ce là une espèce distincte *(St. cribrellus* R.).— Montpellier. — Mars.

Mon ami Guillebeau m'a donné un échantillon pris à Sorèze (Tarn) et dont la ponctuation est un peu moins grossière mais un peu plus serrée. Le prothorax offre un fin canal médian, non avancé au-delà du milieu, assez apparent en arrière de celui-ci. La taille est à peine plus grande. Peut-être est-ce là encore une espèce particulière, bien voisine de *fora-minosus* et du *nitidus (St. discretus*, R.).

33. Stenus (Nestus) incrassatus, ERICHSON.

Allongé, peu convexe, légèrement pubescent, d'un noir presque mat, avec le 1er article des palpes d'un roux testacé. Tête à peine plus large que le prothorax, sensiblement moins large que les élytres, assez forte-ment et densément ponctuée, obsolètement bisillonnée, à intervalle large, peu élevé. Prothorax oblong, moins large que les élytres, légèrement arqué en avant sur les côtés, subrétréci en arrière, fortement, densément et subrugueusement ponctué, subégal. Élytres un peu plus longues que le prothorax, inégales, fortement, densément et rugueusement ponctuées, varioleuses. Abdomen assez brillant, finement et peu densément ponctué, à premiers segments 4-carinulés à leur base.

♂ Le 6e *arceau ventral* longuement et subcirculairement échancré au sommet. Le 5e longitudinalement déprimé et plus finement et plus densément pointillé sur son milieu, subsinué dans le milieu de son bord apical.

♀ Le 6e *arceau ventral* prolongé et subarrondi au sommet. Le 5e simple.

Stenus incrassatus, ERICHSON, Col. March. I, 541, 13 ; — Gen. et Spec. Staph. 702, 23. — REDTENBACHER, Faun. Austr. ed. 2, 220, 17. — HEER, Faun. Helv. I,

219, 18. — Fairmaire et Laboulbène, Faun. Fr. I, 578, 16. — Kraatz, Ins. Deut. II, 752, 12. — Thomson, Skand. Col. II, 220, 17.— Fauvel, Faun. Gallo-Rhén. III, 252, 31.

Long., 0,0036 (1 2/3 l.). — Larg., 0,0007 (1/3 l.).

Corps allongé, peu convexe, d'un noir presque mat ; revêtu d'une fine pubescence cendrée, peu serrée.

Tête à peine plus large que le prothorax, sensiblement moins large que les élytres ; à peine pubescente ; assez fortement et densément ponctuée ; assez largement et obsolètement bisillonnée entre les yeux, à intervalle large, peu élevé et peu convexe ; d'un noir presque mat. *Bouche* obscure. *Palpes maxillaires* noirs, à 1er article d'un roux testacé. *Yeux* obscurs.

Antennes courtes, atteignant à peine le milieu du prothorax, éparsement pilosellées, noires ; à 1er article épaissi : le 2e à peine moins épais, paraissant aussi long : les suivants grêles, graduellement moins longs : le 3e allongé, un peu plus long que le 4e : les 4e à 6e suballongés : le 7e fortement oblong, obconique, un peu plus épais que le précédent : le 8e petit, subglobuleux : les 3 derniers formant ensemble une massue allongée : les 9e et 10e subtransverses : le dernier en ovale court, acuminé.

Prothorax oblong, bien moins large que les élytres ; subcylindrique ou légèrement arqué en avant sur les côtés et puis subrétréci en arrière ; à peine pubescent ; fortement, densément et subrugueusement ponctué ; subégal ; subcomprimé en arrière sur les côtés et très faiblement impressionné de chaque côté au devant de la base ; d'un noir presque mat.

Ecusson petit, subruguleux, noir.

Elytres subcarrées, un peu plus longues que le prothorax, subarquées en arrière sur les côtés ; subdéprimées ; inégales, avec une grande impression postscutellaire, assez accusée, et une autre allongée, plus faible, intrahumérale, ainsi qu'une 3e oblique, affaiblie, dans l'ouverture des angles postérieurs ; visiblement et éparsement pubescentes ; fortement, densément et rugueusement ponctuées, varioleuses, avec la ponctuation formant souvent des rides, surtout en arrière et sur les impressions ; d'un noir presque mat, à parties saillantes parfois un peu plus brillantes. *Epaules* arrondies.

Abdomen suballongé, un peu moins large à sa base que les élytres, un peu atténué en arrière ; assez convexe, avec les premiers segments assez fortement impressionnés en travers et 4-carinulés à leur base, le 5ᵉ plus légèrement; finement pubescent; finement et peu densément ponctué, un peu plus finement et plus densément en arrière; d'un noir assez brillant. Le 7ᵉ *segment* moins ponctué, mousse ou subtronqué au bout.

Dessous du corps pubescent, d'un noir assez brillant. *Prosternum* et *mésosternum* densément et rugueusement ponctués, celui-ci à pointe mousse ou subtronquée. *Métasternum* fortement et assez densement ponctué, subdéprimé sur son disque. *Ventre* très convexe, assez finement et peu densément ponctué, plus finement et plus densément sur le milieu des 4ᵉ et 5ᵉ arceaux.

Pieds finement pubescents, légèrement pointillés, d'un noir assez brillant, à tibias et tarses à peine moins foncés. *Tarses* assez courts, à 4ᵉ article subcordiforme; les *postérieurs* à peine plus longs que la moitié des tibias, à 1ᵉʳ article suballongé, subégal au dernier : les 2ᵉ à 4ᵉ graduellement plus courts : le 2ᵉ suboblong, les 3ᵉ et 4ᵉ courts.

Patrie. Cette espèce, peu commune, vit au bord des eaux, sous les pierres, les détritus, sur la vase, en été, dans plusieurs zones de la France. Je ne l'ai pas rencontrée en Provence.

Obs. De prime abord, elle ressemble au *buphthalmus,* mais la tête est évidemment moins large, et les élytres sont un peu plus longues, etc. Elle est d'un noir plus profond et plus mat que l'*inaequalis,* avec la tête moins large, la ponctuation plus serrée et plus rugueuse, etc.

Chez les ♀, l'abdomen est un peu plus épais, un peu moins atténué en arrière.

34. Stenus (Nestus) inaequalis, Mulsant et Rey.

Assez allongé, subdéprimé, finement pubescent, d'un noir subplombé assez brillant, avec le 1ᵉʳ article des palpes d'un flave testacé. Tête plus large que le prothorax, presque aussi large que les élytres, assez finement et densément ponctuée, subexcavée largement et faiblement bisillonnée, à intervalle large et peu élevé. Prothorax oblong, moins large que les élytres, faiblement orqué en avant sur les côtés, subrétréci en arrière, assez fortement et densément ponctué, subégal. Elytres amples, sensiblement plus longues que le prothorax, très inégales, 3-impressionnées, assez finement et assez densément ponctuées. Abdomen finement et assez densément ponctué, à premiers segments brièvement 4-carinulés à leur base.

♂ M'est inconnu.

♀ Le 6e *arceau ventral* prolongé et arrondi au sommet.

Stenus inaequalis, Mulsant et Rey, Ann. Soc. Linn. Lyon, 1861, VIII, 140; — Op. Ent. 1861, XII, 156.

Long., 0,0034 (1 1/2 l.). — Larg., 0,0008 (1/3 l. fort).

Corps assez allongé, subdéprimé, d'un noir subplombé assez brillant; revêtu d'une fine pubescence blanchâtre, peu serrée mais distincte.

Tête sensiblement plus large que le prothorax, presque aussi large que les élytres à leur base; légèrement pubescente; assez finement et densément ponctuée; à peine excavée et largement et faiblement bisillonnée entre les yeux, à intervalle large et peu élevé; d'un noir sub· plombé assez brillant. *Bouche* obscure. *Palpes maxillaires* à 1er article pâle. *Yeux* obscurs.

Antennes médiocres, atteignant au moins le milieu du prothorax, légèrement piloselles, noires, à articles intermédiaires moins foncés; le 1er subépaissi : le 2e à peine moins épais, presque aussi long : les suivants grêles, graduellement moins longs : le 3e allongé, un peu plus long que le 4e : les 4e à 6e suballongés : les 7e et 8e à peine plus épais : le 7e oblong, obconique : le 8e plus court, subglobuleux : les 3 derniers formant ensemble une massue légère et allongée : le 9e subsphérique, le 10e subtransverse : le dernier en ovale court, acuminé.

Prothorax oblong, bien moins large que les élytres ; subcylindrique ou faiblement arqué en avant sur les côtés et puis un peu rétréci en arrière; peu convexe; éparsement pubescent; assez fortement et densément ponctué, subrugueusement sur les côtés; subégal; d'un noir subplombé assez brillant.

Ecusson très petit, subchagriné, d'un noir assez brillant.

Elytres amples, subcarrées, sensiblement plus longues que le prothorax ; évidemment plus larges et subarquées en arrière sur les côtés; subdéprimées; très inégales, présentant chacune 3 impressions principales, assez prononcées : une postscutellaire, subarrondie, commune aux deux étuis : la 2e ovale ou oblongue, située sur le disque un peu en dedans et en arrière des épaules : la 3e suballongée, suboblique, placée sur les côtés près des angles postérieurs; distinctement pubescentes; assez finement et assez densément ponctuées, moins fortement mais subrugueusement à la base et surtout au fond de l'impression postscutellaire ; d'un noir subplombé assez brillant. *Epaules* subarrondies.

Abdomen suballongé, un peu moins large à sa base que les élytres, un peu atténué en arrière ; assez convexe ; à premiers segments graduellement moins sensiblement impressionnés en travers et brièvement 4-carinulés à leur base, le 5ᵉ à peine ou non ; finement pubescent ; finement et assez densement ponctué, plus finement en arrière ; d'un noir subplombé assez brillant.

Dessous du corps finement pubescent, d'un noir assez brillant. *Prosternum* et *mésosternum* fortement et rugueusement ponctués. *Metasternum* assez fortement et assez densément ponctué, subdéprimé sur son disque. *Ventre* convexe, assez finement et assez densément ponctué, plus finement en arrière.

Pieds finement pubescents, finement pointillés, d'un noir assez brillant, à trochanters antérieurs roux et à tarses brunâtres. *Tarses* assez courts, à pénultièmes articles subcordiformes ; les *postérieurs* à peine plus longs que la moitié des tibias, à 1ᵉʳ article suballongé, subégal au dernier : les 2ᵉ à 4ᵉ graduellement plus courts : le 2ᵉ oblong : les 3ᵉ et 4ᵉ assez courts.

Patrie. Cette espèce est très rare. Elle a été capturée, en juin, parmi les feuilles tombées, dans les forêts, aux environs de Cluny (Saône-et-Loire).

Obs. Sa couleur assez brillante et subplombée, sa ponctuation moins serrée, moins forte et moins rugueuse, ses élytres plus longues et distinctement pubescentes, la séparent facilement des *St. buphthalmus* et *notatus* (1).

La ponctuation des élytres paraît un peu moins serrée que celle du prothorax.

35. Stenus (Nestus) cinerascens, Erichson.

Allongé, peu convexe, assez distinctement pubescent, d'un noir subplombé un peu brillant, avec le 1ᵉʳ article des palpes d'un testacé de poix.

_____

(1) Le *St. umbricus* de Baudi (Berl. Ent. Zeit. 1869, 395) ressemble au *buphthalmus*, avec les élytres bien plus longues, plus amples, plus fortement et moins densément ponctuées, plus rugueuses et plus varioleuses. — Long. 0,0033. — La Spezzia.

Tête un peu plus large que le prothorax, un peu ou sensiblement moins large que les élytres, assez fortement et densément ponctuée, largement et légèrement bisillonnée, à intervalle large, subélevé. Prothorax sub-oblong, moins large que les élytres, subarqué en avant sur les côtés, subrétréci en arrière, assez fortement et densément ponctué, subégal, subdéprimé à sa base. Élytres subcarrées, d'un quart plus longues que le prothorax, subinégales, fortement et assez densément ponctuées. Abdomen brillant, assez finement et modérément ponctué, plus densément sur le 5e segment, les premiers 4-carinulés à leur base.

♂ Le 6e *arceau ventral* faiblement échancré au sommet. *Tête* un peu moins large que les élytres. *Abdomen* légèrement subatténué en arrière, un peu moins large à sa base que les élytres.

♀ Le 6e *arceau ventral* prolongé et subogivalement arrondi au sommet. *Tête* sensiblement moins large que les élytres. *Abdomen* à peine atténué en arrière, à peine moins large à sa base que les élytres.

Stenus cinerascens, Erichson, Col. March. I, 539, 11; — Gen. et Spec. Staph. 701, 20. — Redtenbacher, Faun. Austr. ed. 2, 220, 18.— Heer, Faun. Helv. I, 218, 17. — Fairmaire et Laboulbène, Faun. Fr. I, 579, 20.— Kraatz, Ins. Deut. II, 759, 22. •
Stenus nigripalpis, Thomson, Skand. Col. II, 221, 18 ; — IX, 194, 18.
Stenus melanarius, Fauvel, Faun. Gallo-Rhén. III, 254, 33 ?

Long., 0,0030 (1 1/3 l.). — Larg., 0,0007 (1/3 l.).

Corps allongé, peu convexe, d'un noir subplombé un peu brillant; revêtu d'une fine pubescence blanchâtre, courte, assez serrée et assez distincte.

Tête un peu plus large que le prothorax, moins large que les élytres ; légèrement pubescente; assez fortement et densément ponctuée; largement et faiblement bisillonnée entre les yeux, à intervalle large, obtus, subconvexe, aussi élevé que les côtés du front ; d'un noir un peu brillant. *Bouche* obscure, à extrémité des *mandibules* rousse. *Palpes maxillaires* noirs, à 1er article d'un testacé de poix. *Yeux* obscurs.

Antennes assez courtes, atteignant au moins le milieu du prothorax, légèrement pilosellées, noires; à 1er article épaissi : le 2e un peu moins épais, presque aussi long : les suivants grêles, graduellement moins longs : le 3e allongé, à peine plus long que le 4e : les 4e à 6e suballongés: le 7e et 8e à peine plus épais : le 7e oblong, obconique : le 8e subovalaire : les 3 derniers formant ensemble une massue allongée : les 9e et 10e subtransverses : le dernier en ovale court, subacuminé.

Prothorax suballongé, moins large en son milieu que les élytres ; subarqué sur le milieu de ses côtés et puis subrétréci en arrière ; peu convexe ; finement pubescent ; assez fortement et densément ponctué, parfois subrugueusement, au moins sur les côtés ; subégal, avec une dépression dorsale plus ponctuée, après le milieu ; d'un noir subplombé un peu brillant.

Écusson peu distinct, subruguleux, noir.

Elytres subcarrées, un peu plus longues que le prothorax ; subélargies et subarquées en arrière sur les côtés ; peu convexes ; subinégales, avec une grande impression postscutellaire, assez accusée, une autre intrahumérale, plus faible ; et une 3e, vers le milieu des côtés, peu apparente ; assez distinctement pubescentes ; fortement et assez densément ponctuées, plus rugueusement sur les impressions basilaires ; d'un noir subplombé un peu brillant. *Epaules* subarrondies.

Abdomen suballongé, un peu ou à peine moins large à sa base que les élytres, un peu (♂) ou à peine (♀) atténué en arrière ; assez convexe, avec les premiers segments graduellement moins sensiblement impressionnés en travers et brièvement 4-carinulés à leur base, le 5e plus faiblement ; finement pubescent ; assez finement et modérément ponctué, plus éparsement sur le dos des segments, plus finement et plus densément sur le 5e ; d'un noir subplombé brillant. Le 7e *segment* mousse au bout.

Dessous du corps pubescent, d'un noir brillant. *Prosternum* et *mésosternum* fortement et rugueusement ponctués, celui-ci à pointe mousse ou même subarrondie. *Métasternum* assez fortement et assez densément ponctué, subdéprimé-subimpressionné sur son disque. *Ventre* très convexe, assez finement et assez densément ponctué, plus finement et plus densément en arrière, surtout sur le milieu des 4e et 5e arceaux.

Pieds légèrement pubescents, finement pointillés, d'un noir brillant. *Tarses* courts ; les *postérieurs* à peine plus longs que la moitié des tibias, à 1er article suballongé, subégal au dernier : les 2e à 4e graduellement plus courts : le 2e à peine oblong : les 3e et 4e courts.

PATRIE. Cette espèce, peu commune, se rencontre, en été, sur la vase, sous les détritus et sous les mousses, au bord des ruisseaux et des marais, dans presque toute la France. Elle est très rare aux environs de Lyon.

Obs. Elle est à peine moindre, plus brillante, moins rugueuse et plus pubescente que les *buphthalmus* et *incrassatus*, avec les élytres plus longues. La tête est moins large que chez le premier, un peu moins étroite que chez le dernier, etc. Elle est un peu plus ramassée que *buphthalmus*, avec la ponctuation de l'abdomen moins serrée, surtout sur le milieu des segments, etc.

Les élytres sont moins amples, moins longues, moins inégales et moins finement ponctuées que chez *inaequalis*, avec la taille un peu moindre.

Cette espèce varie beaucoup pour la taille, la forme, la ponctuation et la pubescence. La dépression de la partie postérieure du prothorax est parfois peu appréciable, et alors on aperçoit, de chaque côté du disque, après le milieu, une faible impression oblique.

Les ♀ ont généralement une forme plus épaisse.

J'ai constaté, dans la collection Mayet, un échantillon un peu plus étroit, à avant-corps plus rugueux, à abdomen plus lisse sur le dos des premiers segments (*St. rugulosus*, R.).

On rapporte au *cinerascens* le *melanarius* de Stephens (Ill. Brit. V, 299).

36. Stenus (Nestus) longipennis, REY.

Allongé, subdéprimé, distinctement pubescent, d'un noir subplombé un peu brillant, avec le 1er article des palpes roux. Tête un peu plus large que le prothorax, bien moins large que les élytres, assez fortement et densément ponctuée, subconvexe, visiblement bisillonnée, à intervalle élevé, finement carinulé. Prothorax oblong, bien moins large que les élytres, subcylindrique, faiblement arqué sur les côtés, subrétréci en arrière, fortement, très densément et rugueusement ponctué, subégal. Élytres oblongues, subparallèles, d'un tiers plus longues que le prothorax, inégales, fortement, densément et subrugueusement ponctuées. Abdomen assez brillant, assez fortement et assez densément ponctué, à premiers segments 4-carinulés à leur base.

♂ M'est inconnu.

♀ Le 6e *arceau* **ventral** prolongé et subogivalement arrondi au sommet.

Long., 0,0030 (1 1/3 l.). — Larg., 0,0007 (1/3 l.).

PATRIE. Cette très rare espèce a été prise, en mars, parmi les détritus des inondations, aux environs de Fréjus (Var).

OBS. Elle est plus brillante que l'*incrassatus*, avec le prothorax plus oblong et plus étroit, les élytres plus longues et moins rugueuses, etc. Elle ressemble beaucoup au *cinerascens*, mais le front, plus convexe, est relevé en une carène fine et bien accusée; le prothorax est plus oblong ; les élytres sont plus longues et plus parallèles, et l'abdomen est plus fortement ponctué. La ponctuation est un peu plus forte et plus rugueuse, etc.

La pubescence, bien distincte sur les élytres, laisse sur les côtés du disque une aréole presque glabre.

J'ai vu 2 exemplaires, des environs de Lyon, à tête plus rugueuse et un peu plus densément ponctuée, à élytres à peine moins longues.

37. Stenus (Nestus) atratulus, ERICHSON.

Suballongé, peu convexe, à peine pubescent, d'un noir plombé brillant, avec le 1ᵉʳ article des palpes testacé. Tête un peu plus large que le prothorax, un peu ou sensiblement moins large que les élytres, fortement et assez densément ponctuée, subconvexe, largement et faiblement bisillonnée, à intervalle subélevé, subcarinulé. Prothorax suboblong, moins large que les élytres, médiocrement arqué sur les côtés, rétréci en arrière, profondément et densément ponctué, subégal, souvent à canal obsolète. Élytres subcarrées, d'un quart plus longues que le prothorax, subinégales, profondément et assez densément ponctuées. Abdomen assez fortement et modérément ponctué, plus finement en arrière, à premiers segments 4-carinulés à leur base.

♂ Les 5ᵉ et 6ᵉ *arceaux du ventre* à peine sinués à leur bord apical. *Tête* un peu moins large que les élytres. *Abdomen* visiblement subatténué en arrière, un peu moins large à sa base que les élytres.

♀ Le 6ᵉ *arceau ventral* prolongé et arrondi à son bord apical, le 5ᵉ simple. *Tête* sensiblement moins large que les élytres. *Abdomen* à peine atténué en arrière, à peine moins large à sa base que les élytres.

Stenus atratulus, Erichson, Col. March. I, 540,12 ; — Gen. et Spec. Staph. 701, 21. — Redtenbacher, Faun. Austr. ed. 2, 220, 18. — Heer, Faun. Helv. I, 219, 19. — Fairmaire et Laboulbène, Faun. Fr. I, 579, 19. — Kraatz, Ins. Deut. II, 759, 21. — Thomson, Skand. Col. II, 221, 19. — Fauvel, Faun. Gallo-Rhén. III, 256, 37.

Long., 0,0027 (1 1/4 l.). — Larg., 0,0006 (1/4 l.).

Corps suballongé, peu convexe, d'un noir plombé brillant; revêtu d'une très fine pubescence blanchâtre, courte, peu serrée et peu distincte.

Tête un peu plus large que le prothorax, moins large que les élytres ; à peine pubescente ; fortement et assez densément ponctuée; subconvexe, largement et faiblement bisillonnée entre les yeux, à intervalle subcarinulé, paraissant un peu plus élevé que les côtés du front ; d'un noir plombé brillant, à carène plus lisse et plus brillante. *Bouche* obscure. *Palpes maxillaires* noirs, à 1er article testacé. *Yeux* obscurs.

Antennes courtes, n'atteignant pas le milieu du prothorax, éparsement pisellées, noires ; à 1er article épaissi : le 2e à peine moins épais, paraissant aussi long : les suivants assez grêles, graduellement plus courts : le 3e suballongé, non ou à peine plus long que le 4e, celui-ci suballongé : les 5e et 6e fortement oblongs : le 7e oblong : le 8e petit, subglobuleux : les 3 derniers formant une massue suballongée : le 9e subtransverse, le 10e subcarré : le dernier en ovale court, subacuminé.

Prothorax suboblong ou à peine plus long que large en sa partie dilatée, moins large à celle-ci que les élytres ; médiocrement arqué sur les côtés un peu avant leur milieu et puis subsinueusement rétréci en arrière ; peu convexe ; à peine pubescent ; fortement, profondément et densément ponctué, à interstices plans et non rugueux ; subégal, souvent obsolètement canaliculé en arrière ; d'un noir plombé brillant.

Écusson peu distinct, noir.

Élytres subcarrées, d'un quart plus longues que le prothorax ; à peine arquées en arrière sur les côtés ; peu convexes ; subinégales, avec une impression postscutellaire assez marquée, et une autre intrahumérale, moindre et plus légère ; éparsement pubescentes ; fortement ou même très fortement, profondément et assez densément ponctuées, à interstices plans, non rugueux ; d'un noir plombé brillant. *Épaules* étroitement arrondies.

Abdomen peu allongé, un peu ou à peine moins large à sa base que les élytres, un peu (♂) ou à peine (♀) atténué en arrière ; assez convexe, avec les premiers segments sensiblement impressionnés en travers et brièvement 4-carinulés à leur base, le 5ᵉ à peine ou non ; légèrement pubescent ; assez fortement et modérément ponctué, plus finement en arrière ; d'un noir plombé brillant. Le 7ᵉ *segment* peu ponctué, mousse au bout.

Dessous du corps finement pubescent, d'un noir brillant. *Prosternum* et *mésosternum* densément et rugueusement ponctués, celui-ci à pointe mousse. *Métasternum* fortement et assez densément ponctué, subdéprimé en arrière sur son disque. *l'entre* très convexe, assez fortement et assez densément ponctué, plus finement et plus densément en arrière, surtout sur le milieu des 4ᵉ et 5ᵉ arceaux.

Pieds légèrement pubescents, éparsement pointillés, noirs ou noirâtres. *Tarses* assez courts, les *postérieurs* un peu plus longs que la moitié des tibias, à 1ᵉʳ article suballongé, subégal au dernier : les 2ᵉ à 4ᵉ graduellement plus courts : le 2ᵉ oblong, les 3ᵉ et 4ᵉ assez courts.

Patrie. Cette petite espèce se prend, toute l'année, au bord des fossés, des marais, des étangs. Elle n'est pas rare, aux environs de Lyon, parmi les détritus des inondations. Je l'ai également rencontrée en Provence.

Obs. Elle ressemble beaucoup au *cinerascens*. Mais elle est moindre, moins pubescente et relativement un peu plus fortement ponctuée. Le front est plus convexe et moins densément ponctué. L'avant-corps, moins rugueux, est aussi brillant que l'abdomen. Le prothorax est un peu moins oblong, un peu plus arqué sur les côtés, à ponctuation paraissant un peu moins forte que celle des élytres. L'abdomen est un peu plus fortement ponctué, surtout à sa base, etc. Elle est un peu moindre et moins parallèle que *longipennis*, avec la pubescence bien moins apparente et surtout les élytres moins oblongues et la carène frontale moins fine et moins régulière, etc.

La ponctuation du prothorax est parfois assez rugueuse. Celle de l'abdomen varie beaucoup. Elle est souvent plus forte et plus serrée, surtout à la base, chez les ♂, modérément ou même peu serrée chez les ♀ (1).

J'ai vu un échantillon, des environs de Lyon, à taille moindre, plus grêle et plus linéaire ; à prothorax plus court ; à élytres un peu moins

(1) En effet, Erichson a vu cette ponctuation assez forte et assez serrée ; Fairmaire et Fauvel l'ont vue forte et serrée ; et Kraatz, peu serrée (parcius). Quant à moi, je l'ai trouvée assez forte et modérément serrée, plus finement en arrière.

longues et moins inégales; à abdomen finement et éparsement ponctué (*St. tenuis*, R.). Un sujet, de même provenance, montre, avec une taille plus grande, un front plus densément ponctué (*St. propinquus*, R.).

Les exemplaires d'Italie ont les élytres un peu plus courtes, un peu moins inégales et plus fortement ponctuées (*St. externus*, R.).

38. Stenus foveifrons, Rey.

Suballongé, peu convexe, légèrement pubescent, d'un noir subplombé, avec le 1ᵉʳ article des palpes testacé. Tête épaisse, à peine plus large que le prothorax, sensiblement moins large que les élytres, assez fortement et densément ponctuée, bifovéolée-impressionnée entre les yeux, à intervalle à peine convexe. Prothorax suboblong, un peu moins large que les élytres, sensiblement arqué sur les côtés, rétréci en arrière, fortement et densément ponctué, subégal, distinctement canaliculé. Élytres subcarrées, un peu plus longues que le prothorax, subinégales, fortement et densément ponctuées. Abdomen finement et assez densément ponctué, obsolètement sur le dos, à premiers segments 4-carinulés à leur base.

♂ M'est inconnu.

♀ Le 6ᵉ arceau ventral subogivalement prolongé au sommet.

PATRIE. Le Plantay (Bresse). Collection Guillebeau. Très rare.

OBS. Cette espèce se distingue du *cinerascens* par son avant-corps plus brillant, par son front bifovéolé, par son prothorax canaliculé sur presque toute sa longueur, etc. Elle est un peu plus robuste que *atratulus* dont elle diffère par ces deux derniers caractères, et, en outre, par sa taille plus robuste et par son abdomen plus obsolètement ponctué. La pubescence est plus distincte, subargentée, etc.

Elle a à peu près le faciès du *nitidus*, avec la ponctuation moins grossière et bien plus serrée.

Le caractère du prothorax canaliculé conduit cette espèce aux *canaliculatus* et *aemulus*.

39. Stenus (Nestus) canaliculatus, GYLLENHAL.

Allongé, peu convexe, brièvement pubescent, d'un noir subplombé presque mat, avec la base des palpes testacée. Tête plus large que le prothorax, un peu moins large que les élytres, assez fortement et très densément ponctuée, égale, à peine bisillonnée. Prothorax oblong, moins large que les élytres, légèrement arqué sur les côtés, rétréci en arrière, assez fortement et densément ponctué, égal, finement canaliculé. Élytres un peu plus longues que le prothorax, égales, assez fortement et densément ponctuées. Abdomen assez finement et densément ponctué, à premiers segments distinctement 4-carinulés à leur base.

♂ Le 6ᵉ *arceau ventral* légèrement échancré au sommet.

♀ Le 6ᵉ *arceau ventral* prolongé et subogivalement arrondi au sommet.

Stenus buphthalmus (var. *canaliculatus*, Knoch.), GRAVENHORST, Mon. 230.
Stenus canaliculatus, GYLLENHAL, Ins. Suec. IV, 501, 10-11. — MANNERHEIM, Brach. 43, 12. — ERICHSON, Col. March. I, 542, 15; — Gen. et Spec. Staph. 704, 27. — REDTENBACHER, Faun. Austr. ed. 2, 220, 14. — HEER, Faun. Helv. I, 220, 20. — FAIRMAIRE et LABOULBÈNE, Faun. Fr. I, 577, 14. — KRAATZ, Ins. Deut. II, 754, 15.— THOMSON, Skand. Col. 222, 20; — IX, 194, 20.— FAUVEL, Faun. Gallo-Rhén. III, 255, 35.
Stenus congener, MAEKLIN, Bull. Mosc. 1853, III, 192.

Long., 0,0036 (1 2/3 l.). — Larg., 0,0008 (1/3 l. fort).

Corps allongé, peu convexe, d'un noir subplombé presque mat; revêtu d'une fine pubescence cendrée, courte et assez serrée.

Tête plus large que le prothorax, un peu moins large que les élytres ; à peine pubescente ; assez fortement et très densément ponctuée ; presque plane, égale ou à peine bisillonnée entre les yeux ; d'un noir subplombé peu brillant. *Mandibules* rousses, à base rembrunie (1). *Palpes* noirs, à 1ᵉʳ article et extrême base du 2ᵉ testacés. *Yeux* obscurs.

Antennes courtes, n'atteignant pas le milieu du prothorax, éparsement pisellées, noires; à 1ᵉʳ article épaissi : le 2ᵉ un peu moins épais, pa-

(1) Bien que nous n'en faisions pas toujours mention, les mandibules, quand elles ressortent, paraissent le plus souvent rousses ou ferrugineuses à base plus foncée.

raissant au moins aussi long : les suivants grêles, graduellement moins
longs : le 3ᵉ suballongé, subégal au 4ᵉ : les 4ᵉ et 5ᵉ suballongés : le 6ᵉ
fortement oblong : les 7ᵉ et 8ᵉ un peu plus épais : le 7ᵉ oblong, obconique : le 8ᵉ plus court, subglobuleux : les 3 derniers formant ensemble
une massue assez brusque et suballongée : le 9ᵉ subsphérique, le 10ᵉ plus
large, substransverse : le dernier en ovale court, acuminé.

Prothorax oblong, moins large que les élytres ; légèrement arqué sur
les côtés avant leur milieu et puis subsinueusement rétréci en arrière ;
peu convexe ; finement pubescent ; assez fortement et densément ponctué ;
égal ; finement mais distinctement canaliculé sur presque toute sa lon-
guèur ; d'un noir subplombé presque mat.

Ecusson peu distinct, subruguleux, noir.

Elytres subcarrées, parfois subtransverses, un peu plus longues que le
prothorax ; à peine arquées en arrière sur les côtés ; peu convexes ;
égales ou à peine relevées à la base de chaque côté de la suture ; finement
pubescentes ; assez fortement et densément ponctuées ; d'un noir subplombé presque mat. *Epaules* subarrondies.

Abdomen suballongé, un peu moins large à sa base que les élytres, un
peu atténué en arrière ; subconvexe, avec les premiers segments assez
fortement impressionnés en travers et distinctement 4-carinulés à leur
base, le 5ᵉ plus faiblement ; assez densément pubescent ; assez finement
et densément ponctué, un peu plus finement en arrière ; d'un noir subplombé assez brillant. Le 7ᵉ *segment* rarement distinct, mousse au bout.

Dessous du corps pubescent, d'un noir assez brillant. *Prosternum* et
mésosternum densément et rugueusement ponctués, celui-ci à pointe
mousse ou subtronquée. *Métasternum* assez fortement et assez densément
ponctué, déprimé en arrière sur son disque qui offre un petit canal lisse,
obsolète. *Ventre* très convexe, assez finement et densément ponctué, plus
finement et plus densément en arrière, surtout sur le milieu des 4ᵉ et 5ᵉ
arceaux.

Pieds légèrement pubescents, finement pointillés, d'un noir assez brillant, à sommet des tarses brunâtre. *Tarses* assez courts ; les *postérieurs*
un peu plus longs que la moitié des tibias, à 1ᵉʳ article suballongé,
subégal au dernier ; les 2ᵉ à 4ᵉ graduellement plus courts : le 2ᵉ oblong,
es 3ᵉ et 4ᵉ assez courts.

Pᴀᴛʀɪᴇ. Cette espèce est assez commune. en été, sur le sable et la vase
des ruisseaux, sous les détritus des marais et des inondations, dans
presque toute la France.

Obs. Elle est remarquable par son prothorax finement et distinctement canaliculé sur presque toute sa ligne médiane, à surface égale, ainsi que celle des élytres. La ponctuation n'est pas rugueuse, si ce n'est un peu sur la tête.

Souvent le 5e arceau ventral ♂ est longitudinalement subdéprimé sur son milieu et subsinué à son bord apical.

J'ai vu une variété, de M. Cenis (coll. Puton), à taille un peu moindre et à teinte un peu plus brillante.

Quelques exemplaires ont une forme plus étroite et en même temps un peu moins déprimée, surtout aux élytres.

Quelques catalogues rapportent au *canaliculatus* l'*affinis* de Stephens (Ill. Brit. V, 298) (1).

40. Stenus (Nestus) albipilus, Rey.

Allongé, subparallèle, subdéprimé, distinctement pubescent, d'un noir plombé assez brillant, avec la base des palpes d'un roux de poix. Tête plus large que le prothorax, de la largeur des élytres, assez finement et densément ponctuée, assez largement bisillonnée, à intervalle subconvexe. Prothorax oblong, un peu moins large que les élytres, modérément arqué sur les côtés, rétréci en arrière, assez fortement et densément ponctué, égal, avec un vestige de canal assez marqué et raccourci. Élytres de la longueur du prothorax, égales, fortement et densément ponctuées. Abdomen finement, légèrement et modérément ponctué, plus éparsement sur le dos des premiers segments, les 3 premiers distinctement 4-carinulés à leur base.

♂ M'est inconnu.

♀ Le 6e *arceau ventral* prolongé et arrondi au sommet.

Long., 0,0030 (1 1/3 l.). — Larg., 0,0007 (1/3 l.).

---

(1) Le *St. aemulus* d'Erichson (Gen. 704 ; *nitens*, Steph. V, 300), voisin du *canaliculatus* par le sillon dorsal de son prothorax, est bien plus brillant, moins pubescent, plus fortement et moins densément ponctué surtout sur la tête, le prothorax et les élytres, avec l'abdomen plus lisse et plus luisant. La ponctuation est un peu moins forte que chez *perforatus*, qui a la tête moins large et le front plus convexe. — Long. 0,0036. — Angleterre, Allemagne, Autriche.

PATRIE. Cette espèce intéressante a été capturée, en mars et décembre, à Pompignane et Fonfroide, près Montpellier, par M. Valery Mayet, qui m'en a obligeamment communiqué 2 exemplaires identiques.

OBS. Elle est remarquable par sa forme subparallèle, subdéprimée surtout aux élytres, par sa couleur plombée et grisâtre par l'effet d'une pubescence assez longue et bien distincte. Le canal du prothorax est raccourci. Elle ressemble à la suivante plutôt qu'aux précédentes.

41. Stenus (Nestus) subdepressus, MULSANT et REY.

Allongé, subparallèle, subdéprimé, à peine pubescent, d'un noir assez brillant, avec le 1er article des palpes d'un roux de poix. Tête sensiblement plus large que le prothorax, de la longueur des élytres, assez fortement et densément ponctuée, obsolètement bisillonnée, à intervalle un peu convexe postérieurement. Prothorax oblong, moins large que les élytres, subarqué en avant sur les côtés, subrétréci en arrière, assez fortement et densément ponctué, égal, subdéprimé sur sa partie postérieure, avec un vestige de canal obsolète et raccourci. Élytres environ de la longueur du prothorax, égales, assez fortement et assez densément ponctuées. Abdomen assez finement et assez densément ponctué, plus finement et plus densément en arrière, à 3 premiers segments distinctement 4-carinulés à leur base.

♂ Le 6e *arceau ventral* légèrement et subcirculairement échancré au sommet.

♀ Le 6e *arceau ventral* prolongé et subogivalement arrondi au sommet.

Stenus subdepressus, MULSANT et REY, Ann. Soc. Linn. Lyon, 1861, VIII, 142 ; — Op. Ent. 1861, XII, 158.
Stenus explorator, FAUVEL, Faun. Gallo-Rhén. III, 254, 34.

Long., 0,0027 (1 1/4 l.). — Larg., 0,0005 (1/4 l.).

Corps allongé, subparallèle, subdéprimé, d'un noir assez brillant; revêtu d'une fine pubescence blanchâtre, courte, peu serrée et peu distincte.

Tête sensiblement plus large que le prothorax, de la largeur des élytres ; à peine pubescente ; assez fortement et densément ponctuée ; obsolètement bisillonnée entre les yeux, à intervalle un peu convexe en arrière ; d'un noir assez brillant. *Bouche* obscure. *Palpes maxillaires* noirs, à 1er article d'un roux de poix, parfois assez foncé. *Yeux* obscurs.

Antennes courtes, n'atteignant pas le milieu du prothorax, légèrement pilosellées, noires ; à 1er article épaissi : le 2e presque aussi épais, au moins aussi long : les suivants assez grêles, graduellement moins longs : le 3e suballongé, sensiblement plus long que le 4e : les 4e et 5e suballongés ou fortement oblongs : le 6e oblong : les 7e et 8e à peine plus épais : le 7e suboblong, obconique : le 8e subglobuleux : les 3 derniers formant ensemble une massue assez brusque et suballongée : les 9e et 10e subtransverses : le dernier subsphérique ou en ovale très court, obtusément acuminé.

Prothorax oblong, moins large que les élytres ; subarqué en avant sur les côtés et subrétréci en arrière ; peu convexe, subdéprimé postérieurement sur son disque ; à peine pubescent ; assez fortement et densément ponctué ; égal, avec un canal obsolète, plus ou moins raccourci, peu apparent et situé après le milieu ; d'un noir assez brillant.

Ecusson très petit, d'un noir assez brillant.

Elytres subtransverses, environ de la longueur du prothorax ; à peine plus larges en arrière et presque subrectilignes sur les côtés ; plus ou moins déprimées ; égales, ou avec une impression postscutellaire et une autre posthumérale-interne presque insensibles ; à peine pubescentes ; à peine plus fortement mais un peu moins densément ponctuées que le prothorax ; d'un noir assez brillant. *Epaules* étroitement arrondies.

Abdomen suballongé, à peine moins large à sa base que les élytres, à peine ou faiblement atténué en arrière ; subconvexe, avec les 3 premiers segments sensiblement impressionnés en travers et distinctement 4-carinulés à leur base, les 4e et 5e à peine ou non, légèrement pubescent ; assez finement et assez densément ponctué, graduellement plus finement et plus densément en arrière ; d'un noir brillant. Le *7e segment* moins pointillé, mousse ou subarrondi au bout.

Dessous du corps légèrement pubescent, d'un noir assez brillant. *Prosternum* et *mésosternum* densément et rugueusement ponctués. *Metasternum* assez fortement et assez densément ponctué, subdéprimé postérieurement sur son disque. *Ventre* très convexe, assez finement et densément ponctué, plus finement et plus densément en arrière, surtout sur le milieu des 4e et 5e arceaux.

Pieds légèrement pubescents, pointillés, d'un noir assez brillant. *Tarses* courts ; les *postérieurs* à peine plus longs que la moitié des tibias, à 1er article suballongé ou fortement oblong, subégal au dernier : les 2e à 4e graduellement plus courts : le 2e à peine oblong : les 3e et 4e courts.

PATRIE. Cette espèce, qui est rare, se prend en été, au bord des pièces d'eau et dans les prés humides, dans la Flandre, la Normandie, la Bretagne, le Limousin, les environs de Paris, les montagnes du Beau-jolais, les Landes, etc.

OBS. Elle ressemble beaucoup à l'*albipilus*. Elle est plus noire, moins brillante, moins pubescente. Le front est bien moins visiblement bisillonné. Les élytres sont un peu moins déprimées. La ponctuation générale est un peu plus rugueuse, celle de l'abdomen un peu moins légère, plus régulièrement serrée. La taille est moindre, etc.

Parfois les élytres sont plus ou moins déprimées, plus ou moins brillantes. Une variété macroptère a les élytres subcarrées, un peu plus longues ; peut-être doit-on lui rapporter le *Stenus foveiventris* de Fairmaire et Laboulbène (Faun. Fr. I, 578, 17 ; Kraatz, Berl. Zeit. 1858, 378) (1).

J'ai vu dans la collection Puton un exemplaire, provenant de Lille, à taille un peu plus forte, à élytres un peu plus longues et un peu moins déprimées, mais, pour tout le reste, semblable au *subdepressus* var. macroptère.

42. Stenus (Nestus) morio, GRAVENHORST.

Allongé, peu convexe, brièvement pubescent, d'un noir subplombé presque mat, avec le 1er article des palpes testacé. Tête sensiblement plus large que le prothorax, un peu moins large que les élytres, assez fortement et densément ponctuée, subexcavée et très obsolètement bisillonnée, à intervalle à peine élevé. Prothorax suboblong, moins large que les élytres, subarqué en avant sur les côtés, subrétréci en arrière, fortement et densément ponctué, égal. Élytres un peu plus longues que le prothorax, subégales, fortement et densément ponctuées. Abdomen assez finement et

(1) Il y a parmi les Stènes des formes macroptère et brachyptère.

assez densément ponctué, à premiers segments assez légèrement impressionnés en travers et faiblement 4-carinulés à leur base.

♂ Le 6e *arceau ventral* largement et angulairement échancré au sommet. Le 5e largement sinué à son bord apical, avec une faible dépression plus finement et plus densément pointillée, au devant du sinus : cette dépression, ainsi que le sinus, ombragés par une pubescence plus longue et plus serrée. *Tibias postérieurs* armés d'une petite épine près du sommet de leur tranche interne. *Abdomen* évidemment moins large que les élytres.

♀ Le 6e *arceau ventral* prolongé et subarrondi au sommet. Le 5e simple. *Tibias postérieurs* inermes. *Abdomen* épais, à peine moins large que les élytres.

Stenus morio, GRAVENHORST, Mon. 230, 10. — ERICHSON, Col. March. I, 527, 9 ;
— Gen. et Spec. Staph. 700, 18. — REDTENBACHER, Faun. Austr. ed. II, 220, 16.
— HEER, Faun. Helv. I, 218, 16. — FAIRMAIRE et LABOULBÈNE, Faun. Fr. I, 577,
15. — FAUVEL, Faun. Gallo-Rhén. III, 257, 38.
Stenus buphthalmus, ZETTERSTEDT, Faun. Lapp. 88, 5.

Long., 0,0033 (1 1/2 l.). — Larg., 0,0007 (1/3 l.).

Corps allongé, peu convexe, d'un noir subplombé presque mat ; revêtu d'une fine et courte pubescence blanchâtre, assez serrée, plus longue sur l'abdomen.

Tête sensiblement plus large que le prothorax, un peu moins large que les élytres ; légèrement pubescente ; assez fortement et densément ponctuée ; subexcavée et très obsolètement bisillonnée entre les yeux, à intervalle à peine élevé ; d'un noir subplombé presque mat. *Bouche* obscure. *Palpes maxillaires* noirs, à 1er article testacé. *Yeux* obscurs.

Antennes médiocres, atteignant environ le milieu du prothorax, légèrement pisellées, noires ; à 1er article subépaissi : le 2e à peine moins épais, presque aussi long : les suivants grêles, graduellement moins longs : le 3e allongé, évidemment plus long que le 4e : les 4e à 6e suballongés, le 7e fortement oblong : le 8e plus court, subovalaire : les 3 derniers formant ensemble une massue suballongée, fusiforme : le 9e subglobuleux : le 10e plus grand, subtransverse : le dernier en ovale acuminé.

Prothorax suboblong, moins large que les élytres ; subarqué en avant

sur les côtés et subrétréci en arrière ; peu convexe ; brièvement pubescent ; fortement et densément ponctué ; à surface égale ; d'un noir subplombé presque mat ou peu brillant.

Ecusson très petit, d'un noir subplombé.

Elytres subcarrées, près d'un tiers plus longues que le prothorax ; à
peine arquées en arrière sur les côtés ; faiblement convexes ; subégales,
avec une légère impression postscutellaire, et une autre intrahumérale,
moindre et à peine visible ; brièvement et assez densément pubescentes,
fortement et densément ponctuées ; d'un noir subplombé presque mat
ou peu brillant. *Epaules* subarrondies.

Abdomen suballongé, un peu moins large à sa base que les élytres,
plus (♂) ou moins (♀) subatténué en arrière ; assez convexe, avec les
premiers segments sensiblement impressionnés en travers et faiblement
4-carinulés à leur base, les 4e et 5e presque indistinctement ; finement et
assez longuement pubescent ; assez finement et assez densément ponctué,
à peine plus densément en arrière ; d'un noir subplombé assez brillant.
Le 7e *segment* subarrondi au sommet.

Dessous du corps finement pubescent, d'un noir subplombé assez brillant. *Prosternum* et *mésosternum* très densément et rugueusement ponctués : celui-ci à pointe subarrondie et ciliée ; offrant parfois une fine
carène médiane, à peine prolongée jusqu'au milieu. *Métasternum* assez
fortement et assez densément ponctué, déprimé (♀) ou subimpressionné (♂) en arrière sur son disque. *Ventre* très convexe, assez finement et assez densément ponctué, plus fortement sur le 1er arceau, plus
finement et plus densément sur le milieu du 5e.

Pieds légèrement pubescents, subéparsement pointillés, d'un noir assez
brillant, avec les tarses et le sommet des tibias un peu brunâtres. *Tarses*
assez courts ; les *postérieurs* un peu plus longs que la moitié des tibias
à 1er article suballongé, subégal au dernier : les 2e à 4e graduellement
plus courts : le 2e oblong, les 3e et 4e assez courts.

PATRIE. Cette espèce est assez commune, presque toute l'année, parmi
les mousses et les détritus des lieux humides, dans une grande partie
de la France.

OBS. Elle se distingue des *subdepressus* et *albipilus* par sa taille un peu
plus forte et par sa forme moins déprimée et moins parallèle. Son prothorax est sans vestige de canal et le 1er article des palpes est d'une
couleur plus claire, etc.

Elle ressemble un peu au *cinerascens*, dont elle diffère par son prothorax plus régulièrement subconvexe et sans dépression basilaire ; les élytres, un peu plus longues, sont un peu moins déprimées. L'aspect général est un peu moins brillant. Les tibias postérieurs ♂ sont épineux avant leur sommet et le 5e arceau ventral ♂ est sinué à son bord apical.

Les trochanters antérieurs sont parfois roussâtres (1).

43. Stenus (Nestus) aequalis, MULSANT et REY.

Allongé, subparallèle, peu convexe, éparsement pubescent, d'un noir subplombé assez brillant, avec le 1er article des palpes testacé. Tête bien plus large que le prothorax, de la largeur des élytres, obsolètement bisillonnée, à intervalle peu élevé, parfois obtusément subcarinulé. Prothorax oblong, moins large que les élytres, subarqué en avant sur les côtés, subsinueusement rétréci en arrière, fortement et assez densément ponctué, égal. Elytres de la longueur du prothorax, égales ou subégales, fortement et assez densément ponctuées. Abdomen assez finement et assez densément ponctué, à premiers segments assez légèrement impressionnés en travers et obscurément 4-carinulés à leur base.

♂ Le 6e *arceau ventral* légèrement échancré au sommet en angle subarrondi. Le 5e largement et faiblement angulé-sinué à son bord apical, subdéprimé, plus pubescent et bien plus densément et plus finement pointillé sur sa région médiane. *Tibias postérieurs* un peu recourbés et armés d'une petite épine près du sommet de leur tranche interne.

♀ Le 6e *arceau ventral* prolongé et subarrondi au sommet. Le 5e simple. *Tibias postérieurs* inermes.

Stenus aequalis, MULSANT et REY, Ann. Soc. Linn. Lyon, 1861, VIII, 138 ; — Op. Ent. 1861, XII, 154.

Long., 0,0026 (1 1/5 l.). — Larg., 0,0004 (1/5 l.).

PATRIE. Cette espèce, qui est peu commune, se trouve au printemps et

(1) Le *St. mendicus*, Er. (702) est de la taille du *morio*, avec la ponctuation générale, moins forte, celle de l'abdomen et de la tête moins serrée, le front plus profondément bisillonné et les élytres un peu moins longues, etc. — Long. 0,0033. — Portugal.

en été, dans les lieux humides ou marécageux, dans le Bugey, la Savoie, les Pyrénées et parfois dans les environs de Lyon.

Obs. Je ne la donne que sous réserve, car elle pourrait bien n'être qu'une variété brachyptère du *morio*. Toutefois, elle est moindre, plus étroite aux élytres, plus parallèle. La tête est aussi large que les élytres, avec le front subexcavé, mais plus visiblement bisillonné, à intervalle moins large et parfois obscurément subcarinulé. La pubescence, un peu moins courte, est un peu moins serrée, d'où il résulte que l'avant-corps paraît un peu moins gris et plus brillant, étant en même temps un peu moins densément ponctué et moins ruguleux. Enfin l'échancrure du 6e arceau ventral ♂ est un peu moins angulée au sommet, qui est sub-arrondi.

Les exemplaires du Bugey et de la Savoie sont un peu moindres, un peu plus étroits, plus parallèles et plus cylindriques que ceux des Pyrénées, avec les élytres plus convexes, à surface tout à fait égale ou sans impression. Cette variété représente pour moi le véritable *aequalis* des Opuscules Entomologiques (XII, 154). La pubescence paraît plus fine et moins apparente.

Une forme remarquable, prise aux environs d'Aix en Savoie, a le 6e arceau ventral ♂ largement et faiblement échancré en arc au sommet. Pour tout le reste, elle reproduit les mêmes caractères que l'*aequalis* et elle a, comme lui, les tibias postérieurs ♂ épineux avant leur sommet (*St. arcuatus*, R.).

Les tibias et les tarses sont parfois d'un brun roussâtre. Rarement, le mésosternum présente à sa base une très fine carène médiane, obsolète et plus ou moins prolongée (1).

Les *Stenus morio*, *aequalis* et *gracilentus* offrent à peu près les mêmes distinctions masculines, ce qui les rend d'une étude inextricable. Par l'examen, l'œil saisit des différences que l'esprit est impuissant à formuler d'une manière précise.

---

(1) J'ai vu 2 exemplaires, provenant des Apennins, et dont la taille est un peu plus forte et un peu plus épaisse et la teinte plus noire et plus mate. En même temps, le prothorax est un peu moins convexe et un peu plus fortement ponctué ; les élytres, à surface égale, sont plus élargies en arrière et un peu plus densément ponctuées. Le front n'est pas plus distinctement bisillonné que chez *morio*; mais les 5e et 6e arceaux du ventre ♂ sont à peine sinués-sub-échancrés à leur bord apical et les tibias postérieurs m'ont paru dépourvus d'épine avant le sommet de leur tranche interne (*St. transfuga*, R.) — Long. 0,0028.

44. Stenus (Nestus) gracilentus, Fairmaire et Laboulbène.

Allongé, peu convexe légèrement pubescent, d'un noir à peine plombé assez brillant, avec le 1ᵉʳ article des palpes d'un flave testacé. Tête bien plus large que le prothorax, presque de la largeur des élytres, assez fortement et densément ponctuée, obsolètement bisillonnée, à intervalle large, subconvexe. Prothorax oblong, bien moins large que les élytres, subarqué sur les côtés, subrétréci en arrière, fortement et densément ponctué, égal. Elytres un peu plus longues que le prothorax, subégales, fortement mais un peu moins densément ponctuées que ce dernier. Abdomen assez fortement et assez densément ponctué, plus finement et plus densément sur le 5ᵉ segment, les premiers fortement impressionnés en travers et courtement 4-carinulés à leur base.

♂ Le 6ᵉ *arceau ventral* assez largement et angulairement échancré au sommet, le 5ᵉ plus largement et plus légèrement, avec une impression ou dépression plus finement et plus densement pointillée, au-devant de l'échancrure. *Tibias postérieurs* armés d'une très petite épine avant le bout de leur tranche interne.

♀ Le 6ᵉ *arceau ventral* prolongé et arrondi au sommet, le 5ᵉ simple. *Tibias postérieurs* inermes.

Stenus gracilentus, Fairmaire et Laboulbène, Faun. Fr. I, 578, 18.
Stenus trivialis, Kraatz, Ins. Deut. II, 760, 23 ?

Long., 0,0030 (1 1/3 l.). — Larg., 0,0006 (1/4 l. fort).

Patrie. Cette espèce se prend, peu communément, en été, au bord des mares, des fossés et étangs, aux environs de Paris et de Lyon, dans la Bresse, le Beaujolais, etc.

Obs. Elle est bien voisine du *morio*. Toutefois, elle en est assez distincte par sa taille un peu moindre, sa forme un peu plus gracieuse, par sa couleur plus brillante et un peu moins plombée, sa pubescence un peu plus longue, mais moins blanche, et par là un peu moins apparente, et surtout par sa tête plus large et par ses élytres un peu moins densément ponctuées que le prothorax.

Elle est un peu plus grande que le *St. aequalis*, moins parallèle et un peu moins plombée. Les élytres sont plus longues, les premiers segments de l'abdomen plus fortement impressionnés à leur base, etc.

Les pieds sont parfois d'un roux brunâtre.

Je crois qu'on doit lui rapporter le *trivialis* de Kraatz ; mais, selon moi, c'est à tort que le catalogue Stein et Weise les réunit au *cinerascens* d'Erichson *(melanarius,* Fauv.*).*

Elle a la tête plus large que ce dernier, avec le front un peu moins convexe et plus distinctement bisillonné. Les élytres, à peine plus longues, ont leur surface plus égale, avec la seule impression postscutellaire. Les distinctions du 5e arceau ventral ♂ ne sont pas les mêmes, etc. (1).

45. Stenus (Nestus) carbonarius, Gyllenhal.

Allongé, subdéprimé, à peine pubescent, d'un noir mat, avec la base des palpes testacée. Tête un peu plus large que le prothorax, un peu ou à peine moins large que les élytres, assez fortement et densément ponctuée, obsolètement bisillonnée, à intervalle large, à peine convexe. Prothorax presque aussi large que long, moins large que les élytres, assez fortement arqué sur les côtés, rétréci en arrière, assez fortement, très densément et subrugueusement ponctué, subégal. Elytres non ou à peine plus longues que le prothorax, subégales, assez fortement, très densément et subrugueusement ponctuées. Abdomen assez épais, assez finement et densément ponctué, à premiers segments unicarénés à leur base.

♂ Le 6e *arceau ventral* échancré au sommet en angle aigu. Le 5e à peine sinué dans le milieu de son bord apical, subdéprimé et plus longuement pubescent au devant du sinus. *Abdomen* un peu moins large que les élytres.

♀ Le 6e *arceau ventral* prolongé et arrondi au sommet. Le 5e simple. *Abdomen* presque aussi large que les élytres.

---

(1) Le *St. gracilentus* est inscrit dans la plupart des collections sous le nom de *cineras-cens,* Er. Mais, selon moi, ce dernier n'a pas d'épine aux tibias postérieurs des ♂, et d'ailleurs, ce même sexe n'a pas le 5e arceau ventral échancré, ainsi que le constate Erichson dans ses observations (p. 701), au lieu que ce même arceau est sensiblement échancré chez les *St. morio* et *gracilentus.*

Stenus carbonarius, Gyllenhal, Ins. Suec. IV, 505, 13-14. — Thomson, Op. Ent. 1870, II, 127.

Stenus niger, Mannerheim, Brach. 43, 13 ?

Long., 0,0034 (1 1/2 l.). — Larg., 0,0007 (1/3 l.).

Corps allongé, subdéprimé, d'un noir mat; revêtu d'une très fine pubescence blanchâtre, très courte, très éparse et à peine distincte.

Tête un peu plus large que le prothorax, un peu ou à peine moins large que les élytres; à peine pubescente; assez fortement et densément ponctuée; obsolètement ou à peine bisillonnée, à intervalle large et à peine convexe; d'un noir presque mat. *Bouche* brune. *Mandibules* rousses à base rembrunie. *Palpes* noirs ou brunâtres, à 1er article et base du 2e testacés. *Yeux* obscurs.

Antennes courtes, atteignant à peine le milieu du prothorax, obsolètement pilosellées, noires ou noirâtres; à 1er article subépaissi : le 2e presque aussi épais et presque aussi long : les suivants assez grêles, graduellement moins longs : le 3e suballongé, à peine plus long que le 4e : les 4e et 5e un peu allongés, subégaux : les 6e et 7e oblongs, le 7e subglobuleux : les 3 derniers formant ensemble une massue suballongée, assez sensible : les 9e et 10e subtransverses : le dernier en ovale court, obtusément acuminé.

Prothorax presque aussi large que long, moins large que les élytres; assez fortement arqué sur les côtés et sensiblement rétréci en arrière; peu convexe; à peine pubescent; assez fortement, très densément et subrugueusement ponctué; subégal ou à peine impressionné en arrière d'un noir mat.

Écusson peu distinct, noir.

Élytres transverses, non ou à peine plus longues que le prothorax; un peu plus larges en arrière, subdéprimées; subégales avec une légère impression postscutellaire et une autre intra-humérale, très obsolète et peu distincte; à peine pubescentes; assez fortement et très densément ponctuées, à ponctuation plus ou moins subrugueuse; d'un noir mat. *Épaules* étroitement arrondies.

Abdomen peu allongé, plus ou moins épais, un peu ou à peine moins large à sa base que les élytres, subatténué en arrière après son milieu assez convexe, avec les 5 premiers segments graduellement moins impressionnés en travers à leur base et munis au milieu de celle-ci d'une petite carène plus ou moins prolongée; finement pubescent; assez finement et densément ponctué, à peine plus finement et plus densément en arrière; d'un noir peu brillant. Le 7° *segment* moins ponctué, subimpressionné au bout.

Dessous du corps éparsement pubescent, d'un noir assez brillant. *Prosternum* et *mésosternum* rugueusement ponctués, celui-ci à pointe mousse. *Métasternum* assez fortement et assez densement ponctué, subdéprimé ou déprimé en arrière sur son disque. *Ventre* très convexe, assez finement et densément ponctué.

Pieds très finement pubescents, légèrement pointillés, noirs, à sommet des tarses parfois un peu moins foncés. *Tarses* courts ou assez courts, à pénultième article subcordiforme; les *postérieurs* à peine plus longs que la moitié des tibias, à 1er article suballongé, subégal au dernier : les 2° à 4° graduellement plus courts : le 2° suboblong : les 3° et 4° courts.

PATRIE. Cette espèce, très rare, se prend, parmi les détritus des inondations, dans la France septentrionale.

OBS. Elle diffère des précédentes par son abdomen à premiers segments simplement unicarinulés à leur base. Le corps est plus mat, moins pubescent, plus rugueusement ponctué, d'un noir plus profond que chez *morio* et *cinerascens*, avec les élytres plus courtes et plus déprimées. L'abdomen est plus densément ponctué que dans *buphthalmus*, etc.

46. Stenus (Nestus) pusillus, ERICHSON.

Peu allongé, assez large, subdéprimé, à peine pubescent, d'un noir un peu brillant, avec le 1er article des palpes testacé. Tête un peu plus large que le prothorax, moins large que les élytres, assez finement et densément ponctuée, profondément bisillonnée, à intervalle élevé, subcaréné, prolongé jusqu'à l'épistome. Prothorax subtransverse, moins large que les élytres, fortement arqué sur les côtés, sinueusement rétréci en arrière, assez fortement et densément ponctué, subinégal, creusé après le milieu sur le dos de 2 impressions subarrondies, bien marquées. Élytres bien plus longues que le prothorax, très inégales, assez fortement et densément ponctuées. Abdomen finement et assez densément ponctué, plus densément en arrière, à premiers segments brièvement unicarénés-angulés au milieu de leur base.

♂ Le 6° *arceau ventral* légèrement et subangulairement sinué au sommet.

♀ Le 6° *arceau ventral* prolongé et subarrondi au sommet.

Stenus pusillus, Erichson, Col. March. I, 544, 17 ; — Gen. et Spec. Staph. 705, 29. — Redtenbacher, Faun. Austr. ed. 2, 220, 2. — Heer, Faun. Helv. I, 221, 26. — Fairmaire et Laboulbène, Faun. Fr. I, 579, 21. — Kraatz, Ins. Deut. II, 761. 24. — Thomson, Skand. Col. II, 229, 35. — Fauvel, Faun. Gallo-Rhén. III, 250, 27.

Long., 0,0023 (1 l.). — Larg., 0,00052 (1/4 l.).

Corps peu allongé, assez large, subdéprimé, d'un noir un peu brillant revêtu d'une fine et courte pubescence blanchâtre, peu serrée et peu distincte.

Tête un peu plus large que le prothorax, évidemment moins large que les élytres ; à peine pubescente ; assez finement et densément ponctuée ; profondément bisillonnée entre les yeux, à sillons convergents en avant, à intervalle aussi élevé que les côtés du front et prolongé jusqu'à l'épistome ; d'un noir assez brillant. *Bouche* obscure. *Palpes maxillaires* noirs, à 1er article testacé, le 2° parfois d'un brun de poix. *Yeux* obscurs.

Antennes courtes, n'atteignant pas le milieu du prothorax, à peine pisellées, noires ; à 1er article épaissi : le 2° presque aussi épais, presque aussi long : les suivants assez grêles, graduellement moins longs : le 3° fortement oblong ou suballongé, un peu plus long que le 4° : les 4° à 6° oblongs : le 7° suboblong, obconique : le 8° plus court, subglobuleux : les 3 derniers formant ensemble une massue suballongée : les 9° et 10° subtransverses : le dernier en ovale très court, subacuminé.

Prothorax subtransverse ou à peine aussi long que large en son milieu, moins large à celui-ci que les élytres ; fortement arrondi sur les côtés et puis sinueusement rétréci en arrière ; peu convexe ; à peine pubescent ; assez fortement et densément ponctué ; subinégal ; creusé, sur le dos après le milieu, de 2 impressions subarrondies, bien marquées et disposées sur une ligne transversale ; d'un noir un peu brillant.

Ecusson très petit, d'un noir assez brillant.

Elytres subcarrées, d'un tiers plus longues que le prothorax ; à peine plus larges en arrière où elles sont à peine arquées sur les côtés ; subdéprimées ; très inégales, avec une impression postscutellaire bien prononcée et plus ou moins prolongée, et une autre intra-humérale, plus égère et allongée ; à peine pubescentes ; assez fortement et densément ponctuées, parfois subrugueusement en arrière et sur le fond des impressions ; d'un noir un peu brillant. *Epaules* étroitement arrondies.

Abdomen assez court, un peu moins large à sa base que les élytres, graduellement atténué en arrière ; subconvexe, avec les premiers segments légèrement impressionnés en travers et brièvement unicarénés-angulés à leur base, les 4ᵉ et 5ᵉ plus faiblement ; légèrement pubescent ; finement et assez densément ponctué, plus finement et surtout plus densément en arrière ; d'un noir assez brillant. Le 7ᵉ *segment* impressionné, subéchancré au bout.

Dessous du corps finement pubescent, d'un noir assez brillant. *Prosternum* et *mésosternum* densément et rugueusement ponctués, celui-ci à pointe mousse. *Métasternum* assez fortement et assez densément ponctué, plus ou moins déprimé en arrière sur son disque. *Ventre* très convexe, finement et assez densément ponctué, plus fortement sur le 1ᵉʳ arceau, un peu plus densément sur le milieu du 5ᵉ.

Pieds très finement pubescents, légèrement pointillés, noirs ou noirâtres. *Tarses* courts ; les *postérieurs* à peine plus longs que la moitié des tibias, à 1ᵉʳ article suballongé, subégal au dernier : les 2ᵉ à 4ᵉ graduellement plus courts : le 2ᵉ suboblong, les 3ᵉ et 4ᵉ courts.

Patrie. Cette petite espèce se rencontre partout et de toute manière, surtout dans les lieux humides, dans presque toute la France. Elle n'est pas rare aux environs de Lyon, parmi les détritus des inondations.

Obs. Elle est reconnaissable à sa petite taille et à sa forme plus large et plus ramassée, à son abdomen plus atténué en arrière, à premiers segments avec une seule carène basilaire, médiane, très peu saillante, courte et souvent réduite à un angle déprimé.

Les fossettes ou impressions du prothorax sont parfois assez légères. Chez les ♀ l'abdomen est moins étroit, moins atténué en arrière (1).

On attribue au *pusillus* d'Erichson le *pusillus* de Stephens (Ill. Brit. V, 301).

---

(1) Le *St. strigosus* de Fauvel (p. 239) est une intéressante petite espèce, plus brillante, plus fortement et moins densément ponctuée que *pusillus*, avec l'abdomen presque lisse. Le ♂ a le 6ᵉ arceau ventral angulairement échancré, les 4ᵉ et 5ᵉ largement impressionnés, avec les impressions longuement ciliées sur les côtés, qui sont, dans le 5ᵉ, terminés par une carène, celui-ci, en outre, sinué-angulé à son bord apical. — Long. 0,0025 — Corse. — Cette espèce présente une forme brachytère, aussi commune que le type.

47. Stenus (Nestus) exiguus, ERICHSON.

Suballongé, subdéprimé, à peine pubescent, d'un noir un peu brillant, avec le 1ᵉʳ article des palpes d'un flave testacé. Tête plus large que le prothorax, un peu moins large que les élytres, assez finement et densément ponctuée, assez profondément bisillonnée, à intervalle élevé, subcaréné, raccourci en avant. Prothorax aussi large que long, moins large que les élytres, assez fortement arqué sur les côtés, subrétréci en arrière, assez fortement et densément ponctué, subinégal, avec 2 petites fossettes subarrondies. Élytres à peine plus longues que le prothorax, peu inégales, fortement et densément ponctuées. Abdomen finement et densément ponctué, plus finement en arrière, à premiers segments à peine unicarinulés au milieu de leur base.

♂ Le 6ᵉ *arceau ventral* légèrement et subangulairement sinué au sommet.

♀ Le 6ᵉ *arceau ventral* prolongé et subarrondi au sommet.

Stenus exiguus, ERICHSON, Gen. et Spec. Staph. 706, 30. — FAIRMAIRE et LABOULBÈNE, Faun. Fr. I, 580, 23.

Long., 0,0022 (1 l.). — Larg., 0,0005 (1/4 l.).

PATRIE. Cette espèce, qui est très rare, a été trouvée aux environs de Lyon, parmi les détritus des inondations du Rhône. Mon ami Guillebeau l'a capturée dans les marais de Villebois (Bugey).

OBS. Elle ressemble beaucoup au *pusillus*, dont elle diffère par une forme un peu moins large ; par la carène frontale raccourcie en avant; par le prothorax à peine moins court, un peu moins fortement arrondi fsr e sulcôtés et moins rétréci en arrière, et enfin par ses élytres moins longues, moins inégales et un peu plus fortement ponctuées, etc (1) Peut-être n'en est-elle qu'une forme brachyptère ?

(1) Je me suis abstenu de citer M. Fauvel, car je présume que son *exiguus* n'est pas le même que celui d'Erichson qui dit: *Statura et summa affinitas praecedentis... Abdomen apicem versus sensim angustatum*, deux phrases qui ne peuvent pas se concilier avec ce les-ci de la Faune Gallo-Rhénane : *bien plus étroit, subparallèle... tête et élytres d'égale largeur*. Un insecte ne peut pas être subparallèle et avoir en même temps l'abdomen graduellement rétréci en arrière, ainsi que l'indique Erichson pour son *exiguus* aussi bien que pour son *pusillus*.

48. Stenus (Nestus) oreophilus, Fairmaire et Ch. Brisout.

Allongé, peu convexe, distinctement pubescent, d'un noir subplombé un peu brillant, avec le 1er article des palpes d'un flave testacé. Tête plus large que le prothorax, environ de la largeur des élytres ou à peine moins large, assez fortement et assez densément ponctuée, nettement bisillonnée, à intervalle élevé, subconvexe. Prothorax oblong, moins large que les élytres, subarqué en avant sur les côtés, retréci en arrière, assez fortement et densément ponctué, égal. Elytres à peine plus longues que le prothorax, subinégales, assez fortement et densément ponctuées, subfasciées de blanc sur les côtés du disque. Abdomen finement et densément ponctué, sans carène basilaire.

♂ Le 6e *arceau ventral* largement et assez profondément échancré en angle à sommet subarrondi. Le 5e très largement, faiblement et subangulairement échancré, avec une très légère dépression plus densément pointillée, au devant de l'échancrure. *Tibias postérieurs* armés d'une petite épine obsolète, vers le sommet de leur tranche interne.

♀ Le 6e *arceau ventral* prolongé et subarrondi au sommet. Le 5e s imple. *Tibias postérieurs* inermes.

Stenus oreophilus, Fairmaire et Ch. Brisout, Ann. Ent. Fr. 1859, 43.— Fauvel, Faun. Gallo-Rhén. III, 238, 11.

Long., 0,0031 (1 1/3 l.). — Larg., 0,0007 (1/3 l.).

Corps allongé, peu convexe, d'un noir subplombé un peu brillant ; recouvert d'une fine pubescence blanchâtre, courte et bien distincte.

Tête plus large que le prothorax, à peu près de la largeur des élytres ou à peine moins large que celles-ci ; légèrement pubescente ; assez fortement et assez densément ponctuée ; nettement bisillonnée entre les yeux, à intervalle élevé, subconvex , à sillons un peu convergents en avant ; d'un noir subplombé un peu brillant. *Bouche* obscure. *Palpes maxillaires* noirs, à 1er article d'un flave testacé.

Antennes médiocres, atteignant environ le milieu du prothorax, éparsement pisellées, noires ; à 1er article subépaissi : le 2e à peine moins épais, au moins aussi long : les suivants grêles, graduellement moins longs : le 3e allongé, un peu plus long que le 4e : les 4e et 5e suballongés, le 6e fortement oblong : le 7e oblong, obconique : le 8e subglobuleux : les 3 derniers formant ensemble une massue assez brusque et suballongée : le 9e subtransverse : le 10e plus grand, subcarré : le dernier en ovale très court, subacuminé.

Prothorax oblong, moins large que les élytres ; subarqué en avant sur les côtés et sensiblement rétréci en arrière ; faiblement convexe ; finement pubescent ; assez fortement et densément ponctué ; à surface égale ; d'un noir subplombé un peu brillant, avec un étroit et léger espace dorsal plus lisse et plus brillant.

Ecusson très petit, d'un noir assez brillant.

Elytres subtransverses, à peine plus longues que le prothorax ; à peine arquées en arrière sur les côtés ; peu convexes ; subinégales, avec une impression postscutellaire, sensible et plus ou moins prolongée sur la suture, et une 2e intrahumérale, allongée, plus légère, ainsi qu'une 3e oblique, vers le milieu des côtés ; distinctement pubescentes, avec la pubescence formant comme une fascie blanchâtre, contournant ou enclosant intérieurement l'impression latérale ; assez fortement et densément ponctuées ; d'un noir subplombé un peu brillant. *Epaules* subarrondies.

Abdomen suballongé, un peu moins large à sa base que les élytres, plus (♂) ou moins (♀) subatténué en arrière ; assez convexe, avec les premiers segments légèrement impressionnés en travers à leur base, le 5e encore plus faiblement ; assez densément pubescent, avec la pubescence plus apparente sur les côtés et surtout au bord apical des 5e et 6e segments ; plus ou moins finement et densément ponctué ; d'un noir subplombé assez brillant. Le 7e *segment* moins ponctué, subarrondi au bout.

Dessous du corps finement pubescent, d'un noir brillant. *Prosternum* et *mésosternum* moins brillants, très densément et rugueusement ponctués, celui-ci à pointe mousse. *Métasternum* assez fortement et modérément ponctué, subimpressionné en arrière sur son disque. *Ventre* très convexe, assez finement et assez densément ponctué, un peu plus finement et à peine plus densément en arrière, surtout sur le milieu du 5e arceau.

Pieds finement pubescents, légèrement pointillés, d'un noir brillant, à tarses rarement brunâtres. *Tarses* assez courts, les *postérieurs* un peu plus longs que la moitié des tibias, à 1er article suballongé, subégal au dernier : les 2e à 4e graduellement plus courts : le 2e oblong : les 3e et 4e assez courts.

PATRIE. Cette espèce se rencontre sous les pierres et sur la vase, au bord des ruisseaux, dans la Guienne, le Languedoc, le Roussillon et la

Provence. Elle n'est pas rare, en hiver, aux environs de Fréjus (Var).
J'en ai pris un exemplaire aux environs de Lyon.

Obs. Avec le port du *morio*, elle s'en distingue par le front plus nettement bisillonné, par ses élytres un peu moins longues et plus inégales,
et par son abdomen plus finement ponctué et surtout sans carène à la
base des premiers segments, etc.

Les ♂ ont ordinairement l'abdomen un peu plus étroit, un peu plus
atténué en arrière (1).

49. Stenus (Nestus) incanus, Erichson.

*Allongé, assez étroit, peu convexe, assez densément pubescent, d'un noir
plombé brillant, avec le 1er article des palpes brunâtre. Tête plus large
que le prothorax, un peu moins large que les élytres, assez finement et peu
densément ponctuée, profondément bisillonnée, à intervalle convexe et
élevé. Prothorax oblong, moins large que les élytres, arqué sur les côtés
avant leur milieu, rétréci en arrière, assez finement et assez densément
ponctué, subégal. Élytres un peu plus longues que le prothorax, subinégales, assez finement et assez densément ponctuées. Abdomen finement et
modérément pointillé, plus éparsement sur le dos des premiers segments.*

♂ Le 6e *arceau ventral* largement échancré au sommet en angle très
court. *Tête* à peine moins large que les élytres.

♀ Le 6e *arceau ventral* ogivalement prolongé au sommet. *Tête* un peu
moins large que les élytres.

Stenus incanus, Erichson, Col. March. I, 538, 10 ; — Gen. et Spec. Staph. 700,
19. — Redtenbacher, Faun. Austr. ed. 2, 220, 20. — Fairmaire et Laboulbène,
Faun. Fr. I, 580, 25. — Kraatz, Ins. Deut. II, 758, 20. — Fauvel, Faun. Gallo-
Rhén. III, 239, 12.
Stenus pygmaeus, Perris, Ann. Ent. Fr. 1865, 506. — De Marseul, l'Abeille,
1871, VIII, 350.

(1) J'ai vu dans la collection Revelière une variété plus brillante, à ponctuation analogue à
celle du *nitidus*, mais à prothorax marqué d'un espace médian lisse au lieu d'un sillon, à
premiers segments de l'abdomen non 4-carinulés à leur base, avec celui-ci ponctué comme
chez *oreophilus*. Elle pourrait donner lieu à une espèce (*St. relucens*, R.). — Long. 0,0031.
— Algérie.
Le catalogue allemand (1883, p. 57) regarde le *St. oreophilus* comme synonyme de *St. mendicus*, Er. Je partage l'avis de MM. Fairmaire, Ch. Brisout et Fauvel qui ne l'ont pas jugé
ainsi. Le *mendicus* aurait la ponctuation générale moins forte.

Long., 0,0031 (1 1/3 l.). — Larg., 0,0005 (1/4 l.).

Corps allongé, assez étroit, peu convexe, d'un noir plombé brillant; revêtu d'une fine pubescence blanchâtre, assez serrée.

Tête plus large que le prothorax, un peu ou à peine moins large que les élytres; finement pubescente; assez finement et peu densément ponctuée; profondément bisillonnée jusqu'à l'épistome, à sillons convergents en avant, à intervalle convexe, aussi élevé que les côtés du front; d'un noir plombé brillant. *Bouche* brune. *Palpes maxillaires noirs*, à 1er article brunâtre. *Yeux* obscurs.

Antennes courtes, atteignant le milieu du prothorax, obsolètement pilosellées, noires; à 1er article subépaissi: le 2e à peine moins épais, presque aussi long: les suivants assez grêles, graduellement moins longs: le 3e suballongé, un peu plus long que le 4e: les 4e et 5e un peu moins longs, subégaux, les 6e et 7e oblongs, le 8e subglobuleux: les 3 derniers formant ensemble une massue suballongée, assez tranchée: les 9e et 10e subtransverses: le dernier en ovale très court, subacuminé.

Prothorax oblong, moins large que les élytres. modérément arqué sur les côtés avant leur milieu et puis sensiblement rétréci en arrière; peu convexe; finement pubescent; assez finement et assez densément ponctué, parfois avec un léger espace lisse sur le dos; subégal ou à impressions obliques à peine distinctes; d'un noir plombé brillant.

Ecusson peu distinct, noir, brillant.

Elytres subcarrées, un peu plus longues que le prothorax, à peine plus larges et subarquées en arrière sur les côtés; peu convexes; subinégales, avec une impression postscutellaire bien marquée et plus ou moins prolongée sur la suture, et une autre intra-humérale, courte ou peu apparente; finement pubescentes, à pubescence parfois subfasciée sur le milieu des côtés; assez finement et assez densément ponctuées; d'un noir plombé brillant. *Epaules* étroitement arrondies.

Abdomen suballongé, moins large à sa base que les élytres, subparallèle ou à peine atténué en arrière; assez convexe, avec les premiers segments assez fortement, le 5e faiblement, impressionnés en travers à leur base, sans carène distincte sur le milieu de celle-ci; assez densément pubescent; finement et modérément pointillé, plus éparsement et plus légèrement sur le dos des 4 premiers segments; d'un noir plombé brillant. Le *7e segment* peu ponctué, subtronqué au bout.

Dessous du corps finement pubescent, d'un noir subplombé brillant,

Prosternum et *mésosternum* rugueux, celui-ci à pointe mousse. *Métasternum* assez densément ponctué, subdéprimé-subimpressionné en arrière sur son disque. *Ventre* très convexe, à premiers arceaux subétranglés à leur base ; assez finement et densément ponctué, plus finement et plus densément sur le milieu du 5e arceau,

Pieds légèrement pubescents, éparsement pointillés, noirs. *Tarses* courts ; les *postérieurs* à peine plus longs que la moitié des tibias, à 1er article suballongé, subégal au dernier : les 2e à 4e graduellement plus courts : le 2e suboblong, les 3e et 4e assez courts.

PATRIE. Cette espèce, peu commune, se prend, en été, au bord des eaux courantes, dans les vallées chaudes et humides, dans la Guienne, les Landes, les Pyrénées-Orientales, etc. Elle est très rare aux environs de Lyon.

OBS. Bien distincte, par son abdomen sans carène basilaire aux premiers segments, elle ressemble un peu au *morio*. La forme est plus étroite et plus parallèle, la couleur plus brillante, le front plus profondément sillonné, la ponctuation moins forte et moins serrée, le 1er article des palpes plus obscur, presque noir. Ce dernier caractère la sépare suffisamment de l'*oreophilus*, sans compter les autres différences sus-énoncées à propos du *morio*, etc.

50. Stenus (Nestus) opacus, ERICHSON.

Assez allongé, subdéprimé, à peine pubescent, d'un noir presque mat, avec la base des palpes testacée. Tête un peu plus large que le prothorax (1), *aussi large que les élytres, assez fortement et densément ponctuée, obsolètement bisillonnée, à intervalle large, faiblement convexe. Prothorax à peine oblong, un peu moins large que les élytres, assez fortement dilaté-arrondi sur les côtés, subrétréci en arrière, assez fortement et densément ponctué, subégal. Élytres à peine plus longues que le prothorax, subégales, assez fortement et densément ponctuées. Abdomen assez finement et densément ponctué, à premiers segments obsolètement 1 ou 3-carinulés à leur base. Le 4e article des tarses bilobé au moins jusqu'au milieu. Métasternum très finement carinulé.*

(1) Nous entendons le prothorax pris dans sa plus grande largeur, et cela, toujours ou presque toujours.

♂ Le 6e *arceau ventral* assez largement échancré en angle obtus à sommet subarrondi. Les 4e et 5e plus finement et plus densément pointillés sur leur milieu, subimpressionnés en arrière, le 5e moins faiblement, avec le sommet de l'impression étroitement lisse et subéchancré et ses côtés faiblement relevés postérieurement en carène plus ou moins obsolète. *Tibias postérieurs* obsolètement dentés avant le sommet de leur tranche interne.

♀ Le 6e *arceau ventral* prolongé et subarrondi au sommet. Les 4e et 5e simples. *Tibias postérieurs* mutiques.

Stenus carbonarius, Mannerheim, Brach. 44 ? — Thomson, Skand. Col. II, 218, 12. — Fauvel, Faun. Gallo-Rhén. III, 263, 47.
Stenus niger, Kraatz, Ins. Deut. II, 753, 14. — Heer, Faun. Helv. I, 220, 21.
Stenus opacus, Erichson, Col. March. I, 843, 16 ; — Gen. et Spec. Staph. 705, 28. — Redtendacher, Faun. Austr. ed. 2, 226, 11.— Fairmaire et Laboulbène, Faun. Fr. I, 580, 24 (1).
Stenus sublobatus, Mulsant et Rey, Ann. Soc. Linn. Lyon, 1861, VIII, 144 ; — Op. Ent. 1861, XII, 160.

Long., 0,0031 (1 1/3 l.). — Larg., 0,0007 (1/3 l.).

Corps allongé, subdéprimé, d'un noir presque mat; revêtu d'une très fine pubescence cendrée, courte et peu distincte.

Tête un peu plus large que le prothorax, aussi large que les élytres ; à peine pubescente; assez fortement et densément ponctuée; largement et obsolètement bisillonnée, à intervalle large, faiblement convexe; d'un noir peu brillant. *Bouche* obscure. *Palpes maxillaires* noirâtres, à 1er article d'un flave testacé, le 2e d'un brun ou roux de poix à base plus pâle. *Yeux* obscurs.

Antennes courtes, n'atteignant pas le milieu du prothorax, légèrement pilosellées, d'un brun de poix, à 1er article noir; celui-ci épaissi : le 2e à peine moins épais, presque aussi long : les suivants grêles, graduellement moins longs : le 3e assez allongé, à peine plus long que le 4e : les 4e et 5e suballongés, le 6e assez fortement oblong : les 7e et 8e un peu plus épais : le 7e oblong, obconique : le 8e plus court, subglobuleux :

(2) La plupart des auteurs ayant confondu cette espèce avec le *carbonarius*, la synonymie de ces 2 espèces devient douteuse.

les 3 derniers formant ensemble une massue allongée : les 9ᵉ et 10ᵉ
subtransverses : le dernier en ovale très court, obtusément acuminé.

Prothorax à peine oblong ou presque aussi large que long, un peu
moins large en son milieu que les élytres ; assez fortement dilaté-arrondi
sur les côtés et puis subrétréci en arrière ; peu convexe ; à peine pubescent ; assez fortement et densément ponctué, subégal, avec une faible
impression oblique de chaque côté du disque, après le milieu ; d'un noir
presque mat ou peu brillant.

Ecusson très petit, d'un noir un peu brillant.

Elytres subcarrées, à peine plus longues que le prothorax, à peine
arquées en arrière sur les côtés ; subdéprimées ou faiblement convexes ;
subégales ou peu inégales, avec une légère impression postscutellaire, et
une autre intra-humérale, encore plus faible ; à peine pubescentes ; assez
fortement et densément ponctuées ; d'un noir presque mat ou peu brillant. *Epaules* subarrondies.

Abdomen suballongé, un peu moins large à sa base que les élytres,
légèrement subatténué en arrière ; assez convexe, avec les premiers segments graduellement moins impressionnés en travers à leur base, le 1ᵉʳ
faiblement tricarinulé à celle-ci, les 2ᵉ à 5ᵉ simplement unicarinulés-
angulés, les 4ᵉ et 5ᵉ plus obsolètement ; brièvement pubescent ; assez
finement et densément ponctué, un peu plus finement en arrière ; d'un
noir assez brillant. Le 7ᵉ *segment* moins ponctué, impressionné-sub-
échancré au bout (♂).

Dessous du corps finement pubescent, d'un noir assez brillant. *Prosternum* et *mésosternum* très densément et rugueusement ponctués, celui-ci
à pointe mousse. *Métasternum* assez fortement et assez densément ponctué, subdéprimé sur son disque qui offre sur sa ligne médiane une fine
carène, raccourcie en avant. *Ventre* très convexe, assez finement et
densément ponctué, plus finement et plus densément en arrière.

Pieds légèrement pubescents, finement pointillés, d'un noir assez
brillant, avec les tarses souvent brunâtres. *Tarses* courts, assez épais, à
pénultième article bilobé environ jusqu'au milieu ; les *postérieurs* à peine
plus longs que la moitié des tibias, à 1ᵉʳ article suballongé, subégal au
dernier : les 2ᵉ à 4ᵉ graduellement plus courts : le 2ᵉ suboblong : les 3ᵉ
et 4ᵉ courts.

PATRIE. Cette rare espèce se prend, au printemps et en automne, au
bord des marais et parmi les détritus des inondations, dans plusieurs

zones de la France : dans la Flandre, la Champagne, les environs de Paris et de Lyon, les Alpes, etc.

Obs. Sa couleur est plus noire et sa surface plus égale que chez *morio*, avec le prothorax moins oblong et plus fortement arqué sur les côtés, et les élytres un peu moins longues. Les premiers segments abdominaux sont plutôt unicarinulés que 4-carinulés à leur base. La pubescence est moins apparente, etc.

Elle diffère de toutes les précédentes par ses tarses courts, plus épais, plus densement pubescents, à 4ᵉ article bilobé environ jusqu'à la moitié de sa longueur. En outre, tous les exemplaires que nous avons vus, avaient le métasternum finement caréné sur sa ligne médiane. Ce dernier caractère, ainsi que la structure des tarses, la distingue suffisamment du *carbonarius* avec lequel on l'a confondue. Elle est un peu moindre, moins mate, moins rugueuse, avec la tête plus large relativement aux élytres. De plus, les tibias postérieurs m'ont paru obsolètement dentés avant le sommet de leur tranche interne, etc.

On rapporte à l'*opacus* le *debilis* de Rye (Ent. Monthl. Mag. 1864, 1, 42).

aa. *Pieds* en partie roux ou testacés.
  b. Le *4ᵉ article des tarses* entier ou subcordiforme.
    c. *Base des segments* 1-5 *de l'abdomen* avec 4 petites carènes.
      d. *Abdomen* assez fortement rebordé sur les côtés.
        e. *Pieds* d'un brun ferrugineux. *Élytres* de la longueur du prothorax. *Tête* plus large que les élytres. *Forme* subparallèle. *Taille* assez petite. . . . . 51. MACROCEPHALUS.
        ee. *Pieds* d'un roux testacé, à genoux rembrunis. *Élytres* un peu plus longues que le prothorax. *Tête* au moins aussi large que les élytres. *Forme* nullement parallèle. *Taille* petite. . . . . 52. VAPELLUS.
      dd. *Abdomen* très finement rebordé sur les côtés. *Pieds* d'un roux testacé, à genoux rembrunis. *Tête* de la largeur des élytres. *Taille* petite. . . . . 53. FUSCIPES.
    cc. *Base des segments* 1-5 *de l'abdomen* avec 1 petite carène médiane. *Antennes* et *palpes* testacés. *Corps* peu allongé, assez large. *Taille* très petite. . . . . 54. CIRCULARIS.
    ccc. *Base des segments* 1-5 *de l'abdomen* sans carène. *Antennes* d'un noir de poix. *Palpes* d'un roux de poix, à 3ᵉ article enfumé. *Corps* peu allongé, assez large. *Taille* très petite. 55. DECLARATUS.
  bb. Le *4ᵉ article des tarses* bilobé au moins jusqu'au milieu de sa longueur. *Taille* petite.

f. *Élytres* déprimées, transverses, plus courtes que le prothorax.
  Corps aptère, d'un noir mat. . . . . 86. HUMILIS.
ff. *Élytres* subconvexes, subcarrées, un peu plus longues que le
  prothorax. *Corps* ailé, d'un noir subplombé assez brillant. 87. ARGUS.

51. Stenus (Nestus) macrocephalus, AUBÉ.

Allongé, subparallèle, peu convexe, légèrement pubescent, d'un noir assez brillant, avec le 1er article des palpes d'un flave testacé et les pieds d'un brun ferrugineux. Tête un peu plus large que le prothorax, plus large que les élytres, fortement et densément ponctuée, à peine bisillonnée, à intervalle peu élevé. Prothorax presque aussi large que long, presque aussi large vers son milieu que les élytres, fortement arqué sur les côtés et subrétréci en arrière, très fortement et densément ponctué, égal. Élytres de la longueur du prothorax, égales, très fortement et assez densément ponctuées. Abdomen assez fortement et assez densément ponctué, à premiers segments 4-carinulés à leur base.

♂ Le 6e *arceau ventral* faiblement sinué au sommet. Le 5e très densément pointillé sur son disque, subcirculairement subimpressionné en arrière, avec le bord apical à peine sinué et garni de poils plus longs, plus serrés, plus pâles et subconvergents. Les précédents (1-4) subdéprimés et lisses au milieu de leur marge postérieure. *Métasternum* bien plus finement, plus densément et plus rugueusement ponctué sur son disque que sur les côtés.

♀ Le 6e *arceau ventral* prolongé et subogivalement arrondi au sommet. Le 5e simple, plus densément pointillé sur son milieu. Les précédents (1-4) simplement lisses au milieu de leur marge postérieure. *Métasternum* subuniformément ponctué.

Stenus macrocephalus, AUBÉ, Mat. Cat. Grenier, 1863, 38. — de MARSEUL, l'Abeille, 1871, VIII, 353. — FAUVEL, Faun. Gallo-Rhén. III, 259, 40.

Long., 0,0030 (1 1/3 l.). — Larg., 0.0007 (1/3 l.).

Corps allongé, subparallèle, peu convexe, d'un noir assez brillant ; revêtu d'une fine pubescence blanchâtre, courte et assez distincte.

Tête un peu plus large que le prothorax, sensiblement plus large que les élytres à leur base ; à peine pubescente ; fortement et densément ponctuée ; à peine bisillonnée entre les yeux, à intervalle peu élevé et peu convexe ; d'un noir assez brillant. *Bouche* brune, à *mandibules* roussâtres. *Palpes maxillaires* à 1er article pâle, le 2e et base du 3e d'un brun de poix, le reste de celui-ci rembruni. *Yeux* obscurs.

Antennes médiocres, atteignant au moins le milieu du prothorax, distinctement pilosellées, noires ou noirâtres ; à 1er article subépaissi : le 2e un peu moins épais, un peu moins long : les suivants grêles, graduellement moins longs : le 3e assez allongé, un peu plus long que le 4e : les 4e à 6e suballongés : les 7e et 8e à peine plus épais : le 7e oblong, obconique : le 8e plus court, subglobuleux : les 3 derniers formant ensemble une massue suballongée : les 9e et 10e subtransverses : le dernier en ovale acuminé.

Prothorax presque aussi large que long, presque aussi large en sa partie dilatée que les élytres ; fortement arqué sur les côtés, un peu moins avant leur milieu et puis subrétréci en arrière ; peu convexe ou même subdéprimé postérieurement sur le dos ; légèrement pubescent ; très fortement, profondément et densément ponctué ; égal ; d'un noir assez brillant

Écusson peu distinct, noir.

Élytres subcarrées ou à peine transverses, de la longueur du prothorax, un peu plus larges et subarquées en arrière sur les côtés ; à peine convexes ; égales ou subégales, ou avec une impression postscutellaire obsolète ; légèrement pubescentes ; fortement, profondément et un peu ou à peine moins densément ponctuées que le prothorax ; d'un noir assez brillant. *Épaules* étroitement arrondies.

Abdomen suballongé, un peu (σ) ou à peine ($\mathcal{Q}$) moins large à sa base que les élytres, à peine atténué en arrière ; assez convexe, avec les premiers segments sensiblement impressionnés et finement 4-carinulés à leur base, le 5e plus obsolètement ; assez densément pubescent ; assez fortement et assez densément ponctué, à peine plus finement et plus densément en arrière ; d'un noir brillant. Le *7e segment* subarrondi au bout.

Dessous du corps finement pubescent, d'un noir brillant. *Prosternum* et *mésosternum* moins brillants, rugueux : celui-ci à pointe mousse. *Métasternum* fortement et assez densément ponctué ($\mathcal{Q}$), subimpressionné-sillonné en arrière sur son disque, à fond du sillon lisse. *Ventre* très convexe, assez longuement pubescent, assez fortement et assez densément ponctué, plus finement et plus densément sur le milieu du

5e arceau, lisse ou presque lisse au milieu du bord postérieur des précédents ; le 6e (♀) souvent d'un roux de poix.

Pieds légèrement pubescents, finement pointillés, d'un brun ferrugineux assez brillant, avec les hanches noires, les trochanters et parfois les genoux un peu rembrunis. *Tarses* courts ; les *postérieurs* à peine plus longs que la moitié des tibias, à 1er article suballongé, subégal au dernier : les 2e à 4e graduellement plus courts : le 2e suboblong, les 3e et 4e courts.

PATRIE. Cette espèce est commune, tout l'hiver, aux environs de Saint-Raphaël (Var), au bord des eaux et dans les détritus des inondations.

OBS. Elle est remarquable par sa forme subparallèle, par sa très forte ponctuation et surtout par la largeur de sa tête. Les pieds sont d'un brun ferrugineux ou d'un roux foncé, ce qui la distingue de toutes les espèces précédentes du sous-genre *Nestus* (1).

L'abdomen des ♂ est plus étroit, moins épais, un peu plus atténué en arrière. La tête, chez ce même sexe, paraît un peu plus large que chez les ♀ .

52. Stenus (Nestus) rufellus, ERICHSON.

Assez allongé, peu convexe, éparsement pubescent, d'un noir subplombé brillant, avec le 1er article des palpes d'un testacé pâle, et les pieds roux à genoux rembrunis. Tête plus large que le prothorax, au moins de la largeur des élytres, assez fortement et assez densément ponctuée, largement et légèrement bisillonnée, à intervalle subélevé, assez convexe. Prothorax non ou à peine oblong, un peu moins large en avant que les élytres, assez fortement arqué sur les côtés, rétréci en arrière, assez fortement et assez densément ponctué, égal. Élytres un peu plus longues que le prothorax, égales, assez fortement et assez densément ponctuées. Abdomen assez largement rebordé sur les côtés, finement et peu densément ponctué, à premiers segments 4-carinulés à leur base.

(1) A la suite du *macrocephalus* viendrait le *cautus* d'Erichson (Col. March. I, 553, 27 ; — Gen. et Spec. Staph. 715, 47. — La tête est moins large, avec le front plus fortement bisillonné, à intervalle plus élevé et parfois subcarinulé ; la ponctuation du prothorax et des élytres est un peu moins forte, ainsi que celle de l'abdomen qui est assez fine et plus serrée surtout en arrière. Le 6e arceau ventral ♂ est encore plus faiblement sinué au sommet ; le 5e, moins densément pointillé sur son disque que chez *macrocephalus*, n'est pas subimpressionné, ni subsinué, ni plus longuement et ni plus densément cilié, en arrière ; les précédents sont moins lisses postérieurement, etc. — Long. 0,0030. — La Prusse, la Bohême, la Somme.

Avant de mettre sous presse, j'apprends que cette espèce, capturée dans le département de la Somme, est désormais acquise à la Faune française.

♂ Le 6ᵉ *arceau ventral* largement subéchancré au sommet. Le 5ᵉ à peine subsinué à son bord apical, avec une faible dépression longitudinale un peu plus finement et un peu plus densément pointillée, au-devant du sinus.

♀ Le 6ᵉ *arceau ventral* subogivalement prolongé au sommet. Le 5ᵉ simple.

Stenus vafellus, Erichson, Col. March. I, 554, 28 ; — Gen. et Spec. Staph. 715, 48. — Redtenbacher, Faun. Austr. ed. 2, 222. — Fairmaire et Laboulbène. Faun. Fr. I. 583, 35. — Kraatz, Ins. Deut. II, 771, 37. — Thomson, Skand, Col. II, 224, 26 ; — IX, 195, 26. — Fauvel, Faun. Gallo-Rhén. III, 258, 39.

Long., 0,0027 (1 1/4 l.). — Larg., 0,0005 (1/4 l.).

Corps assez allongé, peu convexe, d'un noir subplombé brillant ; revêtu d'une fine pubescence blanchâtre, courte et peu serrée.

Tête plus large que le prothorax, au moins de la largeur des élytres ; à peine pubescente ; assez fortement et assez densément ponctuée ; largement et légèrement bisillonnée, à intervalle subélevé, assez convexe ; d'un noir subplombé brillant. *Bouche* brune. *Palpes maxillaires* d'un roux de poix foncé, à 1ᵉʳ article pâle, l'extrémité du 3ᵉ parfois rembrunie. *Yeux* obscurs.

Antennes médiocres, atteignant au moins le milieu du prothorax, éparsement pilosellées, d'un brun de poix ; à 1ᵉʳ article noir ; celui-ci subépaissi : le 2ᵉ un peu moins épais et un peu moins long : les suivants grêles, graduellement moins longs : le 3ᵉ assez allongé, un peu plus long que le 4ᵉ : les 4ᵉ et 5ᵉ suballongés : le 6ᵉ fortement oblong, obconique : les 7ᵉ et 8ᵉ un peu plus épais : le 7ᵉ suboblong, obconique : le 8ᵉ plus court, subglobuleux : les 3 derniers formant ensemble une massue suballongée ; le 9ᵉ subtransverse, le 10ᵉ subcarré : le dernier en ovale subacuminé.

Prothorax non ou à peine oblong, un peu moins large en avant que les élytres ; assez fortement arqué sur les côtés un peu avant leur milieu et puis subsinueusement rétréci en arrière ; peu convexe ou même subdéprimé postérieurement ; à peine pubescent ; assez fortement et assez densément ponctué ; égal, avec parfois un court vestige de canal obsolète, situé après le milieu du dos, souvent nul ou peu distinct ; d'un noir subplombé brillant.

Ecusson peu distinct, d'un noir assez brillant.

Elytres subcarrées, un peu plus longues que le prothorax, à peine plus larges et subarquées en arrière sur les côtés ; à peine convexes ; égales ou subégales, avec une faible impression postscutellaire et une autre intra-humérale, à peine apparente et parfois nulle ; éparsement pubescentes ; assez fortement et assez densément ponctuées ; d'un noir subplombé brillant. *Epaules* étroitement arrondies.

Abdomen peu allongé, un peu moins large à sa base que les élytres, subatténué en arrière ; assez largement rebordé sur les côtés ; assez convexe ; à premiers segments sensiblement impressionnés en travers et finement 4-carinulés à leur base, le 5e plus obsolètement ; finement pubescent ; finement et peu densément ponctué, un peu plus densément sur les côtés et surtout sur le 5e segment ; d'un noir brillant. Le 7e segment moins ponctué, subarrondi au bout.

Dessous du corps finement pubescent, d'un noir brillant. *Prosternum* et *mésosternum* densément et rugueusement ponctués, celui-ci à pointe mousse. *Métasternum* assez fortement et assez densément ponctué, déprimé en arrière sur son disque, avec un étroit espace lisse, raccourci en avant. *Ventre* très convexe, assez finement et assez densément ponctué, un peu plus finement et un peu plus densément sur le milieu du 5e arceau, plus fortement sur le 1er.

Pieds légèrement pubescents, finement pointillés, roux, à genoux plus ou moins étroitement rembrunis, avec les hanches noires, les antérieures néanmoins d'un brun roussâtre. *Tarses* courts, à 4e article subcordiforme ; les *postérieurs* à peine plus longs que la moitié des tibias, à 1er article suballongé, subégal au dernier : les 2e à 4e graduellement plus courts : le 2e suboblong, les 3e et 4e courts.

PATRIE. Cette espèce, peu répandue, se trouve, en été, au bord des fossés et parmi les détritus des inondations, dans la Flandre, la Normandie, la Bretagne, la Champagne, la Touraine, la Comté, la Bourgogne, l'Alsace, les environs de Paris, ceux de Lyon et de Villefranche-sur-Saône, la Guienne, etc.

OBS. Elle est un peu moindre que *macrocephalus*, moins parallèle, moins fortement ponctuée et un peu plus brillante. La tête est un peu moins grande, à front plus sensiblement bisillonné et à intervalle un peu plus élevé et plus convexe. Les élytres sont un peu moins courtes, et les pieds d'une couleur moins sombre, etc. (1).

---

(1) J'ai jadis reçu de feu Truqui un insecte intermédiaire entre le *macrocephalus* et le *vafellus*, et que je regarde comme une espèce distincte (*St. altifrons*, R.). — Elle a la forme

L'abdomen ♀ est un peu plus épais, moins atténué en arrière.

On attribue au *vafellus* le *submarginatus* de Stephens, mais cette dénomination rappelle plutôt le caractère du *fuscipes?*

53. Stenus (Nestus) fuscipes, Gravenhorst.

Allongé, peu convexe, distinctement pubescent, d'un noir brillant, avec le 1er article des palpes testacé et les pieds roux. Tête plus large que le prothorax, de la largeur des élytres, assez fortement et densément ponctuée, légèrement bisillonnée, à intervalle peu élevé, obtusément carinulé. Prothorax oblong, un peu moins large que les élytres, modérément arqué en avant sur les côtés, rétréci en arrière, fortement et assez densément ponctué, égal. Élytres de la longueur du prothorax ou à peine plus longues, égales, fortement et assez densément ponctuées. Abdomen très finement rebordé sur les côtés, finement et subéparsement ponctué sur son milieu, plus densément sur les côtés, à premiers segments 4-carinulés à leur base.

♂ Le 6e *arceau ventral* légèrement échancré au sommet. Le 5e plus finement et plus densément pointillé sur son milieu, à peine sinué à son bord apical. *Abdomen* un peu moins large à sa base que les élytres, subatténué en arrière.

♀ Le 6e *arceau ventral* prolongé et subogivalement arrondi au sommet. Le 5e simplement plus finement et plus densément pointillé sur son milieu. *Abdomen* presque aussi large à sa base que les élytres, à peine atténué en arrière.

Stenus fuscipes, Gravenhorst, Micr. 157, 8 ; — Mon. 232, 13. — Latreille, Hist. nat. Crust. et Ins. IX, 354, 8. — Gyllenhal, Ins. Suec. II, 478, 13. — Mannerheim, Brach. 44, 19. — Runde, Brach. Hal. 17, 13. — Erichson, Col. March. I, 555, 30 ; — Gen. et Spec. Staph. 716, 49. — Redtenbacher, Faun. Austr. ed. 2, 221, 27. — Heer, Faun. Helv. I, 221, 25. — Fairmaire et Laboulbène, Faun. Fr. I, 584, 37. — Kraatz, Ins. Deut. II, 772, 38. — Thomson Skand. Col. II, 225, 27; — IX, 195, 27, — Fauvel, Faun. Gallo-Rhén. III, 259, 41.

du premier, avec la même ponctuation, mais le front est sillonné à peu près comme chez le deuxième, à intervalle toutefois un peu plus élevé et finement caréné. Elle diffère de l'un et de l'autre par ses palpes entièrement d'un roux testacé et par ses antennes d'un roux de poix à 1er article rembruni. — Long. 0,0029. — Turin.

Variété *a*. *Ponctuation* à peine plus rugueuse, celle de l'abdomen plus forte et plus uniformément serrée. *Prothorax* à peine plus large.

Stenus cribriventer, FAIRMAIRE et LABOULBÈNE, Faun. Fr. I, 584, 38?

Long., 0,0029 (1 1/3 l.). — Larg., 0,0005 (1/4 l.).

PATRIE. Cette espèce est commune, en tous temps, parmi les herbes, au bord des fossés et des étangs, dans les détritus des inondations, dans une grande partie de la France.

OBS. Très voisine du *vafellus*, elle s'en distingue nettement par son abdomen bien plus finement rebordé sur les côtés. La ponctuation du prothorax et des élytres est un peu plus forte, avec celles-ci plus courtes relativement à celui-là qui est un peu plus oblong et un peu moins arqué sur les côtés, etc.

Elle ressemble beaucoup à mon *aequalis*, mais la tête est plus large, l'abdomen plus finement rebordé, etc.

Les antennes sont d'un brun de poix souvent assez clair, à 2 premiers articles plus foncés. — L'abdomen ♀ est plus épais, moins atténué en arrière.

La variété *a* est plus rugueuse, surtout au prothorax, avec l'abdomen plus fortement, plus densément et plus uniformément ponctué. La *cribriventer* de la Faune Française me semble devoir lui être rapporté plutôt qu'au *St. unicolor* d'Erichson.

On réunit au *fuscipes* les *curvipes* et *argyrostoma* de Stephens (Ill. Brit. V, 285 et 288), le *formicetorum* de Mannerheim (Bull. Mosc. 1843, 1, 83) et le *femorellus* de Zetterstedt (Ins. Lapp. 71, 13).

54. Stenus (Nestus) circularis, GRAVENHORST.

Peu allongé, assez large, subdéprimé, légèrement pubescent, d'un noir presque mat, avec les palpes flaves, les antennes et les pieds d'un roux testacé, le sommet de celles-là et les genoux un peu rembrunis. Tête un peu plus large que le prothorax, à peine moins large que les élytres, assez finement, densément et subrugueusement ponctuée, légèrement bisillonnée, à intervalle peu élevé, subcariné en avant. Prothorax subtransverse, subcordiforme, un peu moins large en son milieu que les élytres, fortement arqué sur les côtés, rétréci en arrière, fortement, très densément et rugueusement ponctué, égal. Élytres évidemment plus longues que le prothorax, égales, fortement, densément et rugueusement ponctuées. Abdomen atténué postérieurement, finement et modérément pointillé, à premiers segments unicarinulés à leur base.

♂ Le 6e *arceau ventral* légèrement sinué au sommet.

♀ Le 6e *arceau ventral* prolongé et subarrondi au sommet.

Stenus circularis, Gravenhorst, Micr. 157, 8. — Latreille, Hist. nat. Crust. et Ins. IX, 354, 9. — Erichson, Col. March. I, 556, 31 ; — Gen. et Spec. Staph. 717, 51. — Redtenbacher, Faun. Austr. ed. 2, 222, 31. — Heer, Faun. Helv. I, 222, 27. — Fairmaire et Laboulbène, Faun. Fr. I, 585, 43. — Kraatz, Ins. Deut. II, 774, 40. — Thomson, Skand. Col. II. 219, 14. — Fauvel, Faun. Gallo-Rhén. III, 219, 14.

Long., 0,0022 (1 l.) — Larg., 0,0004 (1/5 l.).

Corps peu allongé, assez large, subdéprimé, d'un noir presque mat; revêtu d'une fine pubescence blanchâtre, courte et peu serrée.

Tête un peu plus large que le prothorax, à peine moins large que les élytres ; à peine pubescente ; assez finement, densément et subrugueusement ponctuée ; largement et faiblement bisillonnée, à intervalle large, peu élevé, subconvexe, obsolètement carinulé en avant ; d'un noir peu brillant. *Bouche* brune, à mandibules rousses. *Palpes maxillaires* d'un testacé pâle. *Yeux* obscurs.

Antennes assez courtes, atteignant à peine le milieu du prothorax, légèrement pilosellées, d'un roux de poix subtestacé, à massue un peu rembrunie ; à 1er article subépaissi : le 2e à peine moins épais; presque aussi long : les suivants grêles, graduellement plus courts : le 3e assez allongé, un peu plus long que le 4e : les 4e à 6e suballongés : les 7e et 8e à peine plus épais : le 7e oblong, obconique : le 8e court, subglobuleux : les 3 derniers formant ensemble une massue suballongée : les 9e et 10e subtransverses : le dernier subsphérique ou en ovale très court, obtusément acuminé.

Prothorax subtransverse, subcordiforme, un peu moins large en son milieu que les élytres ; fortement arqué sur les côtés vers ou à peine avant leur milieu ; puis assez fortement et subsinueusement rétréci en arrière ; peu convexe ; à peine pubescent ; fortement, très densément et rugueusement ponctué ; à surface égale ; d'un noir presque mat.

Écusson peu distinct, noir.

Élytres subcarrées ou subtransverses, un peu ou évidemment plus longues que le prothorax, un peu plus larges et subarquées en arrière sur les côtés ; subdéprimées ou à peine convexes ; égales ou subinégales, avec parfois une faible impression postscutellaire ; éparsement pubescentes ; fortement, densément et rugueusement ponctuées ; d'un noir presque mat. *Épaules* étroitement arrondies.

Abdomen assez court, un peu moins large à sa base que les élytres, assez fortement atténué en cône en arrière ; légèrement convexe, à premiers segments graduellement moins fortement impressionnés en travers à leur base et finement unicarénés sur le milieu de celle-ci (1), les 4° et 5° très obsolètement ; finement pubescent ; finement et modérément pointillé, avec le bourrelet postérieur des 3 premiers segments un peu plus lisse ; d'un noir un peu brillant. Le 7° *segment* moins ponctué, mousse ou subarrondi au bout.

Dessous du corps légèrement pubescent, d'un noir brillant. *Prosternum* et *mésosternum* rugueusement ponctués, celui-ci à pointe mousse. *Métasternum* fortement et peu densément ponctué, subimpressionné en arrière sur son disque. *Ventre* très convexe, assez finement et modérément ponctué, plus finement et plus densément sur le milieu du 5° arceau.

Pieds légèrement pubescents, finement pointillés, d'un roux testac plus ou moins clair, avec les hanches un peu plus foncées, et les genoux un peu ou à peine rembrunis. *Tarses* courts ; les *postérieurs* plus longs que la moitié des tibias, à 1er article suballongé, subégal au dernier : les 2° à 4° graduellement plus courts : le 2° suboblong, les 3° et 4° courts.

PATRIE. Cette espèce se trouve, assez communément, toute l'année, sous les herbes, les feuilles mortes, les vieux fagots et parmi les détritus des inondations, dans presque toute la France.

OBS. Elle a la forme large et courte du *pusillus*, avec la couleur plus mate, la ponctuation plus rugueuse, les palpes, les antennes et les pieds plus ou moins testacés.

Outre sa forme, elle diffère des *vafellus* et *fuscipes* par son corps plus mat et plus rugueux et par les premiers segments de l'abdomen avec 1 seule carène au lieu de 4, etc.

Le sommet du ventre est souvent couleur de poix. Les 2 premiers

(1) Le 1er segment paraît même 3-carinulé à sa base, avec les carènes latérales toutefois plus obsolètes.

articles des antennes sont tantôt à peine plus clairs, tantôt à peine plus foncés que les suivants. Les élytres varient ou peu de longueur, elles paraissent parfois non ou à peine plus longues que le prothorax (forme brachypt.) (1).

J'ai vu dans la collection Guillebeau 2 exemplaires, provenant de Vienne (Autriche), appartenant à la forme macroptère, à front tout à fait plan, à pieds un peu plus obscurs, à taille un peu plus forte *St. planifrons*, R.).

55. Stenus (Nestus) declaratus, ERICHSON.

Peu allongé, assez large, subdéprimé, brièvement pubescent, d'un noir un peu brillant, avec les palpes d'un roux de poix à 3e article enfumé, les pieds d'un roux ferrugineux à genoux rembrunis. Tête un peu plus large que le prothorax, un peu moins large que les élytres, assez finement et densément ponctuée, profondément bisillonnée, à intervalle assez élevé, subcaréné. Prothorax subtransverse, moins large que les élytres, fortement arqué sur les côtés, subrétréci en arrière, assez fortement, très densément et subruguleusement ponctué, subégal. Élytres sensiblement plus longues que le prothorax, subégales, fortement et densément ponctuées. Abdomen atténué postérieurement, finement et modérément pointillé, à premiers segments simplement crénelés, sans carène à leur base.

♂ Le 6e *arceau ventral* assez étroitement, légèrement et subangulairement échancré au sommet.

♀ Le 6e *arceau ventral* prolongé et subarrondi au sommet.

Stenus circularis, GRAVENHORST, Mon. 233, 15. — GYLLENHAL, Ins. Suec. II, 479, 14. — MANNERHEIM, Brach. 44, 22. — BOISDUVAL et LACORDAIRE, Faun. Fr. I, 431, 18. — RUNDE, Brach. Hal. 17, 16.
Stenus declaratus, ERICHSON, Col. March. I, 557, 32 ; — Gen. et Spec. Staph. 717, 52. — REDTENBACHER, Faun. Austr. ed. 2, 222, 32. — HEER, Faun. Helv. II 222, 28. — FAIRMAIRE et LABOULBÈNE, Faun. Fr. I, 585, 41. — KRAATZ, Ins. Deut. II, 774, 41. — THOMSON, Skand. Col. II, 229, 36 ; — IX, 197, 36.
Stenus nanus, FAUVEL, Faun. Gallo-Rhén. III, 240, 13,

Long., 0,0023 (1 l.). — Larg., 0,00042 (1/5 l.).

(2) Le *St. pumilio*, Er. (Gen. 718, 53) est un peu plus étroit que *circularis*, moins déprimé, moins pubescent, moins fortement mais plus densément ponctué, moins brillant. Le front est plus finement carinulé. L'abdomen, plus ponctué, est plus finement rebordé, etc. — L. 0,0021 — Allemagne, Autriche, Suisse (Guillebeau). — Se trouvera un jour en France.

Corps peu allongé, assez large, subdéprimé, d'un noir un peu brillant, revêtu d'une fine et courte pubescence blanchâtre, assez apparente.

Tête un peu plus large que le prothorax, un peu moins large que les élytres; à peine pubescente; assez finement et densément ponctuée; profondément bisillonnée, à sillons subconvergents en avant, à intervalle assez élevé, subcaréné; d'un noir un peu brillant. *Bouche* brune. *Palpes maxillaires* d'un roux de poix, à 1er article plus pâle, le 3e enfumé. *Yeux* obscurs.

Antennes courtes, n'atteignant pas le milieu du prothorax, à peine pilosellées, d'un noir de poix, à massue plus foncée et les 2 premiers articles noirs : le 1er épaissi : le 2e à peine moins épais, presque aussi long : les suivants assez grêles, graduellement un peu plus courts : le 3e oblong, un peu plus long que le 4e : les 4e à 6e suboblongs : les 7e et 8e plus courts : les 3 derniers formant ensemble une massue médiocre et suballongée : le 9e subglobuleux : le 10e plus large, transverse : le dernier subsphérique ou en ovale très court, obtusément acuminé.

Prothorax subtransverse, subcordiforme, moins large en son milieu que les élytres; fortement arqué sur les côtés environ vers le milieu de ceux-ci, puis subsinueusement subrétréci en arrière; peu convexe; finement pubescent; assez fortement, très densément et subrugueusement ponctué; égal ou subégal (1); d'un noir un peu brillant.

Écusson peu distinct, noir.

Élytres subcarrées ou subtransverses, sensiblement plus longues que le prothorax, un peu plus larges et à peine arquées en arrière sur les côtés; subdéprimées; subégales ou avec une faible impression postscutellaire et une autre intra-humérale, à peine distincte; finement pubescentes; fortement et densément ponctuées, un peu plus rugueusement à la base; d'un noir un peu brillant. *Épaules* arrondies.

Abdomen assez court, un peu moins large à sa base que les élytres, assez fortement atténué en cône en arrière; légèrement convexe; à premiers segments légèrement impressionnés en travers et simplement crénelés à leur base, les 4e et 5e obsolètement; distinctement pubescent; finement et modérément pointillé, plus légèrement et plus densément en arrière; d'un noir assez brillant. Le 7e *segment* bien moins ponctué, sub-impressionné au bout.

---

(3) Suivant un certain jour, on aperçoit parfois le vestige d'un canal dorsal postérieur très obsolète, souvent réduit à une fossette ponctiforme.

Dessous du corps légèrement pubescent, d'un noir brillant. *Prosternum* et *mésosternum* fortement et rugueusement ponctués : celui-ci à pointe moins rugueuse, tronquée au bout. *Métasternum* assez fortement et assez densément ponctué, à peine subdéprimé en arrière sur son disque, avec une étroite ligne médiane lisse. *Ventre* très convexe, finement et modérément ponctué, plus finement et plus densément sur le milieu du 5e arceau : le 6e souvent couleur de poix.

Pieds légèrement pubescents, finement pointillés, d'un roux ferrugineux brillant, à genoux rembrunis et hanches d'un noir de poix. *Tarses* courts ; les *postérieurs* à peine plus longs que la moitié des tibias, à 1er article suballongé, subégal au dernier : les 2e à 4e graduellement plus courts : le 2e suboblong, les 3e et 4e courts.

PATRIE. Cette espèce, qui est médiocrement commune, habite sous les mousses, les feuilles mortes et les détritus, tout l'été, dans une grande partie de la France.

OBS. Elle est bien distincte du *circularis* par sa forme un peu plus déprimée, sa pubescence plus apparente ; par ses palpes, ses antennes et ses pieds d'une couleur plus obscure ; par son front plus profondément bisillonné, à intervalle plus élevé ; par la ponctuation du prothorax et des élytres moins rugueuse ; par son abdomen à premiers segments plus faiblement impressionnés en travers à leur base, simplement crénelés à celle-ci, qui est sans carène médiane, etc.

J'ai vu un exemplaire à forme un peu plus large, à surface plus égale et à prothorax à peine déprimé-subimpressionné en travers à sa base *(St. latior,* R.*).* — Beaujolais. — Ce n'est là qu'une simple variété.

Une autre variété, de la Provence (environs de Fréjus), est moindre, un peu moins large, moins déprimée et plus brillante *(St. assequens,* R.*).*

Le *St. coniciventris* de Fairmaire (579, 22) est un peu moindre, à peine plus étroit. Les élytres sont un peu plus courtes, moins déprimées et plus rugueuses, les pieds plus obscurs. Le prothorax offre parfois 2 impressions très obsolètes. L'on trouve des transitions. — Hautes-Pyrénées.

Les *assequens* et *coniciventris* constituent, à mes yeux, des formes brachyptères.

On réunit au *declaratus* le *nanus* de Stephens (Ill. Brit. V, 301) et le *pumilio* de Baudi (Berl. Ent. Zeit., 1869, 396).

56. Stenus (Nestus) humilis, ERICHSON.

Aptère, suballongé, subdéprimé, éparsement pubescent, d'un noir mat ou peu brillant, avec les palpes testacés à 3e article brun, et les pieds d'un roux testacé à genoux rembrunis. Tête plus large que le prothorax, de la largeur des élytres, assez fortement et densément ponctuée, largement et légèrement bisillonnée, à intervalle peu élevé et peu convexe. Prothorax presque aussi large que long, un peu moins large que les élytres, sensiblement arqué sur les côtés, subrétréci en arrière, fortement, très densément et rugueusement ponctué, subinégal, avec une impression oblique de chaque côté. Élytres déprimées, transverses, plus courtes que le prothorax, subégales, fortement, très densément et rugueusement ponctuées. Abdomen assez finement et densément ponctué, à premiers segments unicarinulés à leur base. Le 4e article des tarses subbilobé.

♂ Le 6e *arceau ventral* légèrement échancré en angle subarrondi au sommet. Le 5e plus finement et plus densément ponctué sur son milieu, subimpressionné en arrière et subéchancré à son bord apical, avec l'échancrure garnie latéralement de poils plus longs, plus serrés et subconvergents. *Tibias postérieurs* avec 1 petite épine avant le sommet de leur tranche inférieure.

♀ Le 6e *arceau ventral* prolongé et arrondi au sommet. Le 5e simple. *Tibias postérieurs* inermes.

Stenus fuscipes, LJUNGH, Web. Beitr. II, 159, 13.
Stenus argus, GYLLENHAL, Ins. Suec. IV, 503, 12-13. — MANNERHEIM, Brach. 43, 18.
Stenus humilis, ERICHSON, Col. March. I, 554, 29; — Gen. et Spec. Staph. 716. 50. — REDTENBACHER, Faun. Austr. ed. 2, 222, 30.— HEER, Faun. Helv. I, 221, 24. — FAIRMAIRE et LABOULBÈNE, Faun. Fr. I, 585, 42. — KRAATZ, Ins. Deut. II, 773, 39. — THOMSON, Skand. Col. II, 218, 13; — IX, 194, 13. — FAUVEL, Faun. Gallo Rhén. III, 263. 46, pl. III, fig, 8 (1).
Stenus picipes, MOTSCHOULSKY, Bull. Mosc. 1857, IV, 513; — Enum. nouv. esp. Col. Staph. 1859, 24, 49.

Long., 0,0033 (1 1/2 l.). — Larg., 0,0008 (1/3 l. fort).

(1) C'est à tort, selon moi, qu'on réunit à l'*humilis* le *carbonarius* de Lacordaire, qui dit : *Pattes de la couleur du corps... tarses simples.*

Corps aptère, suballongé, subdéprimé, d'un noir mat ou peu brillant ; revêtu d'une pubescence blanchâtre très courte et peu serrée.

Tête sensiblement plus large que le prothorax, de la largeur des élytres ; à peine pubescente ; assez fortement et densément ponctuée ; largement et légèrement bisillonnée, à intervalle large, peu élevé et peu convexe ; d'un noir peu brillant. *Bouche* brune. *Palpes maxillaires* testacés, à 3º article rembruni. *Yeux* obscurs.

Antennes courtes, atteignant à peine le milieu du prothorax, à peine pilosellées ; d'un brun de poix, à massue plus foncée et les deux premiers articles noirs ; le 1ᵉʳ épaissi : le 2ᵉ à peine moins épais, un peu plus court : les suivants grêles, graduellement moins longs : le 3ᵉ assez allongé, un peu plus long que le 4ᵉ : celui-ci suballongé : le 5ᵉ fortement oblong : le 6ᵉ oblong : le 7ᵉ suboblong, le 8ᵉ plus court, subglobuleux : les 3 derniers formant ensemble une massue suballongée, fusiforme : les 9ᵉ et 10ᵉ subtransverses : le dernier en ovale court, acuminé.

Prothorax presque aussi large que long, un peu moins large en son milieu que les élytres ; sensiblement arqué sur les côtés vers leur milieu ou à peine avant, puis subrétréci en arrière ; subdéprimé ; à peine pubescent ; fortement, très densément et subrugueusement ponctué ; subinégal, subcomprimé latéralement vers sa base, avec une faible impression oblique de chaque côté du disque ; d'un noir mat un peu brillant.

Ecusson peu distinct, subruguleux, noir.

Elytres transverses, généralement bien plus courtes que le prothorax, sensiblement plus larges en arrière qu'en avant et subrectilignes sur les côtés ; déprimées ; subégales, souvent avec une impression intra-humérale obsolète ; éparsement pubescentes ; fortement, très densément et rugueusement ponctuées ; d'un noir mat ou peu brillant. *Epaules* subarrondies.

Abdomen suballongé, un peu moins large à sa base que les élytres, subatténué en arrière après son milieu ; subconvexe, avec les premiers segments légèrement impressionnés en travers et unicarénés à leur base, les 4ᵉ et 5ᵉ plus obsolètement ; très brièvement pubescent ; assez finement et densément ponctué, un peu plus fortement vers la base ; d'un noir un peu brillant. Le 7ᵉ *segment* subimpressionné et subarrondi au bout (1).

_____

(1) Quand les styles terminaux ressortent sur les côtés, le 7ᵉ segment paraît comme échancré en croissant, sans l'être en réalité.

Dessous du corps brièvement pubescent, d'un noir assez brillant. *Prosternum* et *mésosternum* densément et rugueusement ponctués, celui-ci à pointe mousse. *Métasternum* fortement et densément ponctué, sub-déprimé et longitudinalement subsillonné en arrière sur son disque. *Ventre* très convexe, assez fortement et densément ponctué, plus fine-ment et plus densément postérieurement, surtout sur le milieu du 5e arceau.

Pieds finement pubescents, légèrement pointillés, d'un roux testacé, à genoux rembrunis et hanches noires. *Tarses* courts, à 4e article bilobé environ jusqu'au milieu. Les *postérieurs* un peu plus longs que la moitié des tibias, à 1er article suballongé, subégal au dernier : les 2e à 4e gra-duellement plus courts : le 2e oblong, les 3e et 4e assez courts.

PATRIE. Cette espèce, peu commune, se rencontre, en été, sous les mousses humides, les feuilles mortes, les détritus, au bord des fossés, surtout dans les localités boisées de plusieurs provinces de la France : la Normandie, la Champagne, l'Alsace, la Lorraine, les environs de Paris et de Lyon, le Bourbonnais, l'Auvergne, la Bourgogne, le Jura, le Bugey, les Alpes, la Guienne, les Pyrénées, etc.

OBS. Elle a tout à fait le port de l'*opacus*, mais avec une forme un peu plus étroite ; des élytres plus déprimées, plus courtes et plus élar-gies en arrière, des palpes et des pieds autrement colorés. La ponctuation générale est plus forte et plus rugueuse, etc. Elle diffère des espèces précédentes par la structure du pénultième article des tarses.

Cette espèce reconnaît 2 formes : l'une plus brillante, aptère, à élytres courtes, plus fortement ponctuées et à épaules effacées : l'autre plus mate, subailée, à élytres à peine plus courtes que le prothorax, à élytres moins fortement ponctuées et à épaules plus saillantes.

On rapporte à l'*humilis* le *synonymus* de Harold (Cat. Col. 640).

57. Stenus (Nestus) argus, GRAVENHORST.

Ailé, allongé, légèrement convexe, distinctement pubescent, d'un noir subplombé assez brillant, avec le 1er article des palpes d'un flave testacé, les pieds d'un roux de poix à base des cuisses plus claire. Tête un peu plus large que le prothorax, à peine aussi large que les élytres, assez forte-ment et densément ponctuée, obsolètement bisillonnée, à intervalle large,

très peu convexe. Prothorax suboblong, moins large que les élytres, subcylindrique, légèrement arqué en avant sur les côtés, subrétréci en arrière,
fortement et densément ponctué, égal. *Élytres subconvexes, subcarrées,
un peu plus longues que le prothorax, égales, fortement et densément
ponctuées. Abdomen subcylindrique,* assez finement et assez densément
ponctué, à premiers segments brièvement 4-carinulés à leur base. Le
4º article des tarses subbilobé.

♂ Le 6ᵉ *arceau ventral* légèrement et angulairement échancré au
sommet. Le 5ᵉ plus largement et plus faiblement : celui-ci bien plus
finement et plus densément ponctué sur son milieu. *Tibias postérieurs*
avec 1 petite épine avant le sommet de leur tranche inférieure.

♀ Le 6ᵉ *arceau ventral* prolongé et subarrondi au sommet, le 5ᵉ simple. *Tibias postérieurs* inermes.

Stenus Argus, GRAVENHORST, Mon. 231, 12. — ERICHSON, Col. March. I, 352. 26.
— Gen. et Spec. Staph. 714, 46. — REDTENBACHER, Faun. Austr. ed. 2, 221, 28.
HEER. Faun. Helv. I, 220, 23. — FAIRMAIRE et LABOULBÈNE, Faun. Fr, I, 583, 34.
KRAATZ, Ins. Deut. II, 770, 35. — THOMSON, Skand. Col. II, 224, 28; — IX,
195, 25. — FAUVEL, Faun. Gallo-Rhén. III, 262, 43.
Stenus opticus, GYLLENHAL, Ins. Suec. IV, 504, 13-14.— MANNERHEIM, Brach. 44,
20. — RUNDE, Brach. Hal. 17, 14.

Long., 0,0036 (1 2/3 l.). — Larg., 0,0007 (1,3 l.).

Corps ailé, allongé, légèrement convexe, d'un noir subplombé assez
brillant ; revêtu d'une courte pubescence blanchâtre, assez serrée.
Tête un peu plus large que le prothorax, à peine aussi large que
les élytres ; légèrement pubescente ; assez fortement et densément ponctuée ; assez largement mais obsolètement bisillonnée, à intervalle large,
très peu convexe; d'un noir subplombé assez brillant. *Bouche* brunâtre.
Palpes maxillaires noirs, à 1ᵉʳ article d'un testacé parfois assez clair.
Yeux obscurs.
Antennes médiocres, dépassant le milieu du prothorax, légèrement pilosellées, d'un noir de poix, à 2 premiers articles plus foncés; le 1ᵉʳ
épaissi : le 2ᵉ à peine moins épais, à peine moins long : les suivants
grêles, graduellement moins longs : le 3ᵉ allongé, un peu plus long que
le 4ᵉ : les 4ᵉ et 5ᵉ suballongés, paraissant subégaux : le 6ᵉ fortement
oblong : les 7ᵉ à 8ᵉ à peine plus épais : le 7ᵉ fortement oblong, obconique : le 8ᵉ plus court, à peine oblong : les 3 derniers formant ensemble

une massue légère et allongée : les 9e et 10e presque aussi larges que longs : le dernier en ovale acuminé.

Prothorax suboblong, moins large que les élytres ; subcylindrique ou légèrement arqué en avant sur les côtés, puis subsinueusement subrétréci en arrière ; faiblement convexe ; légèrement pubescent ; fortement et densément ponctué ; égal, à interstices plans ; d'un noir subplombé assez brillant.

Écusson peu distinct, subruguleux, d'un noir assez brillant.

Élytres subcarrées, un peu mais évidemment plus longues que le prothorax, à peine plus larges et subarquées en arrière sur les côtés ; légèrement convexes ; égales, avec parfois une faible impression post-scutellaire ; légèrement pubescentes ; fortement et densément ponctuées, à interstices plans ; d'un noir subplombé assez brillant. *Épaules* arrondies.

Abdomen allongé, subcylindrique, assez finement rebordé sur les côtés, un peu moins large à sa base que les élytres, à peine atténué en arrière ; convexe, avec les 4 premiers segments fortement impressionnés en travers et brièvement 4-carinulés à leur base, le 5e plus obsolètement ; assez densément pubescent ; assez finement et assez densément ponctué ; d'un noir subplombé assez brillant. Le 7e *segment* moins ponctué, sub-déprimé et à peine arrondi au bout.

Dessous du corps finement pubescent, d'un noir brillant. *Prosternum* et *mésosternum* rugueux, celui-ci à pointe subtronquée. *Métasternum* assez fortement et densément ponctué. *Ventre* très convexe, assez finement et assez densément ponctué, un peu plus fortement sur les premiers arceaux, plus finement et plus densément sur le milieu du 5e.

Pieds légèrement pubescents, finement pointillés, d'un roux de poix assez brillant, avec les cuisses souvent graduellement plus claires vers leur base, les trochanters et les hanches rembrunies ou noirâtres. *Tarses* médiocres, à 4e article bilobé au moins jusqu'à son milieu. Les *postérieurs* suballongés, un peu plus longs que la moitié des tibias, à 1er article suballongé, subégal au dernier : les 2e à 4e graduellement moins longs : le 2e oblong, le 3e subobong : le 4e assez court, à peine plus large que le précédent.

Patrie. Cette rare espèce se trouve, en été, sous les détritus et les feuilles mortes, dans les forêts humides, dans plusieurs zones de la France : la Flandre, la Champagne, l'Alsace, la Lorraine, la Bretagne, les environs de Paris et de Lyon, le Bourbonnais, la Bourgogne, la Savoie, la Guienne, etc.

Obs. Elle n'a de rapport avec l'*humilis* que la structure du 4ᵉ article des tarses, caractère qui la distingue suffisamment du *morio*, auquel elle ressemble un peu, à part une forme plus cylindrique et plus étroite.

Par la structure du 4ᵉ article des tarses, elle conduit au sous-genre *Hemistenus*, chez lequel ce même article est bilobé jusqu'à la base au lieu de l'être jusqu'au milieu seulement.

On attribue à l'*argus* le *decipiens* de Leprieur (Ann. Soc. Ent. Fr. 1851, 201).

3ᵉ Sous-genre TESNUS, Rey

Anagramme de *Stenus*

Obs. Ce sous-genre diffère des trois précédents par l'abdomen non rebordé sur les côtés, si ce n'est à peine aux 2 premiers segments. Les tarses sont courts ou assez courts, à 4ᵉ article entier ou subcordiforme, parfois bilobé au moins jusqu'à sa moitié. Le 1ᵉʳ article des postérieurs, suballongé, est subégal au dernier. La taille est moyenne ou petite.

Les espèces en sont peu nombreuses :

a. Le 4ᵉ *article des tarses* entier ou subcordiforme. *Les premiers segments de l'abdomen* 4-carinulés à leur base.
  b. *Tête* un peu ou à peine plus large que le prothorax, un peu moins large que les élytres. *Corps* épais, assez brillant.
    c. *Tête* à peine plus large que le prothorax, à *carène frontale* fine et régulière. *Ponctuation du prothorax* subruguleuse. *Taille* moyenne. . . . . 58. CRASSIVENTRIS.
    cc. *Tête* un peu plus large que le prothorax, à *carène frontale* fine en avant, épatée et lisse en arrière. *Ponctuation du prothorax* non subruguleuse. *Taille* petite. . . . 59. LITTORALIS.
  bb. *Tête* sensiblement plus large que le prothorax, au moins aussi large que les élytres. *Corps* assez étroit, presque mat ou peu brillant.
    d. *Front* presque plan, sans sillons. *Prothorax* sans sillons. *Les premiers segments de l'abdomen* 4-carénés. . 60. OPTICUS.
    dd. *Front* nettement bisillonné. *Prothorax* avec un sillon dorsal. *Les premiers segments de l'abdomen* 3-carénés. . . 61. EUNERUS.
aa. Le 4ᵉ *article des tarses* subbilobé. *Les premiers segments de l'abdomen* simplement crénelés à leur base.

c. *Elytres* subcarrées, un peu plus longues que le prothorax. *Pieds*
noirs. . . . . 62. NIGRITULUS.

ee. *Elytres* transverses, un peu plus courtes que le prothorax. *Pieds*
roux, à genoux rembrunis. . . . . 63. UNICOLOR.

58. Stenus (Tesnus) crassiventris, THOMSON.

*Suballongé, épais, peu convexe, légèrement pubescent, d'un noir assez
brillant, avec le 1er article des palpes d'un testacé de poix. Tête à peine
plus large que le prothorax, un peu moins large que les élytres, fortement,
densément et subrugueusement ponctuée, largement et obsolètement bisillonnée, à intervalle subélevé en carène fine et régulière. Prothorax
oblong, moins large que les élytres, modérément arqué en avant sur les
côtés, rétréci en arrière, fortement et densément ponctué, égal, avec les
interstices étroits, inégaux et subruguleux. Élytres à peine plus longues
que le prothorax, subégales, fortement et assez densément ponctuées,
à interstices plans. Abdomen subcylindrique, assez finement et subéparsement ponctué, plus éparsement sur le dos des premiers segments, ceux-ci
distinctement 4- carinulés à leur base. Le 4e article des tarses subcordiforme.*

♂ Le 6e *arceau ventral* légèrement échancré au sommet.

♀ Le 6e *arceau ventral* prolongé et subogivalement arrondi au
sommet.

Stenus crassiventris, THOMSON, Oefv. Vet. Ac. Förh. 1857, 229, 32 ; — Skand.
Col. II, 226, 29.
Stenus nigritulus, ERICHSON, Gen. et Spec. Staph. 719, 54 (partim). — HEER,
Faun. Helv. I, 222, 29 (partim). — KRAATZ, Ins. Deut. II, 775, 43 (partim).
Stenus crassus, FAUVEL, Faun. Gallo-Rhén. III, 260, 42 (partim).— JOHN SAHLBERG,
Enum. Col. Brach. Fenn. 1876, 60, 170.

Long., 0,0034 (1 1/2 l.). — Larg., 0,0008 (1/3 l. fort).

Corps suballongé, épais, peu convexe, d'un noir assez brillant ; revêtu
d'une légère pubescence blanchâtre, assez courte et peu serrée.

Tête à peine ou non plus large que le prothorax, un peu moins large
que les élytres ; à peine pubescente ; fortement, densément et subrugueusement ponctuée ; largement et obsolètement bisillonnée, à inter-

valle subélevé en carène fine et régulière ; d'un noir un peu brillant. *Bouche* brune. *Palpes maxillaires* noirs, à 1er article d'un testacé de poix. *Yeux* obscurs.

Antennes assez courtes, atteignant le milieu du prothorax, légèrement pilosellées, noires ; à 1er article épaissi : le 2e un peu moins épais, presque aussi long : les suivants grêles, graduellement moins longs : le 3e assez allongé, un peu plus long que le 4e : les 4e et 5e suballongés : le 6e fortement oblong : le 7e oblong, obconique : le 8e plus court, subglobuleux : les 3 derniers formant ensemble une massue suballongée : les 9e et 10e subtransverses : le dernier en ovale subacuminé.

Prothorax oblong, moins large que les élytres ; modérément arqué sur les côtés avant leur milieu et puis rétréci en arrière ; peu convexe ; éparsement pubescent ; fortement et densément ponctué ; égal, à interstices plus ou moins étroits, inégaux et subrugueux ; d'un noir un peu brillant.

Écusson peu distinct, noir.

Élytres subtransverses, à peine plus longues que le prothorax, à peine plus larges et subarquées en arrière sur les côtés ; peu convexes ; subégales, avec néanmoins une impression postscutellaire assez sensible et une autre intra-humérale obsolète ; éparsement pubescentes ; fortement, profondément mais un peu moins densément ponctuées que le prothorax, avec les interstices plans, subégaux et nullement ruguleux ; d'un noir assez brillant. *Épaules* arrondies.

Abdomen assez court, épais, subcylindrique, un peu ou à peine moins large à sa base que les élytres, à peine atténué en arrière ; convexe, avec les premiers segments sensiblement impressionnés en travers et distinctement 4-carinulés à leur base, les 4e et 5e plus obsolètement ; légèrement pubescent ; assez finement et subéparsement ponctué, encore plus éparsement sur le dos et surtout en arrière des 3 ou 4 premiers segments ; d'un noir assez brillant. Le 7e *segment* moins ponctué, à peine arrondi au bout.

Dessous du corps finement pubescent, d'un noir brillant. *Prosternum* et *mésosternum* rugueusement ponctués, celui-ci à pointe subtronquée. *Métasternum* assez fortement et assez densément ponctué, subdéprimé en arrière sur son disque, avec une étroite ligne médiane lisse. *Ventre* très convexe, assez finement et modérément ponctué, plus finement et un peu plus densément sur le milieu des 4e et 5e arceaux.

Pieds légèrement pubescents, finement pointillés, noirs ou noirâtres, avec la base des cuisses parfois d'un brun roussâtre. *Tarses* assez courts, à 4° article subcordiforme. Les *postérieurs* à peine plus longs que la moitié des tibias, à 1er article suballongé, subégal au dernier : les 2° à 4° graduellement plus courts : le 2° oblong, les 3° et 4° assez courts.

PATRIE. Cette espèce, peu commune, se trouve, au printemps et en automne, au bord et parmi les herbes des étangs et des marais, dans les environs de Lyon, la Bourgogne, la Bresse, les Alpes, la Guienne, les Roussillon, etc.

OBS. Elle est remarquable par son abdomen épais, subcylindrique, non rebordé sur les côtés, si ce n'est d'une manière très fine aux 2 premiers segments.

L'abdomen ♂ est un peu plus troi

59. Stenus (Tesnus) littoralis, THOMSON.

Suballongé, assez épais, peu convexe, distinctement pubescent, d'un noir subplombé plus ou moins brillant, avec le 1er article des palpes testacé. Tête un peu plus large que le prothorax, un peu moins large que les élytres, assez fortement et densément ponctuée, très obsolètement bisillonnée, à intervalle à peine élevé en carène obtuse. Prothorax suboblong, moins large que les élytres, médiocrement arqué sur les côtés, subrétréci en arrière, fortement et densément ponctué, égal. à interstices subégaux et plans. Elytres un peu ou à peine plus longues que le prothorax, subégales, fortement, profondément et assez densément ponctuées, à interstices plans. Abdomen subcylindrique, assez finement, assez densément et subuniformément ponctué, à premiers segments obsolètement 4-carinulés à leur base. Le 4° article des tarses subcordiforme.

♂ *Le 6° arceau ventral* à peine échancré au sommet. Les 4° et 5° longitudinalement subdéprimés sur leur ligne médiane, avec les dépressions garnies de poils plus longs, plus serrés, brillants et argentés. *Abdomen* un peu moins large que les élytres, sensiblement atténué en arrière.

♀ *Le 6° arceau ventral* prolongé et subarrondi au sommet. Les 4° et 5° convexes et un peu plus densément pubescents sur leur milieu. *Abdomen* à peine moins large que les élytres, à peine atténué en arrière.

Stenus nigritulus, Ericson, Gen. et Spec. Staph. 719, 54 (partim). — Heer, Faun. Helv. 1, 222, 29 (partim). — Fairmaire et Laboulbène, Faun. Fr. I, 586, 44. — Kraatz, Ins. Deut. II, 775, 43 (partim).

Stenus littoralis, Thomson, Skand. Col. II, 226, 30. — Redtenbacher, Faun. Austr. ed. 3, 246. — John Sahlberg, Enum. Col. Brach. Fenn. 1876, 61, 171.

Stenus crassus, Fauvel, Faun. Gallo-Rhén. III, 260, 42 (partim).

Long., 0,0025 (1 1/6 l.). — Larg., 0,0005 (1/4 l.).

Patrie. Cette petite espèce assez commune, se rencontre pendant l'été, courant sur le gravier et sur la vase, parmi les herbes, dans les lieux humides, dans une grande partie de la France. Elle est commune en Bresse.

Obs. Elle ressemble beaucoup au *crassiventris* dont elle diffère par la tête un peu plus large, à carène frontale plus obtuse ; par son abdomen un peu plus densément et plus uniformément ponctué, à carènes basilaires des premiers segments plus obsolètes. Le prothorax est moins rugueux. Le 3e article des antennes est à peine plus long que large. La taille est moindre et la forme un peu moins épaisse. Je la crois distincte, à l'exemple de Thomson, John Sahlberg et autres auteurs.

Les pieds sont souvent d'un roux brunâtre.

Une variété, des bords de la Méditerranée et de l'Océan, est un peu plus lisse, plus brillante, avec le prothorax à interstices des points encore moins étroits et l'abdomen un peu moins ponctué *(St. intermedius, R.)*. Le métasternum est sans ligne apparente.

60. Stenus (Tesnus) opticus, Gravenhorst.

Assez allongé, subdéprimé, à peine pubescent, d'un noir presque mat, avec le 1er article des palpes testacé, les antennes et les pieds d'un roux de poix. Tête sensiblement plus large que le prothorax, au moins aussi large que les élytres, assez fortement, très densément et subruguleusement ponctuée, à front presque plan. Prothorax à peine oblong, un peu moins large en son milieu que les élytres, médiocrement arqué sur les côtés, sensiblement rétréci en arrière, assez fortement, très densément et subruguleusement ponctué, égal. Élytres un peu ou à peine plus longues que le prothorax, subégales, assez fortement, très densément et subruguleusement ponctuées. Abdomen atténué en arrière, assez finement et modé-

rément ponctué, plus éparsement sur le dos des premiers segments, ceux-ci finement 4-carinulés à leur base. Le 4° article des tarses simple.

♂ Le 6° arceau ventral légèrement et subangulairement échancré au sommet. Le 5° à peine échancré à son bord apical,

♀ Le 6° arceau ventral prolongé et subogivalement arrondi ou obtusément subangulé au sommet.

Stenus opticus, Gravenhorst, Mon.   nson, Col. March. 1. 560. 36 ;
— Gen. et Spec. Staph. 720, 57. — Redtenbacher, Faun. Austr. ed. 2, 222, 35.
— Heer, Faun. Helv. I, 222, 31. — Fairmaire et Laboulbène Faun. Fr. 1, 587,
48. — Kraatz, Ins. Deut. II. 778, 47. — Fauvel, Faun. Gallo-Rhén. III, 261, 44.

Long., 0,0028 (1 /3 l.). — Larg., 0,0006 (1/4 l. fort).

Corps assez allongé, su éprimé, d'un noir presque mat; revêtu d'une fine et très courte pubesce e blanchâtre, éparse et peu apparente.

Tête sensiblement plus large que le prothorax, au moins aussi large que les élytres; à peine pubescente ; assez fortement, très densément et subrugueusement ponctuée; presque plane, à sillons et intervalle indistincts ; d'un noir mat ou presque mat. *Bouche* brune. *Palpes maxillaires* couleur de poix, à 1er article testacé. *Yeux* obscurs.

Antennes médiocres, atteignant au moins le milieu du prothorax, légèrement pilosellées ; d'un roux de poix foncé, avec la massue et les 2 premiers articles ordinairement plus obscurs : le 1er épaissi : le 2° à peine moins épais, presque aussi long : les suivants grêles, graduellement moins longs : le 3° allongé, un peu plus long que le 4° : les 4° à 6° suballongés : le 7° oblong : le 8° court, subglobuleux : les 3 derniers formant ensemble une massue suballongée et subfusiforme : les 9° et 10° subtransverses : le dernier en ovale subacuminé.

Prothorax à peine oblong, un peu moins large en son milieu que les élytres ; médiocrement arqué sur les côtés et puis sensiblement rétréci en arrière ; peu convexe ou subdéprimé sur le dos ; à peine pubescent ; assez fortement, très densément et subrugueusement ponctué ; égal ; d'un noir mat ou presque mat.

Écusson peu distinct, noir.

Élytres subcarrées, un peu ou à peine plus longues que le prothorax ; à peine plus larges et subarquées en arrière sur les côtés ; subdéprimées ; subégales ou à peine impressionnées derrière l'écusson ; éparsement pubescentes ; assez fortement, très densément et subrugueusement ponctuées ; d'un noir mat ou presque mat. *Epaules* arrondies.

Abdomen suballongé, moins large à sa base que les élytres, atténué en cône en arrière ; convexe, avec les premiers segments graduellement moins impressionnés en travers à leur base, les 2 premiers finement 4-carinulés ; les 3e à 5e simplement crénelés, à celle-ci ; éparsement pubescent ; assez finement et modérément ponctué, plus éparsement sur le dos des 4 premiers segments ; d'un noir un peu brillant ; le 7e *segment* moins ponctué, subtronqué au bout.

Dessous du corps finement pubescent, d'un noir assez brillant. *Prosternum* et *mésosternum* rugueux : celui-ci à pointe subtronquée. *Métasternum* assez fortement et densément ponctué, subdéprimé en arrière sur son disque. *Ventre* très convexe, assez longuement pubescent ; finement et modérément ponctué, plus finement et plus densément sur le milieu du 5e arceau.

Pieds finement pubescents, finement pointillés, d'un roux de poix, avec les hanches noires. *Tarses* courts, à 4e article simple. Les *postérieurs* à peine plus longs que la moitié des tibias, à 1er article suballongé, subégal au dernier : les 2e à 4e graduellement plus courts : le 2e suboblong, les 3e et 4e courts.

PATRIE. Cette espèce, peu commune, se rencontre, au printemps et à l'automne, sous les détritus végétaux, au bord des eaux et dans les prairies humides, dans plusieurs provinces de la France : la Normandie, la Bretagne, le Poitou, l'Alsace, la Lorraine, les environs de Paris et de Lyon, la Bourgogne, le Bugey, les Alpes, les Landes, etc.

OBS. Elle diffère nettement du *littoralis* par sa teinte plus mate, par sa forme moins épaisse et par sa ponctuation moins forte mais bien plus serrée et plus rugueuse. La tête, plus large, est sans sillons apparents, presque plane. L'abdomen est plus conique, ce qui lui donne un peu l'aspect du *circularis*.

61. Stenus (Tesnus) eumerus, KIESENWETTER.

Allongé, assez étroit, peu convexe, éparsement pubescent, d'un noir un peu brillant, avec le 1er article des palpes et la base du 2e testacés, le milieu des antennes et la base des cuisses d'un roux brunâtre. Tête un peu plus large que le prothorax, un peu moins large que les élytres, finement, densément et subrugueusement ponctuée, nettement bisillonnée, à intervalle subélevé, subcaréné. Prothorax oblong, moins large que les élytres, arqué sur les côtés avant leur milieu, rétréci en arrière, fortement densément et rugueusement ponctué, subégal, avec un sillon médian large, court, mais bien accusé, à fond lisse. Élytres non ou à peine plus longues que le prothorax, subégales, fortement, densément et rugueusement ponctuées. Abdomen atténué en arrière, assez fortement et assez densément ponctué, plus finement vers son extrémité, à premiers segments 3-carinulés à leur base. Le 4° article des tarses simple.

♂ Le 6° *arceau ventral* largement et angulairement échancré au sommet, le 5° plus faiblement. Le 4° à peine sinué dans le milieu de son bord apical, lisse au-devant du sinus. *Cuisses* assez renflées. *Métasternum* largement subimpressionné et finement et très densément pointillé sur son disque.

♀ Le 6° *arceau ventral* subogivalement prolongé au sommet, les 4° et 5° simples. *Cuisses* normales. *Métasternum* subimpressionné et seulement un peu plus densément pointillé sur son disque que sur les côtés.

Stenus eumerus, KIESENWETTER, Ann. Ent. Fr. 1851, 425. — FAIRMAIRE et LABOUL-BÈNE, Faun. Fr. I, 586, 46. — KRAATZ, Ins. Deut. II, 777, 46. — FAUVEL, Faun. Gallo-Rhén. III, 261, 43, pl. III, fig. 7.

Long., 0,0025 (1 1/7 l.). — Larg., 0,0004 (1/5 l.).

PATRIE. Cette espèce est rare. Elle se trouve, au bord des rivières, après les grandes crues, dans la chaîne des Pyrénées. Elle m'a été donnée par M. Pandellé.

OBS. Elle est plus allongée, plus étroite, un peu plus brillante, plus fortement et plus rugueusement ponctuée, plus convexe surtout aux élytres que l'*opticus*. Le front est plus nettement bisillonné. Le prothorax présente toujours un sillon assez large, raccourci, bien marqué, à fond lisse. Les premiers segments de l'abdomen sont 3-carénés au lieu de 4-carénés, etc.

Le *St. eumerus* de Seidlitz (Faun. Balt. 257) est une espèce différente, étrangère à nos contrées.

62. Stenus (Tesnus) nigritulus, Gyllenhal.

Allongé, peu convexe, éparsement pubescent, d'un noir peu brillant, avec le 1er article des palpes d'un flave testacé. Tête plus large que le pro-thorax, de la largeur des élytres, fortement et densément ponctuée, large-ment et légèrement bisillonnée, à intervalle peu élevé, faiblement con-vexe. Prothorax suboblong, un peu moins large en avant que les élytres, subarqué sur les côtés, rétréci en arrière, fortement, profondément et très densément ponctué, égal. Élytres subcarrés, un peu plus longues que le prothorax, à peine échancrées au sommet, subégales, fortement, pro-fondément et densément ponctuées. Abdomen cylindrique, fortement et assez densément ponctué, à premiers segments subcrenelés à leur base. Le 4e article des tarses subbilobé.

♂ Le 6e *arceau ventral* légèrement subéchancré au sommet.

♀ Le 6e *arceau ventral* prolongé et obtusément subangulé au sommet.

Stenus nigritulus, Gyllenhal, Ins. Suec. IV, 502, 10-11. — Thomson, Skand.
  Col. II, 229, 37 (1). — Seidlitz, Faun. Balt. 258. — Fauvel, Faun. Gallo-Rhén.
  III, 264, 48. — John Salberg, Enum. Col. Brach. Fenn. 1876, 62, 177 (2).
Stenus campestris, Erichson, Col. March. I, 559, 35 ; — Gen. et Spec. Staph.
  719, 55. — Redtenbacher, Faun. Austr. ed. 2, 222, 34. — Heer, Faun. Helv. I,
  222, 30. — Fairmaire et Laboulbène, Faun. Fr. I, 586, 45. — Kraatz, Ins. Deut,
  II, 776, 44.

Long., 0,0038 (1 3/4 l.). — Larg., 0,0007 (1/3 l.).

Patrie. Cette espèce, rare en France, se prend, au printemps et à l'automne, sous les pierres et les détritus, au bord des marais, des fleuves et même des eaux saumâtres : la Flandre, la Normandie, la Lor-raine, les environs de Paris, etc.

Obs. Elle ne ressemble en rien à l'*opticus*. Elle est bien plus grande, plus allongée et plus cylindrique. Les premiers segments abdominaux sont simplement subcrénelés à leur base. Le pénultième article des tarses est subbilobé, etc. Elle se rapproche plutôt de l'espèce suivante.

(1) Dans J. Sahlberg (p. 62), au lieu de 239, il faut lire 229.
(2) A l'exemple de Thomson, Seidlitz, Fauvel et J. Sahlberg, nous avons cru devoir adopter
le nom de *nigritulus* de Gyllenhal dont la description ne laisse rien à désirer.

Le milieu des antennes est souvent d'un noir de poix. Les élytres sont parfois visiblement subimpressionnées derrière l'écusson.

On rapporte au *nigritulus* l'*unicolor* de Stephens (Ill. Brit. V, 286) et le *lepidus* de Weise (Deut. Ent. Zeit. 1875, 367).

63. Stenus (Tesnus) unicolor, Erichson.

Allongé, assez étroit, peu convexe, légèrement pubescent, d'un noir un peu brillant, avec la base des palpes testacée, les pieds et les antennes d'un roux de poix. Tête plus large que le prothorax, de la largeur des élytres, fortement et densément ponctuée, sensiblement bisillonnée, à intervalle subélevé, convexe. Prothorax suboblong, un peu moins large avant son milieu que les élytres, assez fortement arqué sur les côtés, rétréci en arrière, fortement, profondément et densément ponctué, égal. Élytres transverses, un peu plus courtes que le prothorax, subégales, fortement, profondément et densément ponctuées. Abdomen cylindrique, assez fortement et assez densément ponctué, à premiers segments subcarinulés à leur base. Le 4e article des tarses subbilobé.

♂ Le 6e *arceau ventral* largement et légèrement échancré au sommet.

♀ Le 6e *arceau ventral* prolongé et obtusément subangulé au sommet.

Stenus unicolor, Erichson, Gen. et Spec. Staph. 720, 56. — Redtenbacher, Faun. Austr. ed. 2, 223, 35. — Heer, Faun. Helv. I, 577, 30. — Fairmaire et Laboulbène, Faun. Fr. I, 586, 47. — Kraatz, Ins. Deut. II, 777, 45. — Thomson. Skand. Col. II, 230, 38 ; — IX, 197, 38.
Stenus laticollis, Thomson, Oefv. Vet. Ac. Forh. 1851, 133.
Stenus brunnipes, Fauvel, Faun. Gallo-Rhén. III, 264, 49.

Long., 0,0035 (1 2/3 l.). — Larg., 0,0007 (1/3 l.).

Corps allongé, assez étroit, peu convexe, d'un noir un peu brillant ; revêtu d'une légère pubescence blanchâtre, courte, peu serrée mais assez distincte.

Tête évidemment plus large que le prothorax, environ aussi large que les élytres ; à peine pubescente ; fortement et densément ponctuée ; assez largement et sensiblement bisillonnée, à intervalle convexe, aussi élevé que les côtés du front ; d'un noir un peu brillant. *Bouche* brunâtre.

Palpes maxillaires d'un noir de poix, à 1er article et base du 2e d'un testacé pâle. *Yeux* obscurs.

Antennes courtes, atteignant à peine le milieu du prothorax, légèrement pilosellées, d'un roux de poix foncé, avec les 2 premiers articles ordinairement noirs ; le 1er épaissi : le 2e à peine moins épais et à peine moins long : les suivants grêles, graduellement moins longs : le 3e allongé, un peu plus long que le 4e : les 4e et 5e suballongés : le 6e fortement oblong : le 7e oblong, obconique : le 8e court, subglobuleux : les 3 derniers formant ensemble une massue assez brusque et suballongée : les 9e et 10e subtransverses : le dernier en ovale acuminé.

Prothorax suboblong, un peu moins large en sa partie dilatée que les élytres ; assez fortement arqué sur les côtés avant leur milieu et puis sensiblement rétréci en arrière ; peu convexe ; éparsement pubescent ; fortement, profondément et densément ponctué, égal ; d'un noir un peu brillant.

Écusson peu distinct, noir.

Élytres transverses, un peu ou à peine plus courtes que le prothorax, subélargies en arrière et presque subrectilignes sur les côtés ; sensible-ment et simultanément échancrées au sommet ; peu convexes ; subégales, ou avec une faible impression intra-humérale ; éparsement pubescentes ; fortement, profondément et densément ponctuées ; d'un noir un peu brillant. *Epaules* arrondies.

Abdomen allongé, un peu ou à peine moins large à sa base que les élytres, cylindrique, à peine atténué en arrière ; convexe, avec les premiers segments graduellement moins impressionnés en travers et sub-crénelés à leur base, le 5e obsolètement ; distinctement pubescent ; assez fortement et assez densément ponctué, un peu moins fortement en arrière ; d'un noir assez brillant. Le 7e *segment* moins ponctué, sub-impressionné-subéchancré au bout, souvent (σ) en croissant.

Dessous du corps finement pubescent, d'un noir assez brillant. *Proster-num* et *mésosternum* rugueusement ponctués, celui-ci à pointe mousse ou subtronquée. *Métasternum* assez fortement et assez densément ponctué, subimpressionné en arrière sur son disque. *Ventre* très convexe, plus longuement pubescent au sommet de chaque arceau ; assez fortement et assez densément ponctué, plus finement et plus densément en arrière, surtout sur le milieu du 4e arceau.

Pieds légèrement pubescents, finement pointillés, d'un roux de poix, avec les hanches et les genoux plus foncés. *Tarses* courts, subdéprimés, à 4e article bilobé au moins jusqu'à sa moitié, non ou à peine plus large que le précédent. Les *postérieurs* à peine plus longs que la moitié des tibias, à 1er article suballongé, subégal au dernier : les 2e à 4e graduellement plus courts : le 2e oblong, les 3e et 4e assez courts.

PATRIE. On trouve cette espèce, très communément, en tout temps, sous les mousses, les feuilles mortes, les détritus et les vieux fagots, surtout dans les lieux boisés, dans presque toute la France.

OBS. Avec le port du *nigritulus*, elle s'en distingue nettement par sa couleur un peu moins mate et par sa taille un peu moindre. Les sillons frontaux sont un peu plus marqués, à intervalle plus convexe. Les élytres, plus courtes, sont transverses, plus sensiblement échancrées à leur bord apical. La ponctuation de l'abdomen est un peu moins forte. Les antennes et les pieds sont moins obscurs, etc.

On réunit à l'*unicolor* les *Marshami*, *brunnipes* et *gracilis* de Stephens (Ill. Brit. V, 284, 285 et 288).

4e sous-genre MESOSTENUS, Rey.

de μεσος, mitoyen; STENUS, Sténe.

OBS. Ce sous-genre, qui rappelle les vrais *Stenus* de la section A, est bien distinct des précédents par le pénultième article de tous les tarses profondément bilobé jusqu'à la base et plus large que le 3e. Les tarses postérieurs sont allongés, grêles, sensiblement plus longs que la moitié des tibias, sublinéaires jusqu'au sommet du 3e article qui est simple, ou au moins du 2e, avec le 1er allongé ou très allongé, bien plus long que le dernier. Le prothorax offre généralement un sillon dorsal, rarement (*fuscicornis*) obsolète. L'abdomen est rebordé sur les côtés. La taille est diverse.

Ce sous-genre renferme un assez grand nombre d'espèces, dont voici le tableau :

a. *Abdomen* plus ou moins fortement rebordé sur les côtés, non ou peu cylindrique.
   b. *Elytres* évidemment plus longues que le prothorax.
      c. *Abdomen* très conique. *Tête* sensiblement moins large que les élytres, un peu ou à peine plus large que le prothorax. *Antennes* plus ou moins allongées, atteignant la base du prothorax.
         d. *Elytres* amples, subcarrées, un peu plus longues que le prothorax. *Ponctuation de l'abdomen* obsolète et peu serrée. *An-*

tennes grêles. *Taille* très grande. . . . . 64. CORDATUS.

dd. *Elytres* normales, plus étroites, suboblongues. *Ponctuation de l'abdomen* assez forte et assez serrée à la base. *Antennes* grêles.

 e. *Elytres* d'un quart plus longues que le prothorax, densément et subrugueusement ponctuées. *Tête* un peu plus large que le prothorax. *Corps* assez brillant. *Taille* grande. . . . 65. HOSPES.

 ee. *Elytres* un peu plus longues que le prothorax, peu densément et non subrugueusement ponctuées. *Tête* à peine plus large que le prothorax. *Corps* très brillant. *Taille* assez grande ou moyenne. 66. POLITUS.

cc. *Abdomen* subparallèle ou légèrement atténué. *Tête* au moins aussi large que les élytres, parfois à peine moins large, sensiblement ou bien plus large que le prothorax. *Antennes* peu allongées, grêles ou assez grêles, n'atteignant pas la base du prothorax.

 f. *Pieds* variés de brun ou noir et de testacé. *Sillon prothoracique* assez marqué. *Taille* assez grande ou moyenne.

 g. *Corps* brillant, densément ou assez densément ponctué.

 h. *Extrémité des cuisses* et base des tibias largement rembrunies. *Tête* de la largeur des élytres. *Tempes* profondément et assez densément ponctuées. *Pénultième article des palpes* plus ou moins rembruni. Les 2 *premiers articles des antennes* noirs. . . . . 67. SUBAENUS.

 hh. *Genoux* seuls étroitement rembrunis. *Tempes* assez légèrement et éparsement ponctuées. *Pénultième article des palpes* non ou à peine rembruni. Les 2 *premiers articles des antennes* non ou à peine rembrunis.

 i. *Elytres* subcarrées, un peu plus longues que le prothorax, très inégales, avec 3 impressions discales sensibles. *Tête* au moins aussi large que les élytres, bien plus large que le prothorax. *Abdomen* assez densément ponctué. . . . . . . 68. AEROSUS.

 ii. *Elytres* suboblongues, sensiblement plus longues que le prothorax, peu inégales, avec 1 seule impression intra-humérale. *Tête* à peine aussi large que les élytres, sensiblement plus large que le prothorax. *Abdomen* peu densément ponctué. 69. ELEGANS.

 gg. *Corps* presque mat, très densément ponctué. *Tête* un peu moins large que les élytres : *celles-ci* inégales. . . . 70. IMPRESSIPENNIS

ff. *Pieds* d'un brun rousssâtre. *Sillon prothoracique* nul ou obsolète. *Tête* un peu plus large que les élytres. *Taille* assez petite. 61. FUSCICORNIS.

bb. *Elytres* de la longueur du prothorax ou à peine plus longües.

 k. *Prothorax et élytres* très fortement ponctués. *Antennes* allongées, grêles, atteignant environ la base du prothorax.

 l. *Abdomen* assez fortement et assez densément ponctué. *Prothorax et élytres* peu rugueux. *Cuisses* à peine rembrunies avant leur sommet. *Corps* brillant. *Taille* grande. . . . . 71. GLACIALIS.

 ll. *Abdomen* assez finement et densément ponctué. *Prothorax* et

élytres rugueux. *Cuisses* et *base des tibias* assez largement
rembrunies. *Corps* peu brillant. *Taille* moyenne. . . 73. SCABER.
kk. *Prothorax* et *élytres* fortement ou assez fortement et normale-
ment ponctués. *Antennes* peu allongées, assez grêles.
 m. *Corps* d'un noir peu brillant, à peine plombé. *Abdomen*
  densément ponctué.
  n. *Abdomen* assez fortement ponctué. *Pieds* testacés, à genoux
   rembrunis. *Taille* moyenne. . . . . 74. GENICULATUS.
  nn. *Abdomen* assez finement ponctué. *Pieds* d'un brun roussâtre avec la première moitié des cuisses testacée. *Taille*
   assez petite. , ... 75. PALUSTRIS.
 mm. *Corps* d'un noir brillant, plombé. *Abdomen* assez densément ponctué. *Pieds* testacés, à genoux à peine rembrunis.
  o. *Elytres* de la longueur du prothorax, inégales, subélargies
   en arrière. *Taille* moyenne. . . . . 76. IMPRESSUS.
  oo. *Elytres* à peine moins longues à la suture que le prothorax, presque égales, assez fortement élargies en arrière.
   Taille petite. . . . . . . , ... 77. FLAVIPES.
bbb. *Elytres* bien plus courtes que le prothorax, élargies en arrière.
 Taille petite.
 p. *Pieds* testacés, à genoux à peine rembrunis. *Abdomen* finement et densément ponctué. *Corps* assez brillant. . . 78. MONTIVAGUS.
 pp. *Pieds* d'un roux ferrugineux. *Abdomen* assez fortement
  ponctué à la base, plus légèrement en arrière. *Corps* brillant. 79. SPECULIFER.
aa. *Abdomen* à peine rebordé sur les côtés, cylindrique. *Pieds* testacés, à genoux à peine rembrunis. *Forme* sublinéaire. *Taille*
petite. . . . . 80. PALLIPES.

64. Stenus (Mesostenus) cordatus, GRAVENHORST.

*Suballongé, large, subdéprimé, légèrement pubescent, d'un noir bril-
lant, avec les antennes d'un roux de poix, à 1er article plus foncé, les
palpes et les pieds testacés, l'extrémité des cuisses et la base des tibias
largement rembrunies. Tête à peine plus large que le prothorax, sensiblement moins large que les élytres, fortement et assez densément ponctuée,
largement et peu profondément bisillonnée, à intervalle subélevé, légèrement convexe. Antennes grêles. Prothorax presque aussi large que
long, subcordiforme, moins large que les élytres, assez fortement arqué
en avant sur les côtés, rétréci en arrière, fortement et assez densément
ponctué, inégal, avec un large sillon médian et des impressions de chaque*

côté. Elytres amples, subcarrées, un peu plus longues que le prothorax, inégales, fortement et assez densément ponctuées. Abdomen très conique, obsolètement et subéparsement ponctué.

♂ Le 6° *arceau ventral* subangulairement échancré au sommet. Le 5° à peine échancré à son bord postérieur.

♀ Le 6° *arceau ventral* ogivalement prolongé au sommet. Le 5° simple.

Stenus cordatus, Gravenhorst, Micr. 198, 1 ; — Mon. 226, 3. — Erichson, Gen. et Spec. Staph. 726, 68.— Fairmaire et Laboulbène, Faun. Fr. I, 591, 61. — Fauvel, Faun. Gallo-Rhén. III, 278, 71, pl. III, fig. 12.
Stenus aeneus, Lucas, Expl. Alg. Ent. 123, pl. XIII, fig. 4.

Long., 0,0066 (3 l.). — Larg., 0,0016 (3/4 l. fort).

Corps suballongé, large, subdéprimé, d'un noir brillant ; revêtu d'une fine pubescence blanche, assez courte, plus serrée par plaques.

Tête à peine plus large que le prothorax, sensiblement moins large que les élytres ; légèrement pubescente ; fortement et assez densément ponctuée ; largement et peu profondément bisillonnée, à intervalle légèrement convexe, plus lisse, aussi élevé que les côtés du front ; d'un noir brillant. *Bouche* brunâtre. *Palpes maxillaires* testacés, à 3° article à peine plus foncé à son extrémité. *Yeux* obscurs.

Antennes suballongées, atteignant la base du prothorax, éparsement pilosellées, d'un roux de poix, à 1er article noirâtre ; celui-ci subépaissi : le 2° moins épais, presque aussi long que le 1er, un peu moins grêle que les suivants : ceux-ci grêles, graduellement un peu moins longs : le 3° allongé, un peu plus long que le 4° ; les 4° à 8° suballongés, obconico-subcylindriques : les 3 derniers formant ensemble une massue peu sensible, allongée, fusiforme : le 9° suballongé, obconique : le 10° oblong, obconique ; le dernier en ovale fortement acuminé.

Prothorax presque aussi large que long, subcordiforme, moins large que les élytres, assez fortement arqué en avant sur les côtés et puis rétréci en arrière ; peu convexe ; éparsement pubescent ; fortement et assez densément ponctué ; inégal, avec un large sillon médian, plus ou moins accusé, et une impression oblique, de chaque côté du disque, et 2 autres obsolètes, de chaque côté du sillon ; d'un noir brillant

Écusson subruguleux, d'un noir assez brillant.

Elytres amples, subcarrées, un peu plus longues que le prothorax, subarquées en arrière sur les côtés ; subdéprimées ou peu convexes, inégales, avec une impression postscutellaire sensible, une autre intra-humérale, oblongue, et une 3ᵉ sur les côtés du disque, après le milieu (1) ; légèrement pubescentes, avec la pubescence plus longue et plus distincte le long de la suture, et surtout plus serrée sur les côtés où elle forme une plaque grise, couvrant l'impression latérale et même l'intervalle qui la sépare du sommet ; fortement et assez densément ponctuées ; d'un noir brillant. *Epaules* arrondies.

Abdomen suballongé, à peine moins large à sa base que les élytres, très fortement atténué en cône en arrière ; assez convexe, avec les 2 premiers segments faiblement impressionnés en travers à leur base qui offre en son milieu un angle mousse ; distinctement et assez longuement pubescent, avec la pubescence plus condensée sur les côtés et surtout à la base des 4ᵉ et 5ᵉ segments où elle forme comme une large bande transversale grise ; obsolètement et subéparsement ponctué, un peu plus distinctement et un peu plus densément à l'extrême base de chaque segment ; d'un noir luisant. Le 7ᵉ *segment* presque lisse, impres-ionné subéchancré au bout.

Dessous du corps assez longuement pubescent, d'un noir brillant. *Prosternum* et *mésosternum* rugueusement ponctués, celui-ci à pointe lanciforme. *Métasternum* finement et peu densément ponctué, subimpressionné en arrière sur son milieu. *Ventre* très convexe, finement et subéparsement ponctué, un peu plus densément sur le milieu du 5ᵉ arceau.

Pieds pubescents, finement ponctués, d'un roux testacé brillant, avec l'extrémité des cuisses et la base des tibias largement rembrunies, et les hanches noires. *Tarses* plus ou moins allongés, grêles, à 4ᵉ article profondément bilobé et un peu plus large que le 3ᵉ. Les *postérieurs* allongés, sublinéaires, plus longs que la moitié des tibias, à 1ᵉʳ article très allongé, bien plus long que le dernier : le 2ᵉ suballongé, le 3ᵉ oblong.

PATRIE. Cette espèce, peu commune, se trouve au printemps, au bord des eaux, au pied des arbres et sous les pierres, dans la Provence, le Languedoc, le Roussillon, etc. Feu Foudras l'avait capturée une seule fois au Mont-Pilat, dans la localité du *Pandarus tristis*.

OBS. C'est la plus grande espèce du genre, remarquable par sa forme large et son abdomen très fortement conique. Le 2ᵉ article des antennes est à peine plus épais que les suivants.

---

(1) L'intervalle entre l'impression postscutellaire et les intra-humérales est plus ou moins élevé en bosse obtuse.

La teinte est parfois un peu bronzée.

On lui assimile le *princeps* de Hampe (Stett. Ent. Zeit. 1850, 349).

65. Stenus (Mesostenus) hospes, ERICHSON.

Allongé, subdéprimé, éparsement pubescent, d'un noir brillant, avec les antennes d'un roux de poix, à massue et parfois 1ᵉʳ article plus obscurs, les palpes et les pieds testacés, et les genoux rembrunis. Tête un peu plus large que le prothorax, un peu moins large que les élytres, fortement et densément ponctuée, largement et sensiblement bisillonnée, à intervalle convexe, subélevé, moins ponctué ou presque lisse. Antennes très grêles. Prothorax suboblong, moins large que les élytres, modérément arqué sur les côtés, à peine rétréci en arrière, fortement, densément et subruugueusement ponctué, inégal, avec un sillon médian et 2 légères impressions de chaque côté. Élytres suboblongues, d'un quart plus longues que le prothorax, inégales, fortement, densément et subrugueusement ponctuées. Abdomen très conique, assez fortement et assez densément ponctué à sa base et sur les côtés des premiers segments, graduellement plus lisse en arrière.

σ' Le 6ᵉ *arceau ventral* légèrement échancré au sommet.

♀ Le 6ᵉ *arceau ventral* ogivalement prolongé au sommet.

Stenus hospes, ERICHSON, Gen. et Spec. Staph. 726, 69. — FAIRMAIRE et LABOULBÈNE, Faun. Fr. I, 589, 86. — FAUVEL, Faun. Gallo-Rhén. III, 279, 72.
Stenus cribatus, KIESENWETTER, Stett. Ent. Zeit. 1850, 220.
Stenus longicornis, SAULCY, Ann. Ent. Fr. 1864, 637. — MARSEUL, l'Abeille, 1871, VIII, 382.
Stenus pulchripes, SOLSKY, Hor. Ent. Ross. 1867, V, 31.

Long., 0,0055 (2 1/2 l.). — Larg., 0,0012 (1/2 l.).

PATRIE. Montpellier (Kiesenwetter). Décembre.

OBS. Elle est moindre et surtout moins large que le *cordatus*. Le prothorax et les élytres sont moins courts ; la pubescence est moins longue et moins serrée, la ponctuation plus rugueuse, avec celle de la base de l'abdomen plus forte et plus serrée. Les antennes sont plus grêles, etc.

66. Stenus (Mesostenus) politus, Aubé.

Allongé, étroit, peu convexe, éparsement pubescent, d'un noir sub-plombé très brillant, avec les antennes rougeâtres, les palpes et les pieds d'un roux testacé, les genoux largement rembrunis. Tête à peine plus large que le prothorax, visiblement moins large que les élytres, assez fortement et assez densément ponctuée, nettement bisillonnée, à intervalle subélevé, presque lisse, obtusément subcaréné. Antennes très grêles. Pro-thorax oblong, subcordiforme, moins large que les élytres, subarqué sur les côtés avant leur milieu, subrétréci en arrière, très fortement et assez densément ponctué, subinégal, avec un sillon médian très obsolète et de chaque côté des impressions peu distinctes. Elytres assez étroites, à peine oblongues, un peu plus longues que le prothorax, subinégales, très forte-ment et peu densément ponctuées, à interstices larges et très lisses. Abdo-men conique, modérément ponctué à la base, presque lisse en arrière.

♂ Le 6ᵉ *arceau ventral* légèrement échancré au sommet en angle obtus.

♀ Le 6ᵉ *arceau ventral* subogivalement prolongé au sommet.

Stenus politus, Aubé, Mat. Cat. Grenier, 1863, 38, 50. — Marseul, l'Abeille, 1871, VIII, 358. — Fauvel, Faun. Gallo-Rhén. III, 279, 73.
Stenus serpentinus, Fauvel, Bull. Soc. Linn. Norm. Sér. 2, 1869, V, 21. — Marseul, l'Abeille, 1871, VIII, 356.
Stenus gracilicornis, Baudi, Berl. Ent. Zeit. 1869, 396.

Long., 0,0048 (2 1/5 l.). — Larg., 0,0008 (1/3 l.).

Corps allongé, étroit, peu convexe, d'un noir très brillant et comme vernissé; revêtu d'une légère pubescence blanche, peu serrée.

Tête sensiblement plus large que le prothorax, un peu ou à peine moins large que les élytres; à peine pubescente; assez fortement et assez densément ponctuée; nettement bisillonnée, à intervalle subélevé, plus éparsement ponctué ou presque lisse, convexe ou obtusément subcaréné; d'un noir subplombé très brillant. *Bouche* brune. *Palpes maxillaires* d'un roux testacé, à 3ᵉ article à peine plus foncé dans sa dernière moitié. *Yeux* obscurs.

Antennes allongées, très grêles, au moins aussi longues ou à peine plus longues que la tête et le prothorax réunis, éparsement pilosellées, d'un roux ferrugineux ; à 1er article subépaissi : le 2e un peu moins épais, presque aussi long que le 1er, un peu plus épais que les suivants : ceux-ci très grêles, graduellement moins longs : le 3e très allongé, d'un tiers plus long que le 4e : les 4e à 7e allongés, le 8e suballongé : les 3 derniers formant ensemble une massue assez grêle, allongée, fusiforme : les 9e et 10e oblongs, obconiques : le dernier en ovale fortement acuminé.

Prothorax oblong, subcordiforme, moins large que les élytres ; subarqué sur les côtés avant leur milieu et subrétréci en arrière ; peu convexe ; à peine pubescent ; très fortement et assez densément ponctué, subégal, avec un sillon médiocre très obsolète et souvent peu distinct, et, de chaque côté, 2 légères impressions, l'une antérieure et l'autre postérieure, et parfois une 3e impression oblique, peu apparente, sur la partie dilatée du disque ; d'un noir subplombé très brillant.

Écusson très petit, d'un noir brillant.

Élytres assez étroites, à peine oblongues, un peu plus longues que le prothorax, subarquées en arrière sur les côtés ; faiblement convexes ; subinégales, avec une impression postscutellaire plus ou moins marquée, une autre intra-humérale, oblongue, et une 3e submarginale, allongée, après le milieu, plus ou moins prononcées ; éparsement pubescentes ; très fortement et peu densément ponctuées, à interstices larges et très lisses ; d'un noir subplombé luisant. *Épaules* arrondies.

Abdomen assez allongé, un peu moins large à sa base que les élytres, fortement atténué en cône en arrière ; assez convexe, avec les 3 premiers segments faiblement impressionnés en travers et subcrénelés à leur base, avec le milieu de celle-ci obtusément angulé ; légèrement pubescent ; assez fortement et modérément ponctué antérieurement, presque lisse sur les 4e, 5e et 6e segments ; d'un noir subplombé luisant. Le 7e *segment* subtronqué ou à peine arrondi au sommet.

Dessous du corps pubescent, d'un noir très brillant. *Prosternum* et *mésosternum* rugueusement ponctués, celui-ci à pointe mousse. *Métasternum* assez fortement et peu densément ponctué, subimpressionné en arrière sur son disque. *Ventre* très convexe, assez longuement pubescent, assez fortement ponctué en avant, plus légèrement ou obsolètement et subéparsement en arrière.

Pieds finement pubescents, légèrement pointillés, d'un noir testacé brillant, avec les genoux largement rembrunis et les hanches d'un noir de poix. *Tarses* allongés, grêles, à 4e article profondément bilobé, un peu plus large que le 3°. Les *postérieurs* sublinéaires, un peu moins longs que les tibias, à 1er article très allongé, bien plus long que le dernier : le 2° suballongé, le 3° oblong.

PATRIE. Cette rare espèce se prend, au premier printemps, sous les détritus et les feuilles tombées, dans le Languedoc et la Provence. Je l'ai capturée aux environs de Saint-Raphaël (Var).

OBS. Elle se distingue de toutes ses voisines par son aspect lisse et très brillant. Elle est bien moindre que le *cordatus*, bien plus étroite surtout aux élytres, avec l'abdomen un peu moins conique, etc. Les élytres sont moins densément ponctuées que chez *hospes*, à interstices des points larges, lisses et nullement rugueux, etc.

Rarement, les 2 premiers articles des antennes sont plus foncés que les suivants.

Quelques échantillons d'Italie m'ont paru avoir la tête et le prothorax un peu plus larges et un peu moins lisses, avec ce dernier un peu plus fortement arrondi sur les côtés et les élytres un peu plus inégales, à peine plus densément ponctuées *(St. Hespericus, R.).*

67. Stenus (Mesostenus) subaeneus, ERICHSON.

Allongé, peu convexe, éparsement pubescent, d'un noir plombé brillant, avec les antennes, les palpes et les pieds testacés, les deux premiers articles des antennes noirs, la massue de celles-ci, le pénultième article des palpes, l'extrémité des cuisses et la base des tibias largement rembrunis. Tête bien plus large que le prothorax, de la largeur des élytres, assez fortement et densément ponctuée, largement bisillonnée, à intervalle subélevé, subconvexe, obtusément caréné. Antennes grêles. Prothorax suboblong, moins large que les élytres, sensiblement arqué sur les côtés avant leur milieu, subrétréci en arrière, assez fortement et densément ponctué, inégal, avec un sillon médian et quelques impressions légères. Élytres en carré suboblong, sensiblement plus longues que le prothorax, subinégales, fortement et densément ponctuées. Abdomen subatténué en arrière, assez fortement et assez densément ponctué à sa base, plus finement et plus densément vers son extrémité. Tempes profondément et assez densément ponctuées en dessous.

♂ Le 6° arceau ventral à peine sinué dans le milieu de son bord apical.

♀ Le 6e *arceau ventral* prolongé et arrondi à son bord apical.

Stenus geniculatus, Mannerheim, Brach. 43, 13.
Stenus subaeneus, Erichson, Gen. et Spec. Staph. 727. — Fairmaire et Laboul-
bène, Faun. Fr. I, 592, 63. — Kraatz, Ins. Deut. II, 786, 57. — Fauvel, Faun.
Gallo-Rhén. III. 231, 76.

Long., 0,0042 (1 7/8 l.). — Larg., 0,0006 (1/3 l.).

Corps allongé, peu convexe, d'un noir bronzé ou plombé brillant;
revêtu d'une fine pubescence blanchâtre peu serrée.

Tête bien plus large que le prothorax, de la largeur des élytres; légèrement pubescente; assez fortement et densément ponctuée; largement
bisillonnée, à intervalle subélevé, subconvexe, obtusément caréné et
souvent lisse en arrière; d'un noir plombé brillant. *Bouche* brune. *Palpes
maxillaires* testacés, à pénultième article rembruni excepté à son
extrême base. *Yeux* obscurs.

Antennes peu allongées, grêles, un peu moins longues que la tête et
le prothorax réunis, distinctement pilosellées; d'un roux testacé, à
2 premiers articles noirs et massue rembrunie; à 1er article épaissi: le
2e moins épais, au moins aussi long que le 1er, plus épais que les suivants: ceux-ci grêles, graduellement moins longs: le 3e très allongé,
plus long que le 4e: les 4e et 5e allongés, subégaux: les 6e et 7e suballongés ou fortement oblongs: le 8e suboblong, obconique: les 3 derniers formant ensemble une massue sensible et suballongée: le 9e obconique: le 10e subcarré: le dernier en ovale acuminé.

Prothorax suboblong, moins large que les élytres; sensiblement arqué
avant le milieu de ses côtés et subrétréci en arrière; peu convexe; éparsement pubescent; assez fortement et densément ponctué; inégal, avec
un sillon médian plus ou moins prononcé et 2 légères impressions de
chaque côté de celui-ci, la postérieure souvent plus marquée, avec une
3e oblique, obsolète, sur la partie dilatée du disque; d'un noir brillant
plombé.

Écusson peu distinct, d'un noir subplombé.

Élytres en carré suboblong ou à peine oblong, d'un tiers plus longues
que le prothorax, subarquées en arrière sur les côtés; à peine convexes;
subinégales, avec une impression postscutellaire parfois prolongée
jusqu'au sommet de la suture, une autre intra-humérale oblongue, et
une 3e submarginale plus ou moins allongée; éparsement pubescentes;

fortement et densément ponctuées, plus rugueusement sur les impressions; d'un noir brillant, plus ou moins plombé. *Épaules* arrondies.

Abdomen suballongé, un peu moins large à sa base que les élytres, subatténué en arrière; assez convexe, avec les 3 premiers segments sensiblement impressionnés en travers à leur base, le 4e plus faiblement et le 5e à peine; distinctement pubescent; assez fortement et assez densément ponctué à sa base, graduellement plus finement et plus densément en arrière; d'un noir subplombé brillant. Le 7e *segment* éparsement ponctué, subéchancré au bout.

Dessous du corps éparsement pubescent, d'un noir subplombé brillant. *Tempes* profondément et assez densément ponctuées en dessous. *Prosternum* et *mésosternum* fortement et rugueusement ponctués : celui-ci à pointe mousse. *Métasternum* assez fortement et modérément ponctué, déprimé ou subimpressionné et parfois subcanaliculé en arrière sur son disque. *Ventre* très convexe, distinctement pubescent, assez fortement et assez densément ponctué, moins fortement en arrière, plus finement et plus densément sur le milieu du 5e arceau.

Pieds légèrement pubescents, finement pointillés, testacés avec les hanches noires, l'extrémité des cuisses largement et la base des tibias un peu moins largement rembrunies. *Tarses* plus ou moins allongés, sublinéaires, à 4e article profondément bilobé, plus large que le 3e. Les *postérieurs* allongés, grêles, à 1er article très allongé, 2 fois plus long que le dernier : le 2e suballongé, le 3e oblong.

PATRIE. Cette espèce est commune parmi les détritus et les mousses des prairies et des forêts. Elle préfère les lieux humides.

OBS. Elle est moins fortement et surtout plus densément ponctuée que *politus*, avec l'aspect moins lisse et moins brillant. La tête est bien plus large, le prothorax moins oblong et l'abdomen bien moins fortement atténué en arrière. Les antennes sont un peu moins longues et moins grêles. Les pieds sont moins longs, à cuisses plus largement rembrunies, etc.

Les trochanters, surtout les intermédiaires et postérieurs, sont d'une couleur plus foncée que la base des cuisses.

Une variété, de taille un peu moindre, m'a paru présenter des antennes un peu plus courtes, une carène frontale plus épatée et des élytres un peu moins oblongues et plus élargies en arrière. Quelques exemplaires du Midi ont la taille un peu plus robuste, avec l'intervalle frontal moins lisse.

On rapporte avec doute au *subaeneus* le *gonymelas* de Stephens (Ill. Brit. V, 291).

68. Stenus (Mesostenus) aerosus, ERICHSON.

Allongé, subdéprimé, éparsement pubescent, d'un noir plombé brillant, avec les antennes, les palpes et les pieds testacés, la massue des antennes, leur 1ᵉʳ article et les genoux à peine rembrunis. Tête bien plus large que le prothorax, au moins aussi large que les élytres, assez fortement et densément ponctuée, largement bisillonnée, à intervalle subélevé, subcaréné, lisse. Prothorax suboblong, moins large que les élytres, sensiblement arqué sur les côtés, subrétréci en arrière, assez fortement et densément ponctué, inégal, avec un sillon médian obsolète et quelques impressions légères. Élytres subcarrées, un peu plus longues que le prothorax, inégales, avec 3 impressions sensibles ; assez fortement et densément ponctuées. Abdomen subatténué en arrière, assez fortement et densément ponctué, bien plus finement dans sa partie postérieure. Tempes assez légèrement et éparsement ponctuées en dessous, surtout en avant.

♂ Le 6ᵉ *arceau ventral* sensiblement et angulairement échancré au sommet. Le 5ᵉ très finement et très densément pointillé sur sa région médiane (1).

♀ Le 6ᵉ *arceau ventral* prolongé et subogivalement arrondi au sommet. Le 5ᵉ finement et densément pointillé sur sa région médiane.

Stenus aerosus, ERICHSON, Gen. et Spec. Staph. 727. — FAUVEL, Faun. Gallo-Rhén. III, 282, 77.
Stenus aceris, MOTSCHOULSKY, Enum. nouv. esp. Coléop. 1858, 23. — FAUVEL, Bull. Soc. Linn. Norm. 1866, X, 25.
Stenus elegans, FAIRMAIRE et LABOULBÈNE, Ann. Ent. Fr. 1860, 163.

Long., 0,0040 (1 5/6 l.). — Larg., 0,0007 (1/3 l.).

PATRIE. Cette espèce est commune, toute l'année, dans presque toute la France, parmi les détritus, les mousses et les feuilles mortes, surtout dans les collines.

OBS. A peine moindre que le *subaeneus*, elle lui ressemble beau-

(1) Cela arrive souvent, je ne l'indique que lorsque c'est bien tranché.

coup. Elle s'en distingue surtout par ses genoux seuls étroitement et
à peine rembrunis. Les palpes et les antennes sont généralement testacés, avec la massue de celles-ci et leur 1er article souvent plus obscurs.
Les élytres sont plus inégales. La ponctuation est un peu moins forte.
L'échancrure du 6e arceau ventral ♂ est plus accusée et plus angulaire.
Les tempes sont moins fortement et moins densément ponctuées en dessous, surtout dans leur partie antérieure, etc.

Rarement le sommet du pénultième article des palpes et le 1er article
des antennes sont à peine enfumés. Les cuisses postérieures sont parfois
assez largement rembrunies.

Une variété un peu moindre m'a paru avoir les élytres un peu plus
courtes.

J'ai vu une forme accidentelle offrant une bosse sur le milieu de chaque
élytre.

Tout ce que j'ai vu sous le nom d'*aceris* présentait une forme un peu
plus large, surtout au prothorax qui est plus fortement arrondi sur les
côtés, sans autre caractère fixe.

On donne pour synonyme à l'*aerosus* l'*aceris* de Stephens (Ill. Brit. V,
292) et l'*annulatus* de Crotch (Proc. Ent. Soc. Lond. 1866, 442).

69. Stenus (Mesostenus) elegans, ROSENHAUER.

*Allongé, peu convexe, éparsement pubescent, d'un noir plombé brillant,
avec les antennes, les palpes et les pieds testacés, la massue des antennes
et l'extrémité des cuisses postérieures un peu rembrunies. Tête plus large
que le prothorax, à peine aussi large que les élytres, assez fortement et
densément ponctuée, légèrement bisillonnée, à intervalle subélevé en
carène lisse. Prothorax non ou à peine oblong, un peu moins large que
les élytres, arqué sur les côtés, subrétréci en arrière, assez fortement
et densément ponctué, peu inégal, à sillon médian obsolète. Élytres suboblongues, sensiblement plus longues que le prothorax, peu inégales, avec
1 seule impression intra-humérale, fortement et assez densément ponctuées. Abdomen subatténué en arrière, modérément ou peu densément
ponctué, plus finement dans sa partie postérieure. Tempes éparsement
ponctuées en dessous.*

♂ Le 6e arceau ventral assez profondément échancré en angle subarrondi au sommet.

♀ Le 6e *arceau ventral* prolongé et subogivalement arrondi au sommet.

Stenus elegans, Rosenhauer, Thier Andal. 75.
Stenus ochropus, Kiesenwetter, Berl. Ent. Zeit, 1858, 125.
Stenus Fauveli, Ch. Brisout, Mat. Cat. Grenier, 1863, 128.

Long., 0,0037 (1 2/3 l.). — Larg., 0,0006 (1/4 l.).

Patrie. Cette espèce, peu commune, se trouve, au printemps, sous les pierres et les débris végétaux, dans la Champagne, la Bourgogne, la Guienne, l'Angoumois, la Provence, le Languedoc, les Alpes, les Pyrénées-Orientales, les Alpes-Maritimes, etc. Je l'ai prise quelquefois aux environs de Lyon.

Obs. Moindre que l'*aerosus*, elle en diffère par sa tête un peu moins large, à carène frontale plus accusée et plus lisse, par ses antennes un peu moins longues; par son prothorax plus égal, souvent plus fortement arrondi sur les côtés; par ses élytres moins courtes, un peu plus fortement ponctuées, moins inégales, avec la seule impression intra-humérale, les postscutellaire et latérales étant très obsolètes. La ponctuation de l'abdomen est moins serrée, etc.

Parfois les élytres sont un peu roussâtres. Les ailes sont souvent rudimentaires. La carène frontale est plus ou moins accusée. L'abdomen est quelquefois assez fortement atténué en arrière.

Les exemplaires de Grèce, se rapportant à l'*ochropus* de Kiesenwetter, ont la taille moindre, les élytres plus égales, la carène frontale plus épatée (1).

Peut-être doit-on rapporter à cette espèce le *St. carinifrons* de Motschoulsky (Enum. nouv. esp. Coléop. 1858, 23, 48)?

Je l'avais jadis indiquée sous le nom de *carinula*, R. (inédit).

70. Stenus (Mesostenus) impressipennis, J. Duval.

Allongé, peu convexe brièvement pubescent, d'un noir presque mat, avec la base des palpes, les antennes et les pieds testacés, les genoux, la base des antennes et leur massue plus ou moins rembrunis. Tête plus large que le prothorax, un peu moins large que les élytres, assez forte-

(1) Du reste, les *St. subaeneus, aerosus* et *elegans* varient beaucoup quant à la taille, la forme et la ponctuation, la carène frontale, la largeur du prothorax et la longueur des élytres, etc.

*ment et très densément ponctuée, légèrement bisillonnée, à intervalle sub-
convexe. Prothorax à peine oblong, un peu moins large que les élytres,
arqué sur les côtés, subrétréci en arrière, assez fortement et très densément ponctué, subinégal, avec un sillon médian et des impressions obsolètes. Élytres suboblongues, sensiblement plus longues que le prothorax,
inégales, assez fortement et très densément ponctuées. Abdomen subatténué en arrière, assez finement et très densément ponctué.*

♂ Le 6ᵉ *arceau ventral* légèrement et angulairement échancré au
sommet. Le 5ᵉ à peine échancré à son bord postérieur.

♀ Le 6ᵉ *arceau ventral* prolongé au sommet en ogive obtuse. Le 5ᵉ
simple.

Stenus impressipennis, J. Duval, Ann. Ent. Fr. 1852, 701. — Fairmaire et
Laboulbène, Faun. Fr. I, 589, 55.
Stenus carinifrons, Fairmaire et Laboulbène, Faun. Fr. I, 589, 54.
Stenus elevatus, Motschoulsky, Enum. nouv. esp. Col. 1858, 22, 44.
Stenus ossium, Fauvel, Faun. Gallo-Rhén. III, 384, 80.

Long., 0,0040 (1 3/4 l.). — Larg., 0,0007 (1/3 l.).

Corps allongé, peu convexe, d'un noir presque mat ; revêtu d'une
courte pubescence blanche, plus serrée sur l'abdomen.

Tête sensiblement plus large que le prothorax, un peu ou à peine plus
large que les élytres ; brièvement pubescente ; assez fortement et très
densément ponctuée ; légèrement et largement bisillonnée, à intervalle
subconvexe, un peu plus lisse et obtusément caréné ; d'un noir peu
brillant. *Bouche* brunâtre. *Palpes maxillaires* d'un brun de poix, à
1ᵉʳ article testacé. *Yeux* obscurs.

Antennes peu allongées, grêles, un peu moins longues que la tête et
le prothorax réunis, éparsement piloselées ; testacées avec les 2 premiers articles et la massue plus ou moins rembrunis ; à 1ᵉʳ article subépaissi : le 2ᵉ à peine moins épais, presque aussi long que le 1ᵉʳ, sensiblement plus épais que les suivants : ceux-ci grêles, graduellement
moins longs : le 3ᵉ très allongé, plus long que le 4ᵉ : les 4ᵉ et 5ᵉ allongés,
subégaux : les 6ᵉ et 7ᵉ suballongés ou fortement oblongs : le 8ᵉ suboblong, obconique : les 3 derniers formant ensemble une massue suballongée : le 9ᵉ obconique : le 10ᵉ subcarré : le dernier en ovale acuminé.

Prothorax à peine oblong, un peu moins large que les élytres ; sensiblement arqué sur les côtés et subrétréci en arrière ; peu convexe ;

brièvement pubescent ; assez finement et très densément ponctué ; sub-inégal, avec un léger sillon médian et de chaque côté 2 impressions obsolètes ; d'un noir presque mat ou peu brillant, un peu grisâtre par l'effet de la pubescence.

Écusson peu distinct, noir.

Élytres suboblongues, d'un tiers plus longues que le prothorax, subarquées en arrière sur les côtés ; à peine convexes ; inégales ; avec une impression postscutellaire et une autre intra-humérale oblongue, assez accusées, une 3ᵉ latérale plus légère et une 4ᵉ discale postérieure, obsolète ; brièvement pubescentes ; assez fortement et très densément ponctuées ; d'un noir presque mat, un peu grisâtre par l'effet de la pubescence. *Épaules* arrondies.

Abdomen suballongé, moins large à sa base que les élytres, subatténué en arrière ; convexe, avec les 3 premiers segments graduellement plus faiblement impressionnés en travers à leur base ; assez densément pubescent ; assez finement et très densément ponctué, un peu moins finement et un peu moins densément sur la base ; d'un noir presque mat ou peu brillant, un peu grisâtre. Le 7ᵉ *segment* moins ponctué, subtronqué au bout.

Dessous du corps pubescent, d'un noir assez brillant. *Prosternum* et *mésosternum* rugueusement ponctués, celui-ci à pointe peu émoussée. *Métasternum* assez fortement et assez densément ponctué, subimpressionné en arrière sur son disque. *Ventre* très convexe, assez finement et densément ponctué, plus finement et plus densément en arrière, surtout sur le milieu du 5ᵉ arceau.

Pieds légèrement pubescents, finement pointillés, d'un roux testacé avec les hanches noires, l'extrémité des cuisses et la base des tibias plus ou moins largement rembrunies. *Tarses* sublinéaires, à 4ᵉ article profondément bilobé, un peu plus large que le 3ᵉ. Les *postérieurs* plus allongés, assez grêles, à 1ᵉʳ article très allongé, 2 fois plus long que le dernier : le 2ᵉ fortement oblong, le 3ᵉ suboblong.

PATRIE. Cette espèce, médiocrement commune, se trouve, en été, dans la poussière des troncs cariés des arbres et sous les vieux fagots, dans les forêts, dans plusieurs parties de la France.

OBS. Sa couleur est moins plombée et plus mate que chez les espèces précédentes. La ponctuation générale, surtout celle de l'abdomen, est bien plus serrée. Les palpes sont plus obscurs ; les pieds, d'un testacé moins pâle, etc.

On réunit parfois à l'*impressipennis* l'*ossium* de Stephens (Ill. Brit. V, 290), et le *Sardous* de Kraatz (Ins. Deut. II, 786, note).

71. Stenus (Mesostenus) fuscicornis, ERICHSON.

Allongé, peu convexe, éparsement pubescent, d'un noir brillant, avec la base des palpes testacée et les pieds d'un roux brunâtre. Tête bien plus large que le prothorax, un peu plus large que les élytres, assez fortement et densément ponctuée, largement bisillonnée, à intervalle subconvexe. Prothorax suboblong, un peu moins large que les élytres, largement arqué sur les côtés, rétréci en arrière, assez fortement et densément ponctué, subégal, à sillon médian nul ou obsolète. Elytres subcarrées, un peu plus longues que le prothorax, peu inégales, assez fortement et assez densément ponctuées. Abdomen à peine atténué en arrière, assez fortement et assez densément ponctué, plus légèrement dans sa partie postérieure.

♂ Le 6ᵉ *arceau ventral* assez étroitement et subangulairement échancré au sommet. Le 5ᵉ à peine sinué dans le milieu de son bord apical et subdéprimé au devant du sinus.

♀ Le 6ᵉ *arceau ventral* prolongé au sommet en ogive obtuse. Le 5ᵉ simple.

Stenus fuscicornis, ERICHSON, Gen. et Spec. Staph. 730, 76. — HEER, Faun. Helv. I, 578, 38. — FAIRMAIRE et LABOULBÈNE, Faun. Fr. I, 588, 53. — KRAATZ, Ins. Deut. II, 791, 64.

Long., 0,0030 (1 1/3 l.). — Larg., 0,0005 (1/4 l.).

Corps allongé, peu convexe, d'un noir brillant; revêtu d'une courte pubescence blanche, bien évidente et peu serrée.

Tête bien plus large que le prothorax, un peu ou à peine plus large que les élytres; légèrement pubescente, assez fortement et densément ponctuée; largement bisillonnée, à intervalle subconvexe; d'un noir brillant. *Bouche* brune, à 1ᵉʳ article des *palpes maxillaires* testacé. *Yeux* obscurs.

Antennes peu allongées, grêles, moins longues que la tête et le prothorax réunis, distinctement pilosellées, brunes ou noirâtres, avec la massue et les 2 premiers articles plus foncés; le 1ᵉʳ subépaissi: le 2ᵉ un peu moins épais, au moins aussi long que le 1er, plus épais que les suivants : ceux-ci grêles, graduellement moins longs : le 3e allongé, plus long que le 4e : les 4e et 5e suballongés : les 6e et 7e oblongs, le 8e suboblong : les 3 derniers formant ensemble une massue légère et suballongée : le 9e obconique, le 10e subcarré : le dernier en ovale acuminé.

Prothorax suboblong, un peu moins large que les élytres ; largement arqué sur les côtés et rétréci en arrière ; peu convexe ; éparsement pubescent ; assez fortement et densément ponctué ; subégal, à sillon médian nul ou presque nul, avec une impression oblique, obsolète, de chaque côté ; d'un noir brillant.

Écusson très petit, noir, avec un point enfoncé.

Élytres subcarrées, un peu plus longues que le prothorax, à peine arquées en arrière sur les côtés ; à peine convexes ; peu inégales, avec une impression postscutellaire et une autre intra-humérale légères ou obsolètes ; éparsement pubescentes ; assez fortement et densément ponctuées ; d'un noir brillant. *Épaules* subarrondies.

Abdomen suballongé, moins large à sa base que les élytres, à peine atténué en arrière ; assez convexe, à premiers segments subimpressionnés en travers à leur base ; finement pubescent ; assez fortement et assez densément ponctué, plus finement et plus légèrement en arrière ; d'un noir brillant. Le 7e *segment* moins ponctué, tronqué ou subéchancré au bout.

Dessous du corps légèrement pubescent, d'un noir brillant. *Prosternum* et *mésosternum* rugueusement ponctués, celui-ci à pointe mousse ou subtronquée. *Métasternum* assez fortement et assez densément ponctué, subimpressionné en arrière sur son disque. *Ventre* très convexe, assez fortement et assez densément ponctué, plus finement et plus densément en arrière, surtout sur le milieu du 5e arceau.

Pieds légèrement pubescents, finement pointillés, d'un roux brunâtre, avec les hanches et souvent les genoux plus foncés. *Tarses* grêles, sublinéaires, à 4e article profondément bilobé, un peu plus large que le 3e. Les *postérieurs* allongés, grêles, à 1er article très allongé, environ 2 fois plus long que le dernier : le 2e suballongé, le 3e oblong.

PATRIE. Cette espèce est très commune parmi les détritus et les feuilles mortes des collines et des lieux boisés.

OBS. Elle est moindre que les précédentes. Les pieds sont presque uniformément d'un brun roussâtre ; les antennes sont obscures ; le sillon prothoracique est le plus souvent nul ou obsolète, etc.

Elle a un peu la tournure du *vafellus*, avec la taille plus grande, et de l'*argus*, avec la tête plus large. Le pénultième article des tarses est plus profondément bilobé que chez l'un et l'autre.

On rencontre évidemment, chez cette espèce, les formes macroptère et brachyptère. Cette dernière a parfois les élytres un peu moins densément ponctuées et plus brillantes, et alors elle conduit au *sparsus* (1).

72. Stenus (Mesostenus) glacialis, HEER.

Allongé, étroit, peu convexe éparsement pubescent, d'un noir subplombé brillant, avec les antennes, les palpes et les pieds testacés, la massue des antennes et un anneau avant le sommet des cuisses intermédiaires et postérieures à peine rembrunis. Tête bien plus large que le prothorax, au moins aussi large que les élytres, assez fortement et assez densément ponctuée, subexcavée, assez largement et profondément bisillonnée, à intervalle élevé, subcaréné. Antennes allongées, très grêles. Prothorax à peine oblong, subcordiforme, à peine moins large en avant que les élytres, assez fortement arqué sur les côtés avant leur milieu, subrétréci en arrière, très fortement, assez densément et subrugueusement ponctué, inégal, avec un sillon médian et quelques impressions légères. Élytres subcarrées, non ou à peine plus longues (2) que le prothorax, subinégales, très fortement et assez densément ponctuées. Abdomen légèrement atténué en arrière, assez fortement et assez densément ponctué à sa base, graduellement plus finement vers son extrémité.

♂ Le 6e arceau ventral angulairement échancré au sommet. Le 5e largement et à peine sinué à son bord apical, longitudinalement subdéprimé et plus densément pointillé sur son milieu, au-devant du sinus.

♀ Le 6e arceau ventral prolongé et subogivalement arrondi au sommet. Le 5e simple.

(1) Le St. *sparsus* de Fauvel (Faun. suppl. 39) est voisin du *fuscicornis*, le corps est plus bronzé, moins densément ponctué, avec les élytres plus courtes, l'abdomen très brillant, comme verrissé et très éparsement ponctué, presque lisse sur le dos. — Long 0,0035. — Corse.

(2) Les élytres varient un peu de longueur. Toutefois, même chez les exemplaires pyrénéens, c les ui constatées au moins à peine plus longues que le prothorax.

Stenus glacialis, HEER, Faun. Helv. I, 224, 35. — KRAATZ, Ins. Deut. II, 787, 58. — RYE, Ent. Ann. 1867, 66. — FAUVEL, Faun. Gallo-Rhén. III, 281, 75.

Long., 0,0044 (2 l.). — Larg., 0,0007 (1/3 l.).

Corps allongé, peu convexe, d'un noir subplombé brillant; revêtu d'une fine pubescence blanchâtre, assez longue et peu serrée.

Tête bien plus large que le prothorax, au moins aussi large que les élytres; éparsement pubescente; assez fortement et assez densément ponctuée; subexcavée, assez largement et profondément bisillonnée, à intervalle élevé, obtusément caréné; d'un noir subplombé brillant. *Bouche* brune. *Palpes maxillaires* testacés. *Yeux* obscurs.

Antennes allongées, très grêles, de la longueur de la tête et du prothorax réunis, assez fortement pilosellées, testacées, à massue ordinairement à peine plus foncée; à 1er article subépaissi: le 2e moins épais et aussi long que le 1er, évidemment plus épais que les suivants: ceux-ci très grêles, graduellement moins longs: le 3e très allongé, plus long que le 4e: les 4e à 7e allongés, le 8e oblong: les 3 derniers formant ensemble une massue allongée, modérée et subfusiforme: les 9e et 10e suboblongs, obconiques: le dernier en ovale fortement acuminé.

Prothorax à peine oblong, subcordiforme, à peine moins large en avant que les élytres; assez fortement arqué sur les côtés avant leur milieu et subrétréci en arrière; peu convexe; éparsement pubescent; très fortement, assez densément et subrugueusement ponctué; inégal, avec un sillon médian et 2 légères impressions de chaque côté, l'une antérieure, l'autre postérieure, et une 3e plus faible, oblique, sur la partie dilatée du disque; d'un noir subplombé brillant.

Écusson peu distinct, d'un noir brillant.

Élytres subcarrées, non ou à peine plus longues que le prothorax, subarquées en arrière sur les côtés; très peu convexes; subinégales, avec une impression postscutellaire, une autre intra-humérale, oblongue, et une 3e submarginale, allongée, située après le milieu, toutes plus ou moins sensibles; éparsement et assez longuement pubescentes; très fortement et assez densément ponctuées, subrugueusement sur les impressions; d'un noir subplombé brillant. *Épaules* arrondies.

Abdomen allongé, un peu moins large à sa base que les élytres; légèrement atténué en arrière; assez convexe, avec les 3 premiers segments faiblement impressionnés en travers à leur base qui est obtusément angulée dans son milieu; éparsement et assez longuement pubescent;

assez fortement et assez densément ponctué à sa base, graduellement plus finement et plus légèrement en arrière; d'un noir subplombé brillant. Le 7e *segment* presque lisse, subimpressionné-subéchancré au bout.

Dessous du corps pubescent, d'un noir subplombé brillant. *Prosternum* et *mésosternum* très fortement et subrugueusement ponctués : celui-ci à pointe mousse ou subtronquée. *Métasternum* très fortement ponctué sur les côtés, moins fortement et assez densément sur son disque qui est subdéprimé en arrière avec une ligne longitudinale lisse. *Ventre* très convexe, assez longuement pubescent, assez fortement et assez densément ponctué, plus finement et plus densément sur le milieu du 5e arceau.

Pieds finement pubescents, légèrement pointillés, testacés, avec un anneau à peine rembruni avant le sommet des cuisses intermédiaires et postérieures. *Tarses* plus ou moins allongés, sublinéaires, à 4e article profondément bilobé, un peu plus large que le 3e. Les *postérieurs* allongés, grêles, à 1er article très allongé, 2 fois plus long que le dernier et même plus : le 2e suballongé, le 3e oblong.

Patrie. Cette espèce est assez rare, en juillet et août, sous les mousses des forêts, dans les régions alpines et subalpines : l'Alsace, la Lorraine, le Bugey, le Mont-Pilat, la Savoie, les Alpes, les Pyrénées-Orientales, etc.

Obs. Elle est moins lisse et moins brillante que le *politus* auquel elle ressemble un peu, avec une ponctuation un peu plus serrée, plus rugueuse, surtout au prothorax, un abdomen moins conique et moins lisse. La tête est bien plus large, les élytres sont plus carrées, etc. Les élytres sont plus courtes que chez *aerosus*, avec la ponctuation plus forte et la taille plus grêle, etc.

Les pieds sont parfois entièrement testacés.

Les exemplaires pyrénéens ont la tête à peine moins large, le prothorax un peu plus court et les élytres moins longues, la ponctuation un peu plus rugueuse (*St. muscorum*, Fairmaire et Brisout, Ann. Ent. Fr. 1859, 42).

23. Stenus (Mesostenus) scaber, Fauvel.

Allongé, subdéprimé, finement pubescent, d'un noir peu brillant, avec les antennes brunâtres, la base de celles-ci, les palpes et les pieds testacés, l'extrémité des cuisses et la base des tibias plus ou moins largement rem-

brunies. Tête bien plus large que le prothorax, à peine plus large que les élytres, fortement et densément ponctuée, largement bisillonnée, à intervalle subélevé, lisse. Antennes assez allongées, grêles. Prothorax oblong, moins large que les élytres, subarqué en avant sur les côtés, rétréci en arrière, très fortement et rugueusement ponctué, inégal, avec un sillon médian et des impressions sensibles de chaque côté. Élytres subcarrées, de la longueur du prothorax, inégales, très fortement et rugueusement ponctuées. Abdomen subatténué en arrière, assez finement et densément ponctué, plus finement dans sa partie postérieure.

♂ Le 6ᵉ *arceau ventral* largement et faiblement échancré au sommet.

♀ Le 6ᵉ *arceau ventral* prolongé et subogivalement arrondi au sommet.

Stenus scaber, Fauvel, Bull. Soc. Linn. Norm. Sér. 2, V, 21, 1869.— Marseul l'Abeille, VIII, 357, 1871.
Stenus Italicus, Baudi, Berl. Ent. Zeit. 397, 1869.

Long., 0,0038 (1 2/3 l.). — Larg., 0,0007 (1/3 l.).

Corps allongé, subdéprimé, d'un noir peu brillant ; revêtu d'une fine pubescence blanchâtre et assez courte, plus serrée sur l'abdomen.

Tête bien plus large que le prothorax, à peine plus large que les élytres, légèrement pubescente ; fortement, densément et subrugueusement ponctuée ; largement et peu profondément bisillonnée, à intervalle subélevé en carène épatée, lisse ; d'un noir peu brillant. *Bouche* brune. *Palpes maxillaires* testacés, à pénultième article parfois à peine plus foncé dans sa partie renflée. *Yeux* obscurs.

Antennes suballongées, grêles, à peine moins longues que la tête et le prothorax réunis, éparsement pilosellées ; brunes ou d'un roux brunâtre, graduellement plus claires vers leur base avec les 2 premiers articles pâles ; le 1ᵉʳ subépaissi : le 2ᵉ à peine moins épais, un peu moins long que le 1ᵉʳ, plus épais que les suivants : ceux-ci grêles, graduellement moins longs : le 3ᵉ très allongé, plus long que le 4ᵉ : les 4ᵉ et 5ᵉ allongés, subégaux : les 6ᵉ et 7ᵉ fortement oblongs, le 8ᵉ oblong, obconique : les 3 derniers formant ensemble une massue légère et allongée : les 9ᵉ et 10ᵉ subcarrés : le dernier en ovale acuminé.

Prothorax oblong, moins large que les élytres ; subarqué en avant sur les côtés et graduellement rétréci en arrière ; peu convexe ; éparsement pubescent ; très fortement, densément et très rugueusement ponctué ; inégal, avec un sillon médian plus ou moins accusé et 2 impressions assez marquées de chaque côté de celui-ci, et une 3e oblique sur la partie dilatée du disque ; d'un noir peu brillant.

Ecusson peu distinct, noir.

Elytres subcarrées, de la longueur du prothorax, à peine plus larges et à peine arquées en arrière sur les côtés ; subdéprimées ; inégales, avec une impression postscutellaire sensible, une autre intrahumérale assez accusée, et une 3e transversale ou suboblique, assez marquée, vers le milieu des côtés ; éparsement pubescentes ; très fortement, densément et rugueusement ponctuées ; d'un noir peu brillant. *Epaules* arrondies.

Abdomen suballongé, un peu moins large à sa base que les élytres, subatténué en arrière ; assez convexe, avec les 5 premiers segments graduellement moins fortement impressionnés en travers à leur base ; finement et assez densément pubescent ; assez finement et densément ponctué en avant, graduellement plus finement et plus densément en arrière ; d'un noir peu brillant. Le 7e *segment* moins ponctué, subtronqué au bout.

Dessous du corps finement pubescent, d'un noir assez brillant. *Prosternum* et *mésosternum* rugueusement ponctués, celui-ci à pointe courte et peu émoussée. *Métasternum* fortement et assez densément ponctué, subimpressionné en arrière sur son disque. *Ventre* très convexe, assez finement et densément ponctué, plus finement et plus densément en arrière, surtout sur le milieu du 5e arceau.

Pieds légèrement pubescents, obsolètement pointillés, testacés, avec les hanches noires, l'extrémité des cuisses et la base des tibias plus ou moins largement rembrunies, surtout dans les pieds postérieurs. *Tarses* grêles, sublinéaires, à 4e article profondément bilobé, plus large que le 3e. Les *postérieurs* allongés, grêles, à 1er article très allongé, 2 fois plus long que le dernier : le 2e assez allongé, le 3e oblong.

PATRIE. Cette espèce est très rare. Elle se prend, en hiver, sous les détritus des inondations, aux environs d'Hyères, de Nice, de Fréjus et de Saint-Raphaël. Je l'ai prise moi-même dans cette dernière localité.

Obs. La taille est moindre que chez *glacialis*, la couleur moins brillante et la ponctuation du prothorax et des élytres plus rugueuse, avec celle de l'abdomen plus fine et plus serrée. Les genoux sont plus largement rembrunis, etc.

Les élytres offrent parfois une petite bosse entre l'impression postscutellaire et l'intra-humérale (1).

_____

(1) Le *St. Reitteri*, Weise (Deut. Ent. Zeit. 1875, 357, 64) est un peu plus robuste, plus

Il est douteux qu'on doive assimiler à cette espèce le *St. bitubercu-latus* de Motschoulsky (Enum. nouv. esp. Col. 22, 45, 1858), qui ne donne pas la longueur des élytres.

74. Stenus (Mesostenus) geniculatus, GRAVENHORST.

Allongé, subdéprimé, légèrement pubescent, d'un noir peu brillant et à peine plombé, avec les palpes, les antennes et les pieds testacés, et les genoux rembrunis. Tête bien plus large que le prothorax, de la largeur des élytres, assez fortement et très densément ponctuée, faiblement et largement bisillonnée, à intervalle subcaréné et lisse en arrière. Antennes peu allongées, assez grêles. Prothorax oblong, un peu moins large que les élytres, subarqué sur les côtés, subrétréci en arrière, fortement et densément ponctué, subégal, avec un léger sillon médian. Elytres sub-carrées, de la longueur du prothorax, peu inégales, fortement et densé-ment ponctuées. Abdomen subatténué en arrière, assez fortement et den-sément ponctué, plus finement dans sa partie postérieure.

♂ Le 6º *arceau ventral* légèrement échancré au sommet.

♀ Le 6º *arceau ventral* prolongé et arrondi au sommet.

Stenus geniculatus, GRAVENHORST, Mon. 228. — ERICHSON, Col. March. I, 564, 42; — Gen. et Spec. Staph. 728, 73. — REDTENBACHER, Faun. Austr., ed. 2, 24. 46. — HEER, Faun. Helv. I, 579, 40. — FAIRMAIRE et LABOULBÈNE, Faun. Fr. I, 590, 57. — KRAATZ, Ins. Deut. II, 788, 60. — THOMSON, Skand. Col. II, 236, 53 ; — IX, 200, 53. — FAUVEL, Faun. Gallo-Rhén. III, 285, 82.

Long., 0,0040 (1 3/4 l.). — Larg., 0,0007 (1/3 l.).

Corps allongé, subdéprimé, d'un noir peu brillant et à peine plombé ; revêtu d'une légère et courte pubescence blanchâtre, peu serrée.

Tête bien plus large que le prothorax, de la largeur des élytres ; à peine pubescente ; assez fortement et très densément ponctuée ; faiblement et largement bisillonnée, à intervalle subcaréné et lisse en arrière ; d'un noir peu brillant. *Bouche* brunâtre. *Mandibules* rousses. *Palpes maxil-laires* entièrement testacés. *Yeux* obscurs.

Antennes peu allongées, assez grêles, moins longues que la tête et le

---

inégal avec le prothorax plus large, les élytres plus courtes, plus élargies en arrière, et l'abdomen moins étroit, plus légèrement ponctué. — Long. 0,0043. — Hongrie.

prothorax réunis, pilosellées ; testacées, à massue et 2 premiers articles parfois un peu plus foncés : le 1er subépaissi : le 2e un peu moins épais et à peine moins long que le 1er, plus épais que les suivants : ceux-ci assez grêles, graduellement moins longs : le 3e allongé, plus long que le 4e : les 4e et 5e assez allongés : les 6e et 7e oblongs, le 8e suboblong : les 3 derniers formant ensemble une massue assez légère et suballongée : le 9e obconique : le 10e subcarré : le dernier en ovale acuminé.

Prothorax oblong, un peu moins large que les élytres, subangulairement subarqué sur les côtés un peu avant leur milieu et puis subrétréci en arrière ; peu convexe ; éparsement pubescent ; fortement et densément ponctué ; subégal, avec un léger sillon médian et, de chaque côté, une impression obsolète, souvent peu visible ; d'un noir peu brillant et à peine plombé.

Écusson peu distinct, noir.

Élytres subcarrées, de la longueur du prothorax ; un peu plus larges et à peine arquées en arrière sur les côtés ; subdéprimées ; peu inégales, avec une impression postscutellaire et une autre intra-humérale légères ; éparsement pubescentes ; fortement et densément ponctuées ; d'un noir peu brillant et à peine plombé. *Épaules* arrondies.

Abdomen suballongé, à peine moins large à sa base que les élytres, subatténué en arrière ; assez convexe, avec les premiers segments graduellement moins impressionnés en travers à leur base ; finement pubescent ; assez fortement et densément ponctué, plus finement dans sa partie postérieure ; d'un noir peu brillant et à peine grisâtre. Le 7e *segment* moins ponctué, subtronqué au bout.

Dessous du corps finement pubescent, d'un noir assez brillant. *Prosternum* et *mésosternum* rugueusement ponctués, celui-ci à pointe émoussée. *Métasternum* assez fortement et densément ponctué, subimpressionné-sillonné en arrière sur son disque. *Ventre* très convexe, assez finement et densément ponctué, plus fortement à sa base, plus finement et plus densément sur le milieu du 4e et surtout du 5e arceau.

Pieds légèrement pubescents, finement pointillés, testacés, avec les hanches noires et les genoux étroitement, les postérieures plus largement, rembrunis. *Tarses* sublinéaires, à 4e article profondément bilobé, plus large que le 3e. Les *postérieurs* suballongés, assez grêles, à 1er article allongé, bien plus long que le dernier : le 2e fortement oblong, le 3e suboblong.

PATRIE. Cette espèce est rare. On la prend, de diverses manières, au printemps et en été, dans la Flandre, l'Artois, l'Alsace, la Champagne, la Bretagne, les environs de Paris, la Bourgogne, les Alpes, les Pyrénées, etc. J'en ai capturé 2 exemplaires seulement dans la région lyonnaise.

Obs. Elle ressemble un peu au *scaber*, avec la ponctuation moins forte et moins rugueuse. Le prothorax et les élytres ont leur surface bien moins inégale. Les antennes sont plus pâles, les genoux plus étroitement rembrunis, etc.

D'après John Sahlberg (Enum. Brach. Fenn. 65), on doit réunir au *geniculatus* le *proboscideus* de Gyllenhal (Ins. Suec. II, 476, 11), qui est peut-être le *Paederus proboscideus* d'Olivier (Ent. III, n° 44, 6, 5, pl. I, fig. 5, a, b). Peut-être aussi doit-on lui assimiler comme variété le *flavipalpis* de Thomson (Sk. Col. II, 237, 54), qui dit : *corpore nitido... thorace haud canaliculato* (1).

75. Stenus (Mesostenus) palustris, Erichson.

Allongé, assez étroit, sublinéaire, peu convexe, éparsement pubescent, d'un noir un peu brillant, avec les palpes et les antennes testacés, le pénultième article de ceux-là et la massue de celles-ci un peu rembrunis, les pieds d'un brun roussâtre à base des cuisses largement testacée. Tête plus large que le prothorax, de la largeur des élytres, assez finement et très densément ponctuée, faiblement et largement bisillonnée, à intervalle subconvexe et lisse en arrière. Prothorax oblong, à peine moins large en avant que les élytres, assez fortement arqué sur les côtés avant leur milieu, rétréci en arrière, assez fortement et densément ponctué, subégal, avec un sillon médian presque lisse. Élytres subcarrées, de la longueur du prothorax, subégales, assez fortement et densément ponctuées. Abdomen à peine atténué en arrière, assez finement rebordé sur les côtés, assez finement et densément ponctué.

♂ Le 6° *arceau ventral* assez largement échancré-sinué au sommet en angle ouvert :

♀ Le 6° *arceau ventral* prolongé et arrondi au sommet.

---

(1) En effet, les 2 types que j'ai vus du *flavipalpis* avaient la taille un peu moindre et le corp un peu plus brillant que chez *geniculatus*, avec le canal du prothorax remplacé par une ligne lisse, les élytres un peu plus courtes et un peu plus inégales. Mais ces signes son variables, car je possède un *geniculatus*, de Lyon, sans canal prothoracique, et un *flavipalpis* de Norwège, à sillon un peu distinct. Je ne vois dans cette dernière espèce, jusqu'à plus amples renseignements, qu'une variété brachyptère du *geniculatus*.

Stenus palustris, ERICHSON, Col. March. I, 565, 43 ; — Gen. et Spec. Staph. 729, 75. — REDTENBACHER, Faun. Austr. ed. 2, 224, 46. — FAIRMAIRE et LABOULBÈNE, Faun. Fr. I, 591, 62. — KRAATZ, Ins. Deut. II, 790, 62. — THOMSON, Skand. Col. II, 238, 56 ; — IX, 200. — FAUVEL, Faun. Gallo-Rhén. III, 287, 84. *Stenus proboscideus*, HEER, Faun. Helv. I, 225, 38.

Long., 0,0033 (1 1/2 l.). — Larg., 0,0005 (1/4 l.).

Corps allongé, assez étroit, sublinéaire, peu convexe, d'un noir un peu brillant, non ou à peine plombé ; revêtu d'une très courte pubescence blanchâtre, peu serrée.

Tête plus large que le prothorax, de la largeur des élytres ou même un peu plus large que la base de celles-ci ; à peine pubescente ; assez finement, très densément et subrugueusement ponctuée ; largement et faiblement bisillonnée, à intervalle subconvexe et lisse en arrière ; d'un noir un peu brillant. *Bouche* brune. *Palpes maxillaires* testacés, à pénultième article un peu rembruni, excepté à sa base. *Yeux* obscurs.

Antennes peu allongées, assez grêles, évidemment plus courtes que la tête et le prothorax réunis, pilosellées ; testacées, à massue un peu ou à peine plus foncée ainsi que parfois le 1er article ; celui-ci subépaissi : le 2e à peine moins épais et à peine moins long que le 1er, plus épais que les suivants : ceux-ci assez grêles, graduellement moins longs : le 3e allongé, plus long que le 4e : les 4e et 5e assez allongés, subégaux : les 6e et 7e fortement oblongs, le 8e suboblong : les 3 derniers formant ensemble une massue sensible et suballongée : le 9e obconique, le 10e subcarré : le dernier en ovale court et obtusément acuminé.

Prothorax oblong, subcordiforme, à peine moins large antérieurement que les élytres ; assez fortement arqué sur les côtés avant leur milieu et puis subsinueusement rétréci en arrière ; peu convexe ; éparsement pubescent ; assez fortement et densément ponctué ; subégal, avec un sillon médian assez large et assez marqué, à fond presque lisse, et, de chaque côté, une impression à peine sensible ; d'un noir un peu brillant.

Écusson très petit, noir.

Élytres subcarrées, de la longueur du prothorax, un peu plus larges et à peine arquées en arrière sur les côtés ; peu convexes ; subégales, avec une impression postscutellaire à peine apparente, une autre intrahumérale et une 3e sublatérale obsolètes ; éparsement pubescentes ; assez fortement et densément ponctuées ; d'un noir peu ou un peu brillant. *Epaules* arrondies.

Abdomen assez allongé, un peu moins large à sa base que les élytres, à peine atténué en arrière ; assez finement rebordé sur les côtés ; convexe, avec les 5 premiers segments graduellement moins impressionnés en travers à leur base ; finement pubescent ; assez finement et densément ponctué, plus légèrement en arrière ; d'un noir un peu brillant. Le 7ᵉ segment un peu moins ponctué, subtronqué au bout.

Dessous du corps finement pubescent, d'un noir assez brillant. *Prosternum* et *mésosternum* rugueusement ponctués, celui-ci à pointe sub_émoussée. *Métasternum* assez fortement et assez densément ponctué, subimpressionné en arrière sur son disque. *Ventre* très convexe, assez finement et densément ponctué, plus finement et plus densément sur le milieu du 5ᵉ arceau.

Pieds finement pubescents, légèrement pointillés, d'un brun roussâtre, à base des cuisses légèrement testacée (1). *Tarses* assez courts, sublinéaires, à 4ᵉ article profondément bilobé, plus large que le 3ᵉ. Les *postérieurs* un peu plus allongés, peu grêles, à 1ᵉʳ article allongé, bien plus long que le dernier : le 2ᵉ fortement oblong, le 3ᵉ suboblong.

Patrie. Cette espèce, assez rare, se rencontre parmi les herbes des grands marais, tout l'été, dans la Flandre, l'Alsace, la Lorraine, la Normandie, la Champagne, les environs de Paris, la Bourgogne, les Alpes, le Bugey, etc.

Obs. Elle diffère des précédentes par sa taille moindre et sa forme plus étroite et plus linéaire. L'abdomen est relativement plus allongé, surtout plus cylindrique et plus finement rebordé sur les côtés.

76. Stenus (Mesostenus) impressus, Germar.

Allongé, subdéprimé, finement pubescent, d'un noir plombé brillant, avec les palpes, les antennes et les pieds testacés, les genoux et la massue des antennes à peine rembrunis. Tête plus large que le prothorax, de la largeur des élytres, assez fortement et densément ponctuée, largement bisillonnée, à intervalle convexe, lisse. Prothorax à peine oblong, un peu moins large que les élytres, assez fortement arqué sur les côtés et subrétréci en arrière, fortement et densément ponctué, inégal, avec un sillon médian et 2 ou 3 impressions de chaque côté. Élytres subcarrées ou à

(1) Jusqu'au milieu dans les postérieures, jusqu'aux deux tiers dans les autres, au moins

peine transverses, de la longueur du prothorax, subélargies en arrière, inégales, fortement et densément ponctuées. Abdomen subatténué en arrière, assez finement et assez densément ponctué, plus fortement à sa base.

♂ Le 6ᵉ arceau ventral angulairement échancré au sommet. Le 5ᵉ à peine sinué dans le milieu de son bord apical, offrant au-devant du sinus un sillon longitudinal obsolète ; plus densément pubescent et plus finement et plus densément pointillé.

♀ Le 6ᵉ arceau ventral prolongé et subogivalement arrondi au sommet. Le 5ᵉ simple.

Stenus impressus, GERMAR, Spec. Ins. 36. 59.— ERICHSON, Col. March. I, 564, 41, — Gen. et Spec. Staph. 728, 72 — REDTENBACHER, Faun. Austr. ed. 2, 224, 48. — HEER, Faun. Helv. I, 224, 36. — FAIRMAIRE et LABOULBÈNE, Faun. Fr. I, 594, 70.— KRAATZ, Ins. Deut, II, 788, 59. — THOMSON, Skand. Col. II, 236, 52 ; — IX, 200. — FAUVEL, Faun. Gallo-Rhén. III, 283, 78.
Stenus proboscideus, GERMAR, Faun. Ins. Eur. XV, 1.

Long., 0,0038 (1 2/3 l.). — Larg., 0,0008 (1/3 l.).

Corps allongé, subdéprimé, d'un noir plombé brillant; revêtu d'une fine pubescence blanchâtre, peu serrée mais assez apparente.

Tête plus large que le prothorax, de la largeur des élytres ; finement pubescente ; assez fortement et densément ponctuée ; largement et assez profondément bisillonnée, à intervalle convexe et lisse; d'un noir plombé brillant. Bouche brune. Mandibules ferrugineuses. Palpes testacés. Yeux obscurs.

Antennes peu allongées, assez grêles, plus courtes que la tête et le prothorax réunis, piloselllées ; testacées, à massue à peine rembrunie, ainsi que parfois le 1ᵉʳ article : celui-ci subépaissi : le 2ᵉ un peu moins épais et presque aussi long que le 1ᵉʳ, plus épais que les suivants : ceux ci assez grêles, graduellement moins longs : le 3ᵉ allongé, plus long que le 4ᵉ : les 4ᵉ et 5ᵉ assez allongés : les 6ᵉ et 7ᵉ suballongés, le 8ᵉ oblong : les 3 derniers formant ensemble une massue assez sensible et suballongée : le 9ᵉ obconique, le 10ᵉ subcarré : le dernier en ovale subacuminé.

Prothorax à peine oblong, à peine moins large que long, un peu moins large, dans sa partie dilatée que les élytres ; assez fortement arqué sur les côtés un peu avant leur milieu et puis subrétréci en arrière ; peu convexe ; éparsement pubescent; fortement et densément ponctué; inégal, avec un sillon médian assez large et plus ou moins prononcé et

2 impressions assez marquées de chaque côté et une 3ᵉ sur la partie dilatée ; d'un noir plombé brillant.

Écusson peu distinct, noir.

Élytres subcarrées ou à peine transverses, de la longueur du prothorax, un peu plus larges et à peine arquées en arrière sur les côtés ; subdéprimées ; inégales, avec une impression suturale souvent prolongée jusqu'au sommet, une autre intra-humérale bien prononcée, une 3ᵉ oblongue, vers le milieu des côtés et parfois prolongée jusqu'à l'extrémité, et souvent une 4ᵉ obsolète, vers celle-ci mais plus en dedans ; éparsement pubescentes ; fortement et densément ponctuées ; d'un noir plombé brillant. *Épaules* arrondies.

Abdomen suballongé, un peu moins large à sa base que les élytres, subatténué en arrière ; assez convexe, avec les 5 premiers segments graduellement moins impressionnés en travers à leur base ; finement pubescent ; assez finement et assez densément ponctué, un peu plus fortement à la base ; d'un noir plombé brillant. Le 7ᵉ *segment* moins ponctué, paraissant souvent échancré au bout.

Dessous du corps légèrement pubescent, d'un noir subplombé brillant. *Prosternum* et *mésosternum* rugueusement ponctués, celui-ci à pointe non émoussée. *Métasternum* assez fortement et densément ponctué, subimpressionné-sillonné en arrière sur son disque. *Ventre* très convexe, assez finement et densément ponctué, plus fortement vers sa base, plus finement et plus densément sur le milieu du 5ᵉ arceau.

Pieds légèrement pubescents, finement pointillés, testacés, avec les genoux à peine plus foncés et les hanches brunâtres. *Tarses* médiocres, sublinéaires, à 4ᵉ article profondément bilobé, plus large que le 3ᵉ. Les *postérieurs* plus allongés, à 1ᵉʳ article allongé, 2 fois plus long que le dernier : le 2ᵉ fortement oblong, le 3ᵉ suboblong.

Patrie. Cette espèce, modérément commune, préfère les localités boisées et montagneuses. On la trouve, tout l'été, sous les mousses, les fagots et les détritus, dans diverses zones de la France. Elle est assez rare aux environs de Lyon.

Obs. Elle ressemble beaucoup aux *aerosus* et *elegans* avec lesquels elle est souvent confondue dans les collections. Le prothorax est plus large et moins oblong, les élytres sont plus courtes et la ponctuation de l'un et des autres est plus forte. La forme générale est plus déprimée et plus ramassée. Les distinctions sexuelles ♂ sont différentes, etc.

Le *St. annulipes* d'Heer (Faun. Helv. I, 225, 40) a la taille un peu

moindre, les genoux, surtout les postérieurs, plus sensiblement rembrunis. Je l'ai reçue jadis, sous le nom de *pyrenaeus*.

Il est difficile de dire à quelle espèce se rapporte l'*aceris* de Lacordaire (Faun. Par. 1, 445, 7). Erichson, Kraatz et Fauvel le réunissent à
l'*impressus*, mais Mothchoulsky prétend qu'Erichson a tort et le décrit
comme une espèce distincte (Enum. nouv. esp. Col. 1858, 23, 46), qui,
selon moi, doit être attribuée à l'*aerosus*.

C'est avec doute qu'on doit assimiler à l'*impressus* le *St. angustulus*
de Heer (Faun. Helv. 1, 226, 41) et le *gilvipes* de Motschoulsky (Enum.
nouv. esp. Col. 1858, 23, 47). On lui rapporte aussi les *subrugosus* et
tenuicornis de Stephens (Ill. Brit. V, 290 et 291).

77. Stenus (Mesostenus) flavipes, ERICHSON.

*Allongé, peu convexe, finement pubescent, d'un noir plombé brillant,
avec les palpes, les antennes et les pieds testacés, les genoux et la massue
des antennes à peine rembrunis. Tête plus large que le prothorax, de la
largeur des élytres, assez fortement et densément ponctuée, largement
bisillonnée, à intervalle subconvexe, lisse. Prothorax à peine oblong, aussi
large avant son milieu que la base des élytres, assez fortement arqué sur
les côtés, subrétréci en arrière, assez fortement et densément ponctué,
subégal, avec un sillon médian. Élytres subtransverses, de la longueur du
prothorax sur les côtés, un peu plus courtes que celui-ci à la suture,
assez fortement élargies en arrière, presque égales, assez fortement et
densément ponctuées. Abdomen subatténué en arrière, assez finement et
assez densément ponctué.*

♂ Le 6ᵉ *arceau ventral* assez profondément et angulairement entaillé
au sommet. Le 5ᵉ largement, faiblement et subangulairement subéchancré
à son bord apical.

♀ Le 6ᵉ *arceau ventral* prolongé et subogivalement arrondi au sommet.
Le 5ᵉ simple.

Stenus flavipes, ERICHSON, Col. March. 1, 566, 44 ; — Gen. et Spec. Staph. 729,
74. — REDTENBACHER, Faun. Austr. ed. 2, 224, 48. — FAIRMAIRE et LABOULBÈNE,
Faun. Fr. 1, 595, 73. — KRAATZ, Ins. Deut II, 789, 61. — THOMSON, Skand.
Col. II, 237, 55.
Stenus Erichsonis, RYE, Ent. Monthl. Mag 1864, I, 103. — FAUVEL, Faun. Gallo-
Rhén. II, 289, 87.

Long., 0,0033 (1 1/2 l.). — Larg., 0,0005 (1/4 l.).

Corps allongé, peu convexe, d'un noir plombé brillant; revêtu d'une fine pubescence blanchâtre, courte, peu serrée mais dien distincte.

Tête plus large que le prothorax, de la largeur des élytres, légèrement pubescente; assez fortement et densément ponctuée; largement bisillonnée, à intervalle subconvexe, lisse ou presque lisse; d'un noir plombé brillant. *Bouche* brunâtre. *Palpes* testacés. *Yeux* obscurs.

Antennes assez courtes, moins longues que la tête et le prothorax réunis, pilosellées; testacées, à massue à peine rembrunie; à 1er article subépaissi : le 2e un peu moins épais, au moins aussi long que le 1er: plus épais que les suivants : ceux-ci grêles, graduellement moins longs, le 3e allongé, plus long que le 4e : les 4e et 5e allongés : le 6e suballongé, le 7e oblong, le 8e subovalaire : les 3 derniers formant ensemble une massue oblongue, assez tranchée : les 9e et 10e subcarrés : le dernier en ovale subacuminé.

Prothorax à peine oblong, à peine plus large que long, aussi larg avant son milieu que la base des élytres; assez fortement arqué sur les côtés avant leur milieu et puis subrétréci en arrière; peu convexe; finement pubescent; assez fortement et densément ponctué, subégal, avec un sillon médian plus ou moins raccourci; d'un noir plombé brillant.

Écusson peu distinct, brillant, d'un noir plombé.

Élytres subtransverses, de la longueur du prothorax sur leurs côtés, un peu plus courtes que celui-ci à leur suture; assez fortement élargies en arrière; sensiblement subéchancrées au sommet; peu convexes; presque égales; distinctement pubescentes; assez fortement et densément ponctuées; d'un noir plombé brillant. *Épaules* largement arrondies.

Abdomen suballongé, un peu moins large à sa base que les élytres, subatténué en arrière; subconvexe, avec les premiers segments légèrement impressionnés en travers à leur base; finement pubescent; assez finement et assez densément ponctué, un peu plus finement en arrière; d'un noir plombé brillant. Le 7e *segment* moins ponctué, subtronqué au bout.

Dessous du corps légèrement pubescent, d'un noir subplombé brillant. *Prosternum* et *mésosternum* rugueusement ponctués : celui-ci à pointe parfois subémoussée, celui-là subélevé sur son milieu en carène obtuse et lisse. *Métasternum* assez fortement et assez densément ponctué, subimpressionné en arrière sur son disque. *Ventre* très convexe, assez fortement et assez densément ponctué à sa base, plus finement en arrière, plus densément sur le milieu du 5⁰ arceau.

Pieds légèrement pubescents, obsolètement pointillés, testacés, à genoux à peine rembrunis, les hanches noires, le sommet des antérieures roussâtre. *Tarses* assez courts, sublinéaires, à 4⁰ article profondément bilobé, plus large que le 3⁰. Les *postérieurs* plus allongés, à 1ᵉʳ article allongé, bien plus long que le dernier : le 2⁰ oblong, le 3⁰ suboblong.

PATRIE. Cette espèce est commune, parmi les mousses et les feuilles mortes des forêts, dans presque toute la France.

OBS. Elle est bien tranchée par sa taille petite, par ses élytres courtes et assez fortement élargies en arrière.

Quelquefois la ponctuation paraît plus forte, surtout chez les échantillons de Provence et d'Italie, avec les élytres paraissant à peine plus courtes. D'autres fois, au contraire, quelques exemplaires ont les élytres un peu plus longues et un peu moins élargies en arrière; ils semblent ainsi devoir constituer une variété macroptère.

78. Stenus (Mesostenus) montivagus, HEER.

Allongé, subdéprimé, distinctement pubescent, d'un noir subplombé assez brillant, avec les palpes, les antennes et les pieds testacés, l'extrémité de celles-là plus ou moins largement et les genoux à peine rembrunis. Tête plus large que le prothorax et que la base des élytres, assez finement et densément ponctuée, assez profondément bisillonnée, à intervalle fortement caréné. Prothorax oblong, aussi large en avant que la base des élytres, arqué antérieurement sur les côtés et fortement rétréci en arrière, assez fortement, densément et subrugueusement ponctué, subinégal, avec un sillon médian et 2 légères impressions de chaque côté. Elytres transverses, bien plus courtes que le prothorax, élargies en arrière, subégales, assez fortement et densément ponctuées. Abdomen sub-atténué en arrière, finement et densément ponctué.

♂ Le 6⁰ *arceau ventral* angulairement échancré au sommet. Le 5⁰ longitudinalement impressionné sur sa ligne médiane, avec l'impression pubescente sur ses côtés.

♀ Le 6⁰ *arceau ventral* prolongé et subogivalement arrondi au sommet. Le 5⁰ simple.

Stenus montivagus, Heer, Faun. Helv. I, 578, 38**. — Fairmaire et Laboulbène, Faun. Fr. I, 594, 72. — Kraatz, Ins. Deut. II, 791, note. — Fauvel, Faun. Gallo-Rhén. III, 284, 79.
Stenus brevipennis. Maeklin, Bull. Mosc. 1852, II, 318.

Long., 0,0027 (1 1/4 l.). — Larg., 0,0004 (1/5 l.).

Corps allongé, subdéprimé, d'un noir subplombé assez brillant ; revêtu d'une fine pubescence blanchâtre, assez longue, assez serrée et bien distincte.

Tête plus large que le prothorax et que la base des élytres ; légèrement pubescente ; assez finement et assez densément ponctuée ; assez profondément bisillonnée, à intervalle fortement relevé en carène à tranche lisse ; d'un noir subplombé assez brillant. *Bouche* brune, à *palpes* testacés. *Yeux* obscurs.

Antennes assez courtes, moins longues que la tête et le prothorax réunis, pilosellées ; testacées mais graduellement rembrunies vers leur extrémité, souvent dès leur 5e ou 6e article ; le 1er épaissi : le 2e un peu moins épais et à peine moins long, plus épais que les suivants : ceux-ci assez grêles : le 3e allongé, bien plus long que le 4e : les 4e et 5e suballongés, subégaux : les 6e et 7e oblongs, le 8e subglobuleux : les 3 derniers formant ensemble une massue suballongée et assez brusque : les 9e et 10e suborbiculaires : le dernier en ovale court et subacuminé.

Prothorax oblong, aussi large en avant que la base des élytres ; sensiblement arqué antérieurement sur les côtés et puis fortement rétréci en arrière ; peu convexe ; pubescent ; assez fortement, densément et subrugueusement ponctué ; subinégal, avec un sillon médian plus ou moins raccourci, assez large et peu profond et, de chaque côté, 2 légères impressions subarrondies ; d'un noir subplombé assez brillant.

Écusson peu distinct, subrugueux, d'un noir brillant.

Élytres fortement transverses, bien plus courtes que le prothorax, fortement élargies en arrière, simultanément subéchancrées au sommet ; subdéprimées ; subégales, avec une légère impression intra-humérale et une autre plus obsolète, vers les angles postérieurs ; pubescentes ; assez fortement et densément ponctuées ; d'un noir subplombé assez brillant. *Épaules* presque effacées.

Abdomen suballongé, à peine moins large à sa base que les élytres, subarcuément subatténué en arrière ; assez convexe, avec les premiers segments légèrement impressionnés en travers à leur base, le 5e plus faiblement; assez densément pubescent; finement et densément ponctué, un peu moins finement à la base ; d'un noir subplombé assez brillant. Le 7° *segment* moins ponctué, parfois subéchancré au bout.

Dessous du corps finement pubescent; d'un noir subplombé assez brillant. *Prosternum* et *mésosternum* rugueusement ponctués. *Métasternum* assez fortement ponctué sur les côtés, plus légèrement sur son disque. *Ventre* très convexe, finement et densément ponctué, plus fortement vers sa base, plus finement et plus densément sur le milieu du 5° arceau.

Pieds finement pubescents, légèrement pointillés, testacés, à genoux à peine plus foncés. *Tarses* assez courts, sublinéaires, à 4° article profondément bilobé, plus large que le 3°. Les *postérieurs* assez allongés, à 1er article allongé, bien plus long que le dernier : le 2° oblong, le 3° suboblong.

PATRIE. Cette espèce, qui est rare, se prend, en été, sous les mousses, dans les forêts de sapins des régions montagneuses : les Vosges, le Jura, le Mont Pilat, les Alpes, etc. Je l'ai jadis reçue de M. Chevrier, de Genève.

OBS. Elle diffère du *flavipes* par son aspect un peu moins brillant et plus rugueux, et surtout par ses élytres encore plus courtes et plus élargies en arrière. La ponctuation de l'abdomen est plus fine et un peu plus serrée, etc.

On rapporte à cette espèce le *pterobrachys* de Harold (Cat. Col. 639).

79. Stenus (Mesostenus) speculifer, FAUVEL.

Allongé, subdéprimé, distinctement pubescent, d'un noir brillant, avec les antennes d'un brun de poix, les palpes d'un roux de poix à 1er article testacé, et le 3° un peu rembruni au sommet, les pieds d'un roux ferrugineux à genoux plus ou moins obscurcis. Tête bien plus large que le prothorax, sensiblement plus large que les élytres, assez fortement et peu densément ponctuée, profondément bisillonnée, à intervalle élevé, convexe, lisse. Prothorax suboblong, subcordiforme, aussi large en avant que la base des élytres, assez fortement arqué sur les côtés avant leur milieu, fortement rétréci en arrière, fortement et assez densément ponctué, subinégal, avec un léger sillon médian et 2 petites impressions obsolètes. Elytres transverses, bien plus courtes que le prothorax, élargies en arrière, subégales, fortement et peu densément ponctuées. Abdomen peu

*atténué en arrière, assez fortement et modérément ponctué à sa base,
graduellement plus légèrement et plus éparsement en arrière.*

♂ Le 6ᵉ *arceau ventral* profondément et angulairement échancré au
sommet.

♀ M'est inconnue.

Stenus speculifer, Fauvel, Faun. Gallo-Rhén. III. 288, 86.

Long., 0,0033 (1 1/2 l.). — Larg., 0,0004 (1/5 l.).

Patrie. Cette espèce a été trouvée au bord des neiges, dans les Hautes-
Pyrénées, à 2200 mètres d'altitude, par M. Pandellé qui me l'a commu-
niquée.

Obs. A peine distincte du *montivagus*, elle en diffère toutefois par une
forme un peu plus allongée, une teinte plus brillante et une pubescence
un peu plus longue et subargentée. Les palp s, les antennes et les pieds
sont d'un roux plus foncé. La ponctuation est généralement plus forte et
moins serrée, à intervalle des points très finement chagriné. Celle de
l'abdomen est plus forte surtout à la base, moins dense et moins
uniforme. La tête est un peu plus large. etc. (1).

80. Stenus (Mesostenus) pallipes, Gravenhorst.

*Allongé, sublinéaire, légèrement convexe, finement pubescent, d'un noir
assez brillant, avec les palpes, les pieds et les antennes d'un flave testacé, la massue de celles-ci un peu rembrunie. Tête un peu plus large
que le prothorax, de la largeur des élytres, assez fortement et subrugueusement ponctuée, largement et obsolètement bisillonnée, à intervalle
subconvexe et très peu élevé. Prothorax à peine oblong, un peu moins
large que les élytres, assez fortement arqué sur les côtés, subrétréci er*

(1) Le *St. subcylindricus* de Scriba (Heyd. Ent. Reis. Span. 1870, 83) diffère des *montivagus*
et *speculifer* par son abdomen à peine rebordé sur les côtés et subcylindrique.— L. 0,004
— Montagnes des Asturies (Espagne). — Le *laevifrons* d'Eppelsheim me paraît identique au
subcylindricus.
Le *micropterus* du même auteur a une forme encore plus cylindrique et les élytres plus
courtes. — Caucase. — Le *Suramensis*, Eppels. ressemble au *flavipes*, avec les élytres plus
courtes. — Caucase. — Le *Lederi*, Eppels. ressemble à l'*eumerus*, avec les élytres plus
courtes et le pénultième article des tarses bilobé. — Caucase.

arrière, assez fortement et densément ponctué, subégal, avec un sillon médian obsolète. Élytres subcarrées, à peine plus longues que le prothorax, subégales, assez fortement, et densément ponctuées. Abdomen cylindrique, subatténué en arrière, à peine rebordé sur les côtés, finement et densément ponctué, plus fortement en avant.

♂ Le 6e *arceau ventral* sensiblement et angulairement échancré au sommet,

♀ Le 6e *arceau ventral* prolongé et subogivalement arrondi au sommet.

Stenus pallipes, GRAVENHORST, Micr. 157, 7; — Mon. 233, 14. — BOISDUVAL et LACORDAIRE, Faun. Par. I, 416, 8. — ERICHSON, Col. March. I, 567, 45 ; — Gen. et Spec. Staph. 731, 77.—REDTENBACHER, Faun. Austr. ed. 2, 225.— HEER, Faun Helv. I, 225, 39. — FAIRMAIRE et LABOULBÈNE, Faun. Fr. I, 594, 71. — KRAATZ Ins. Deut. II, 790, 63. — THOMSON, Skand. Col. II, 238, 57. — FAUVEL, Faun. Gallo-Rhén. III, 286, 83.

Long., 0,0034 (1 1/2 l.) — Larg., 0,0005 (1/4 l.).

Corps allongé, sublinéaire, légèrement convexe, d'un noir assez brillant ; revêtu d'une fine pubescence blanchâtre, courte et assez serrée.

Tête un peu plus large que le prothorax, de la largeur des élytres ; légèrement pubescente, assez fortement, densément et subrugueusement ponctuée ; subexcavée ; largement et obsolètement bisillonnée, à intervalle subconvexe et très peu élevé ; d'un noir peu brillant. *Bouche* brune, à *palpes* d'un flave testacé. *Yeux* obscurs.

Antennes suballongées, un peu moins longues que la tête et le prothorax réunis, pilosellées, d'un flave testacé à massue un peu rembrunie ; à 1er article subépaissi : le 2e à peine moins épais et un peu moins long que le 1er, plus épais que les suivants : ceux-ci grêles, graduellement moins longs : le 3e allongé, plus long que le 4e : les 4e et 5e assez allongés, subégaux : les 6e et 7e fortement oblongs : le 8e oblong : les 3 derniers formant ensemble une massue suballongée et assez tranchée : les 9e et 10e en carré à peine oblong : le dernier en ovale acuminé.

Prothorax à peine oblong, un peu moins large que les élytres, assez fortement arqué sur les côtés à peine avant leur milieu et puis subrétréci en arrière ; peu convexe ; finement pubescent ; assez fortement et densément ponctué ; subégal, avec un sillon médian assez fin, canaliculé et plus ou moins obsolète ; d'un noir assez brillant.

Écusson très petit, d'un noir brillant.

Élytres subcarrées, à peine plus longues que le prothorax ; à peine élargies et subarquées en arrière sur les côtés ; légèrement convexes ; subégales, avec une impression postscutellaire légère et une autre intra-humérale obsolète ; finement pubescentes ; assez fortement et densément ponctuées, subrugueusement sur les impressions ; d'un noir assez brillant. *Épaules* subarrondies.

Abdomen allongé, un peu moins large à sa base que les élytres, cylin-drique, graduellement subatténué en arrière ; convexe, avec les 4 pre-miers segments sensiblement impressionnés en travers à leur base, le 5e obsolètement ; assez densément pubescent ; à peine rebordé sur les côtés ; finement et densément ponctué, plus fortement en avant ; d'un noir assez brillant. Le 7e *segment* moins ponctué, impressionné-subé-chancré au bout.

Dessous du corps finement pubescent, d'un noir assez brillant. *Proster-num* et *mésosternum* densément et subrugueusement ponctués : celui-ci à pointe subémoussée. *Métasternum* assez fortement et densément ponc-tué, plus finement sur son disque qui est subdéprimé et finement canali-culé en arrière. *Ventre* très convexe, assez fortement et densément ponctué, graduellement plus finement en arrière surtout sur le milieu du 5e arceau.

Pieds très finement pubescents, légèrement pointillés, d'un flave tes-tacé, avec les hanches postérieures plus foncées. *Tarses* suballongés, sublinéaires, à 4e article profondément bilobé, plus large que le 3e. Les *postérieurs* plus allongés, à 1er article allongé, bien plus long que le dernier : le 2e fortement oblong, le 3e oblong.

PATRIE. Cette espèce, peu commune, se prend, toute l'année, sous les pierres, les feuilles tombées, les mousses des lieux humides, dans une grande partie de la France.

OBS. Elle est voisine du *fluvipes*, dont elle diffère par une teinte moins bronzée et moins brillante et par une forme plus étroite, plus linéaire et plus cylindrique. Les élytres sont bien moins élargies en arrière que chez *flavipes* et *montivgaus*, moins courtes que chez celui-ci. L'abdomen est bien plus finement rebordé que chez les espèces précédentes.

5ᵉ sous-genre HEMISTENUS, Motschoulsky.

De ἥμι, demi ; *Stenus*, Stène.

OBS. Ce sous-genre diffère du précédent par les tarses postérieurs peu allongés, un peu ou à peine plus longs que la moitié des tibias, subdéprimés et graduellement élargis en palette, au moins dès le sommet du 2 article, avec le 1ᵉʳ suballongé, subégal au dernier. Le pénultième article de tous les tarses est profondément bilobé jusqu'à la base, un peu plus large que le 3ᵉ qui est triangulaire, cordiforme ou parfois semibilobé. Le prothorax est sans vestige de sillon dorsal, et l'abdomen nettement rebordé sur les côtés. La taille est diverse.

Ce sous-genre qui rappelle les *Nestus* de la section A, réunit un certain nombre d'espèces dont suit le tableau :

a. Le 3ᵉ *article des tarses* bilobé environ jusqu'à la moitié de sa
   longueur. *Corps* couvert d'une pubescence blanche, pruineuse, plus
   ou moins serrée et bien distincte.
   b. *Tarses* noirs ou noirâtres.
      c. *Corps* assez large, subnaviculaire. *Abdomen* conique, lisse sur
         le dos des segments. . . . . 81. CANESCENS.
      cc. *Corps* assez étroit, normal. *Abdomen* non conique, subparal-
          lèle ou généralement peu atténué.
          d. *Élytres* subdéprimées, subinégales, à pubescence assez longue.
             Tête un peu plus large que le prothorax : *celui-ci* sensible-
             ment biimpressionné. *Taille* grande. . . . . . . 82. SUBIMPRESSUS.
          dd. *Élytres* faiblement convexes, subégales, à pubescence courte.
              Tête non ou à peine plus large que le prothorax : *celui-ci*
              légèrement biimpressionné. *Taille* assez grande.
              e. *Prothorax* plus éparsement ponctué et plus lisse sur son
                 milieu. Les *premiers segments de l'abdomen* avec un espace
                 lisse sensible vers leur bord postérieur. *Corps* assez bril-
                 lant. . . . . 83. SALINUS.
              ee. *Prothorax* aussi densément ponctué et non plus lisse sur son
                  milieu. Les *premiers segments de l'abdomen* à peine plus
                  lisses à leur bord postérieur. *Corps* peu brillant. . . 84. BINOTATUS.
   bb. *Tarses* testacés.
       f. *Forme* normale. *Abdomen* atténué. *Tarses* d'un testacé plus
          ou moins pâle. *Taille* assez grande. . . . . . . 85. PLANTARIS.
       ff. *Forme* étroite, sublinéaire. *Abdomen* subparallèle. *Tarses*
           d'un testacé obscur. *Taille* assez petite. . . . . . 86. NIVEUS.

aꝛ. Le 3ᵉ *article des tarses* entier, triangulaire ou cordiforme. *Corps* à pubescence non pruineuse.

  g. *Corps* plus ou moins robuste, non linéaire. *Pieds* obscurs ou en partie, au moins les genoux.

    h. *Antennes* rousses ou testacées, à 1ᵉʳ article noir et massue souvent rembrunie.

      i. Les *premiers segments abdominaux* sans carène.

        k. *Abdomen* éparsement ponctué, surtout sur le dos. *Élytres* plus ou moins inégales. *Corps* brillant.

          l. *Abdomen* finement ponctué, à impressions basilaires légères. *Taille* assez grande.

            m. *Elytres* transverses, de la longueur du prothorax à leur suture, assez fortement élargies en arrière. *Epaules* peu saillantes. . . . . 87. TEMPESTIVUS.

            mm. *Élytres* subcarrées, bien plus longues que le prothorax, subparallèles. *Epaules* saillantes. . . . . . 88. LANGUIDUS.

          ll. *Abdomen* assez grossièrement ponctué, à impressions basilaires profondes. *Elytres* subcarrées, un peu plus longues que le prothorax. *Epaules* assez saillantes. *Taille* moyenne. 89. PICIPENNIS.

        kk. *Abdomen* densément et uniformément ponctué. *Elytres* peu inégales. *Corps* peu brillant.

          n. *Élytres* d'un tiers plus longues et bien plus larges que le prothorax. *Taille* moyenne. . . . . 90. RUSTICUS.

          nn. *Élytres* à peine plus longues et un peu plus larges que le prothorax. *Taille* moindre. . . . . 91. FOVEICOLLIS.

      ii. Les *premiers segments abdominaux* munis d'une petite carène sur le milieu de leur base. *Corps* assez brillant. *Taille* assez petite. . . . . 92. BIFOVEOLATUS.

    hh. *Antennes* noires, unicolores. *Pieds* obscurs. *Corps* assez brillant. *Taille* petite. . . . . 93. LEPRIEURI.

  gg. *Corps* grêle, linéaire, assez brillant, subplombé, subaptère. *Pieds* entièrement d'un flave testacé. *Taille* petite. . . . . 94. FILUM.

81. Stenus (Hemistenus) canescens, ROSENHAUER.

Suballongé, assez large, subnaviculaire, subconvexe, pruineux, d'un noir plombé un peu brillant, avec la base des palpes et les antennes testacées, la massue et le 1ᵉʳ article de celles-ci rembrunis. Tête un peu plus large que le prothorax, un peu moins large que les élytres, finement et très densément ponctuée, légèrement bisillonnée, à intervalle subconvexe lisse. Prothorax presque aussi large que long, bien moins large que les élytres, *arqué sur les côtés, aussi large à sa base qu'au sommet, assez finement et assez densément ponctué, subinégal et biimpressionné. Elytres à peine oblongues, plus longues que le prothorax, inégales, assez finement et densément ponctuées. Abdomen conique, finement ponctué, lisse sur le dos des segments.*

♂ Le *6e arceau ventral* profondément échancré en angle arrondi au sommet. Les 3e à 5e subdéprimés sur leur milieu, avec la dépression ciliée, sur les côtés, de poils blanchâtres ; largement et à peine échancrés dans le milieu de leur bord apical. *Tibias postérieurs* armés d'une dent très petite, avant le sommet de leur tranche inférieure.

♀ Le *6e arceau ventral* subangulairement prolongé au sommet. Les 3e à 5e simples. *Tibias postérieurs* inermes.

Stenus canescens, Rosenhauer, Thier Andal. 74. — Fauvel, Faun. Gallo-Rhén. III, 270, 88.
Stenus major, Mulsant et Rey, Ann. Soc. Linn. Lyon, 1861, VIII, 147 ; — Op. Ent. XII, 1861, 163. — Rye, Ent. Ann. 1869, 32.
Stenus Arabicus, Saulcy, Ann. Ent. Fr. 1864, 687. — Marseul, l'Abeille, 1871, VIII, 388.

Long., 0,0049 (2 1/4 l.). — Larg., 0.0014 (2/3 l.).

Corps suballongé, assez large, subnaviculaire, d'un noir plombé un peu brillant ; revêtu d'une fine pubescence blanchâtre, assez longue, assez serrée et pruineuse.

Tête un peu plus large que le prothorax, un peu moins large que les élytres ; finement pubescente ; finement et très densément ponctuée ; largement et légèrement bisillonnée, à intervalle subconvexe, lisse en arrière ; d'un noir plombé et peu brillant. *Bouche* brune, à *mandibules* ferrugineuses. *Palpes maxillaires* noirâtres, à 1er article, base et sommet du 2e testacés. *Yeux* obscurs.

Antennes courtes, moins longues que la tête et le prothorax réunis, éparsement pilosellées, testacées, à massue rembrunie et le 1er article noir : celui-ci épaissi : le 2e moins épais et à peine aussi long que le 1er, plus épais que les suivants : ceux-ci assez grêles, graduellement moins longs : le 3e allongé, un peu plus long que le 4e : celui-ci assez allongé, le 5e un peu moins : les 6e et 7e oblongs : le 8e subglobuleux, à peine plus épais que les précédents : les 3 derniers formant ensemble une massue subfusiforme : les 9° et 10° subtransverses : le dernier en ovale acuminé.

Prothorax presque aussi large que long, bien moins large que les élytres, sensiblement arqué sur les côtés ; non plus rétréci en arrière qu'en avant ; subconvexe ; assez longuement pubescent ; assez finement et assez densément ponctué ; subinégal, avec une impression oblique plus ou moins prononcée de chaque côté du disque ; d'un noir plombé un peu brillant.

Écusson peu distinct, d'un noir plombé.

Elytres amples, à peine oblongues, évidemment plus longues que le prothorax, à peine plus larges en arrière ; subconvexes sur leur disque, inégales, avec une impression suturale plus ou moins accusée, une autre intra-humérale plus légère et une 3° sublatérale obsolète ; assez longuement pubescentes, à pubescence plus serrée un peu avant le milieu des côtés où elle forme une courte fascie argentée ; assez finement et densément ponctuées ; d'un noir plombé un peu brillant. *Epaules* étroitement arrondies.

Abdomen peu allongé, moins large à sa base que les élytres ; assez fortement atténué en cône ; convexe, avec les premiers segments faiblement impressionnés en travers à leur base ; assez densément pubescent ; finement et densément ponctué, avec le dos des 4 premiers segments lisse en arrière ; d'un noir plombé un peu brillant. Le 7° *segment* subarrondi au bout.

Dessous du corps pubescent, d'un noir plombé un peu brillant. *Prosternum* et *mésosternum* très rugueusement ponctués, celui-ci à pointe mousse. *Métasternum* assez fortement et densément ponctué, impressionné et finement canaliculé en arrière sur son disque. *Ventre* très convexe, assez finement et densément ponctué, plus finement en arrière, surtout sur le milieu des 5° et 6° arceaux.

Pieds finement et densément pubescents, finement pointillés, noirs, à tarses souvent brunâtres. *Tarses* courts, subdéprimés, à 3° article semi-bilobé. Les *postérieurs* un peu moins courts, à 1er article fortement oblong, subégal au dernier, le 2° triangulaire.

PATRIE. Cette espèce, qui est rare, se trouve, en été, au bord des marais et des fossés, dans la Normandie, la Bourgogne, le Bugey, le Languedoc, la Provence, etc.

OBS. Elle est remarquable par sa forme assez large, par sa pubescence pruineuse et par son abdomen conique.

On lui rapporte le *subimpressus* de Peyron (Ann. Ent. Fr. 1858, 431).

D'après l'autorité de M. Fauvel, je lui réunis le *major*, bien que l'auteur dise : *ponctuation..... écartée à l'abdomen*, au lieu que dans mes types, elle est serrée, au moins sur les côtés et à la base des segments et sur toute la surface des 5e et 6e.

82. Stenus (Hemistenus) subimpressus, ERICHSON.

Allongé, subdéprimé, pruineux, d'un noir plombé un peu brillant, avec la base des palpes et les antennes testacées, la massue de celles-ci rembrunie et leur 1er article noir. Tête plus large que le prothorax, un peu moins large que les élytres, assez finement et densément ponctuée, légèrement bisillonnée, à intervalle subconvexe. Prothorax suboblong, moins large que les élytres, subarqué sur les côtés avant leur milieu, subrétréci en arrière, assez finement et densément ponctué, subinégal et biimpressionné. Élytres suboblongues, plus longues que le prothorax, subinégales, assez finement et densément ponctuées. Abdomen peu atténué, finement et densément pointillé, plus lisse au sommet des premiers segments, assez fortement rebordé sur les côtés.

♂ Le 6e *arceau ventral* assez profondément et sinueusement échancré en angle arrondi au sommet : celui-ci subréfléchi. Les 3e et 4e largement et semicirculairement impressionnés-subéchancrés en arrière, avec l'impression terminée de chaque côté par une petite carène. Le 5e simplement subdéprimé sur son milieu, cette dépression ainsi que l'impression des 2 arceaux précédents bien plus finement et plus densément ponctuées sur leur surface et plus densément ciliées en arrière. *Tibias postérieurs* plus ou moins flexueux ou contournés.

♀ Le 6e *arceau ventral* sinueusement prolongé en angle à son sommet. Les 3e à 5e simples.

Stenus subimpressus, ERICHSON, Col. March. I, 561, 3 ; — Gen. et Spec. Staph. 722, 60. — REDTENBACHER, Faun. Austr. ed. 2, 223, 39. — HEER, Faun. Helv. I, 223, 33. — FAIRMAIRE et LABOULBÈNE, Faun. Fr. I, 587, 49. — KRAATZ, Ins. Deut. II, 780, 49. — THOMSON, Skand. Col. II, 232, 45 ; — IX, 199.
Stenus pubescens, FAUVEL, Faun. Gallo-Rhén. III, 271, 59.

Long., 0,0055 (2 1/2 l.). — Larg., 0,0012 (1/2 l.).

PATRIE. Cette espèce, assez rare, se trouve, en été, au bord des marais, au pied des plantes aquatiques, dans la Flandre, la Normandie, la Champagne, l'Alsace, la Lorraine, les environs de Paris, la Bretagne, les Alpes, les Landes, etc. J'en ai pris, une seule fois, quelques exemplaires près Lyon, parmi les détritus des inondations du Rhône.

Obs. Je crois inutile de la décrire plus longuement. Aussi grande que le *canescens*, elle est relativement plus allongée et plus étroite. L'abdomen est bien plus long et bien plus rétréci en arrière, moins lisse sur le dos. La ponctuation générale est un peu moins fine, etc.

Le 7e arceau ventral est plus ou moins échancré. La massue des antennes est parfois entièrement testacée et les tarses antérieurs sont rarement roussâtres. Accidentellement, les cuisses postérieures ♂ sont brusquement recourbées en dessous vers leur extrémité, avec les tibias plus fortement flexueux et même fortement cintrés et relevés au sommet sur leur tranche externe.

On rapporte au *St. subimpressus* les *pubescens, laevior* et *laevis* de Stephens (Ill. Brit. V, 297).

83. Stenus (Hemistenus) salinus, Ch. Brisout.

Allongé, subconvexe, pruineux, d'un noir plombé assez brillant, avec la base des palpes et les antennes testacées, celles-ci à massue rembrunie et à 1er article noir. Tête de la largeur du prothorax, moins large que les élytres, assez finement et densément ponctuée, légèrement bisillonnée, à intervalle large et peu saillant. Prothorax oblong, moins large que les élytres, subarqué sur les côtés, à peine rétréci en arrière, assez fortement et densément ponctué, subinégal et obsolètement biimpressionné, avec un léger espace médian lisse. Elytres oblongues, d'un tiers plus longues que le prothorax, subégales, assez fortement et densément ponctuées. Abdomen subatténué en arrière, assez finement et assez densément ponctué, plus lisse au sommet des premiers segments, finement rebordé sur les côtés.

♂ Le 6e *arceau ventral* fortement échancré au sommet en angle arrondi. Les 2e et 5e subdéprimés sur leur milieu, le 5e largement subéchancré à son bord postérieur. Les 3e et 4e subimpressionnés en arrière et assez largement subéchancrés au sommet, avec une petite carène de chaque côté de l'échancrure, toutes ces dépressions et impressions plus pubescentes postérieurement. *Tibias postérieurs* un peu recourbés en dedans et armés d'une petite épine droite avant le sommet.

♀ Le 6e *arceau ventral* prolongé au sommet en angle obtus. Les 2e à 5e simples. *Tibias postérieurs* inermes.

Stenus salinus, Ch. BRISOUT. Mat. Cat. Grenier, 1863, 39, 51. — MARSEUL, l'Abeille, 1817, VIII, 354. — FAUVEL, Faun. Gallo-Rhén. III, 271, 60.

Long., 0,0050 (2 1/4 l.). — Larg., 0,0008 (1/3 l.).

PATRIE. Cette espèce, médiocrement commune, préfère le bord des salins et des eaux saumâtres. On la prend, presque dans toutes les saisons, en Provence et en Languedoc, le soir avant le coucher du soleil, sur les *massettes* et autres plantes aquatiques (1). Il est plus rare au bord des eaux douces : Caen, Bourbonnais, Lyon.

OBS. Voisine du *subimpressus*, elle en diffère par sa taille moindre, sa teinte un peu plus brillante et sa ponctuation un peu plus forte. La tête est un peu moins large. Les impressions du prothorax sont générale-ment plus faibles et sa ponctuation est moins serrée sur le dos qui offre parfois un léger espace lisse. Les élytres, un peu plus oblongues, sont moins déprimées et moins inégales, à impressions plus obso-lètes, à pubescence plus courte. L'abdomen est plus convexe et plus finement rebordé. Enfin, les différences sexuelles ne sont pas les mêmes ; l'échancrure du 5e arceau ventral ♂ est plus largement arrondie au sommet et les tibias postérieurs sont munis d'une petite dent épineuse, avant leur sommet interne; le 6e arceau ventral ♀ est plus obtusément angulé, etc. (2).

84. Stenus (Hemistenus) binotatus, LJUNGH.

Allongé, subconvexe, pruineux, d'un noir subplombé peu brillant, avec la base des palpes et les antennes d'un roux testacé, celles-ci à massue rembrunie et à 1er article noir. Tête à peine plus large que le prothorax,

---

(1) Suivant les observations de M. Revelière, la ♀ pond sur le *Typha* à 4 heures du soir.

(2) J'ai eu sous les yeux 2 exemplaires (coll. Revelière) que je regarde comme distincts (*Sten. subconvexus,* R.). Le prothorax et les élytres sont plus convexes, plus inégaux, plus brillants. avec celui-là plus fortement biimpressionné et celles-ci plus courtes. Cette espèce fait le pas-sage du *salinus* au *subimpressus.* — Long. 0,0050. — Algérie.

moins large que les élytres, assez fortement et densément ponctuée, faiblement biimpressionnée, à intervalle à peine convexe. Prothorax oblong, moins large que les élytres, subarqué sur les côtés, subrétréci en arrière, assez fortement, densément et subégalement ponctué, faiblement biimpressionné. Élytres oblongues, d'un tiers plus longues que le prothorax, subégales, assez fortement et densément ponctuées. Abdomen peu atténué en arrière, assez fortement et densément ponctué, plus finement en arrière, non ou peine plus lisse au sommet des premiers segments, finement rebordé sur les côtés.

♂ Le 6ᵉ *arceau ventral* fortement échancré au sommet en angle subarrondi. Le 4ᵉ et parfois le 3ᵉ obsolètement impressionnés-subéchancrés au milieu de leur bord postérieur. Le 5ᵉ simplement déprimé sur son milieu, largement et faiblement échancré en arrière. *Tibias postérieurs* armés d'une très petite épine avant leur sommet interne.

♀ Le 6ᵉ *arceau ventral* prolongé au sommet en angle obtus. Les 3ᵉ et 4ᵉ simples. *Tibias postérieurs* inermes.

Stenus binotatus, Ljung, Weber, Mohr. Arch. I, 1, 66, 6. — Gravenhorst, Mon. 229, 9. — Gyllenhal, Ins. Suec. II, 474, 9. — Mannerheim, Brach. 42, 9. — Boisduval et Lacordaire, Faun. Par. I, 448, 12. — Runde, Brach. Hal. 16, 8. — Erichson, Col. March. I, 561, 37 ; — Gen. et Spec. Staph. 721, 59. — Redtenbacher, Faun. Austr. ed. 2, 223, 30. — Heer, Faun. Helv. I, 223, 32. — Fairmaire et Laboulbène, Faun. Fr. I, 587, 50. — Kraatz, Ins. Deut. II, 779, 48. — Thomson, Skand. Col. II, 232, 44. — Fauvel, Faun. Gallo-Rhén. III, 272, 61.

Long., 0,0045 (2 l.). — Larg., 0,0007 (1/3 l.).

Patrie. Cette espèce, assez commune, se trouve, tout l'été, sous les détritus au bord des eaux et souvent sur les plantes des marais et des fossés, dans une grande partie de la France.

Obs. Elle est un peu moindre, moins brillante et un peu plus fortement ponctuée que le *salinus*. Le prothorax et l'abdomen ont leur ponctuation plus uniforme, à espaces lisses nuls ou peu appréciables. Les impressions et échancrures des 3ᵉ et 4ᵉ arceaux du ventre sont plus obsolètes et moins pubescentes, etc.

Une forme moindre et relativement plus étroite a le 3ᵉ arceau ventral ♂ sans impression sensible et le 4ᵉ à impression plus faible (*St. carens*, R.)

Les tarses sont parfois brunâtres. à sommet même un peu roussâtre.

85. Stenus (Hemistenus) plantaris, ERICHSON.

Allongé, un peu large, non linéaire, subdéprimé, pruineux, d'un noir plombé assez brillant, avec les palpes, les tarses et les antennes testacés, le 1er article de celles-ci et les ongles noirs. Tête plus large que le prothorax, un peu moins large que les élytres, finement et assez densément ponctuée, faiblement bisillonnée, à intervalle subconvexe, lisse. Prothorax oblong, moins large que les élytres, subarqué sur les côtés, subrétréci en arrière, assez finement et assez densément ponctué, subinégal et légèrement biimpressionné. Élytres suboblongues, plus longues que le prothorax, subégales, assez finement et densément ponctuées. Abdomen sensiblement atténué, finement et assez densément ponctué.

♂ Le 6e arceau ventral profondément échancré au sommet en angle subaigu. Les 3e et 4e à peine impressionnés-subéchancrés en arrière. Le 5e simplement subdéprimé et plus densément pointillé sur son disque. *Tibias postérieurs* subflexueux.

♀ *Le 6e arceau ventral* sinueusement prolongé au sommet en angle émoussé. Les 3e à 5e simples. *Tibias postérieurs* presque droits.

Stenus binotatus, var. b, GYLLENHAL, Ins. Suec. IV, 500, 9.
Stenus plantaris, ERICHSON, Col. March. I, 562, 39 ; — Gen. et Spec. Staph. 722, 61. — REDTENBACHER, Faun. Austr. ed. 2, 229, 40. — HEER, Faun. Helv. I, 253, 34. — FAIRMAIRE et LABOULBÈNE, Faun. Fr. I, 592, 64. — KRAATZ, Ins. Deut. II, 781, 50. — THOMSON, Skand. Col. II, 233, 46 ; — IX, 199.
Stenus pallitarsis, FAUVEL, Faun. Gallo-Rhén. III, 273, 62. — JOHN SAHLBERG, Enum. Brach. Fenn. 64, 185.

Long., 0,0050 (2 1/4 l.) — Larg., 0,0010 (1/2 l.).

Corps allongé, un peu large, non linéaire, subdéprimé, d'un noir plombé assez brillant ; revêtu d'une fine pubescence blanchâtre, assez courte, assez serrée et pruineuse.

Tête sensiblement plus large que le prothorax, un peu ou à peine moins large que les élytres ; finement pubescente ; finement et assez densément ponctuée ; largement et faiblement bisillonnée, à intervalle subconvexe, lisse ; d'un noir plombé assez brillant. *Bouche* brune, à *palpes* d'un flave testacé. *Yeux* obscurs.

Antennes courtes, bien moins longues que la tête et le prothorax

réunis, légèrement pilosellées ; d'un flave testacé à massue parfois plus
foncée et à 1ᵉʳ article noir ; celui-ci subépaissi : le 2ᵉ un peu moins épais
et à peine moins long que le 1ᵉʳ, un peu plus épais que les suivants :
ceux-ci assez grêles, graduellement moins longs : le 3ᵉ allongé, plus long
que le 4ᵉ : les 4ᵉ et 5ᵉ suballongés : le 6ᵉ oblong, le 7ᵉ suboblong : le 8ᵉ
obconique, un peu plus épais que les précédents : les 3 derniers formant
ensemble une massue suballongée, assez forte : le 9ᵉ subtransverse, le
10ᵉ subcarré : le dernier en ovale acuminé.

Prothorax oblong, moins large que les élytres ; faiblement arqué sur
les côtés et subrétréci en arrière ; peu convexe ; finement pubescent ;
assez finement et assez densément ponctué ; un peu plus densément sur
les côtés ; subinégal, avec une légère impression oblique, de chaque
côté du disque et un peu en arrière ; d'un noir plombé assez brillant.

Écusson peu distinct, d'un noir assez brillant.

Élytres suboblongues, d'un quart plus longues que le prothorax, à
peine plus larges et subarquées en arrière sur les côtés ; subdéprimées ;
subégales, avec une légère impression postscutellaire et une autre intra-
humérale, obsolète ; finement pubescentes, à pubescence subfasciée vers
le milieu des côtés ; assez finement et densément ponctuées ; d'un noir
plombé assez brillant. *Épaules* subarrondies.

Abdomen suballongé, un peu moins large à sa base que les élytres,
sensiblement atténué en cône après son milieu ; convexe, à premiers
segments impressionnés en travers à leur base ; finement pubescent ;
finement et assez densément ponctué, avec un faible espace lisse vers
le bord postérieur des premiers segments ; d'un noir plombé assez brillant. Le 7ᵉ *segment* subarrondi au bout.

Dessous du corps finement pubescent, d'un noir plombé assez brillant.
Prosternum et *mésosternum* rugueusement ponctués, celui-ci à pointe
mousse. *Métasternum* assez densément ponctué, subimpressionné et finement canaliculé en arrière sur son disque. *Ventre* très convexe, finement
et densément ponctué, un peu plus fortement sur sa base.

Pieds finement pubescents, très finement pointillés, noirs, à tarses d'un
flave testacé, moins les angles qui sont noirs. *Tarses* courts, subdéprimés, à 3ᵉ article semibilobé. Les *postérieurs* moins courts, à 1ᵉʳ article
oblong, subégal au dernier : le 2ᵉ triangulaire.

Patrie. Cette espèce est commune, toute l'année, parmi les herbes, au
bord des eaux douces ou saumâtres, dans presque toutes les zones de la
France.

Obs. La couleur des palpes et des tarses ne permet pas de la confondre avec les précédentes. La teinte est plus brillante que chez *binotatus*, la ponctuation plus fine et moins serrée, la forme plus déprimée, avec l'abdomen plus atténué en arrière, etc.

La massue des antennes est parfois assez obscure. Le sommet des palpes maxillaires est, rarement, à peine rembruni.

On attribue au *plantaris* le *pallitarsis* de Stephens (Ill. Brit. V, 298).

86. Stenus (Hemistenus) niveus, Fauvel.

Allongé, étroit, linéaire, peu convexe, pruineux, d'un noir plombé assez brillant, avec les tarses d'un testacé obscur, les palpes et les antennes testacés, celles-ci à massue rembrunie et le 1er article noir. Tête plus large que le prothorax, à peine moins large que les élytres, assez finement et assez densément ponctuée, distinctement bisillonnée, à intervalle convexe. Prothorax oblong, moins large que les élytres, subcylindrique ou à peine arqué sur les côtés, assez finement et densément ponctué, subégal ou à peine impressionné de chaque côté. Élytres oblongues, plus longues que le prothorax, subégales, assez finement et densément ponctuées. Abdomen subcylindrique, subparallèle, finement et densément ponctué.

♂ Le 6e *arceau ventral* profondément échancré au sommet en angle subaigu, Les 3e et 4e à peine subimpressionnés en arrière. Le 5e largement et à peine échancré à son bord postérieur. *Tibias postérieurs* subflexueux.

♀ Le 6e *arceau ventral* ogivalement prolongé au sommet. Les 3e à 5e simples. *Tibias postérieurs* presque droits.

Stenus niveus, Fauvel, Bull. Soc. Linn. Norm. 1865, IX, 307 ; — Faun. Gallo-Rhén. III, 273, 63. — Marseul, l'Abeille, 1871, VIII, 356.
Stenus cavifrons, Mulsant et Rey, Op. Ent. 1880, XIV, 110.

Long., 0,0039 (1 2/3 l.). — Larg., 0,0007 (1/3 fort.).

Patrie. Cette espèce, qui est très rare, se trouve dans les marécages, les prés humides et au bord des eaux, dans les lieux boisés et montagneux : la Normandie, l'Anjou, le Bourbonnais, la Savoie, etc. J'en ai capturé 2 exemplaires à Avenas, près Beaujeu (Rhône), à 850 mètres d'altitude, au bord d'une mare.

Obs. Elle est moindre, plus étroite et plus linéaire que le *plantaris*, avec l'abdomen plus parallèle et les tarses d'un testacé plus obscur. Les impressions frontales sont plus profondes, à intervalle plus convexe, etc.

87. Stenus (Hemistenus) tempestivus, Erichson.

Aptère, suballongé, assez large, subdéprimé, éparsement pubescent, d'un noir brillant, avec les palpes, les pieds et les antennes testacés, le 1er article de celles-ci noir et les genoux rembrunis. Tête bien plus large que le prothorax, de la largeur des élytres, finement et assez densément ponctuée, largement et profondément bisillonnée, à intervalle élevé, subcaréné. Prothorax à peine oblong, moins large que les élytres, arqué sur les côtés, rétréci en arrière, finement et assez densément ponctué, subinégal et biimpressionné. Élytres transverses, de la longueur du prothorax, assez fortement élargies en arrière, inégales, assez finement et assez densément ponctuées. Abdomen épais, subacuminé en arrière, finement et subéparsement ponctué.

♂ Le 6e *arceau ventral* échancré au sommet en angle subarrondi. Les 3e et 4e à peine visiblement subimpressionnés-subsinués au milieu de leur bord postérieur. Le 5e très largement et à peine échancré en arrière.

♀ Le 6e *arceau ventral* subsinueusement prolongé au sommet en angle mousse. Les 3e à 5e simples.

Stenus tempestivus, Erichson, Col. March. I, 563, 40 ; — Gen. et Spec. Staph. 724, 65. — Redtenbacher, Faun. Austr. ed. 2, 224, 55. — Fairmaire et Labouldène, Faun. Fr. I, 593, 67. — Kraatz, Ins. Deut. II, 784, 55. — Thomson, Skand. Col. II, 234. 48.
Stenus obliquus, Heer, Faun. Helv. I, 224, 37.
Stenus nitidiusculus, Fauvel, Faun. Gallo-Rhén. III, 277, 69.

Long., 0,0049 (2 1/4 l.). — Larg., 0,0010 (1/2 l.).

Corps aptère, suballongé, assez large, subdéprimé, d'un noir brillant ; revêtu d'une fine pubescence blanchâtre, courte et peu serrée.

Tête bien plus large que le prothorax, au moins aussi large que les élytres, légèrement pubescente ; finement et assez densément ponctuée ; largement et profondément bisillonnée, à intervalle élevé, subcaréné et moins ponctué ; d'un noir brillant. *Bouche* brune. *Palpes* testacés. *Yeux* obscurs.

Antennes assez courtes, moins longues que la tête et le prothorax réunis, éparsement pilosellées, testacées, à 1er article noir ; celui-ci épaissi : le 2e presque aussi épais et presque aussi long que le 1er, plus épais que les suivants : ceux-ci assez grêles, graduellement moins longs : le 3e allongé, bien plus long que le 4e : les 4e et 5e suballongés : les 6e et 7e oblongs : le 8e plus court, obconique : les 3 derniers formant ensemble une massue allongée : les 9e et 10e subtransverses : le dernier en ovale acuminé.

Prothorax à peine oblong, moins large que les élytres ; sensiblement arqué sur les côtés à peine avant le milieu et rétréci en arrière ; peu convexe ; éparsement pubescent ; finement et assez densément ponctué, parfois un peu moins densément sur le dos ; subinégal, avec une impression oblique, bien accusée, de chaque côté ; d'un noir brillant.

Ecusson peu distinct, subrugueux, noir.

Élytres transverses, de la longueur du prothorax à leur suture, assez fortement élargies en arrière et simultanément échancrées à leur bord apical ; subdéprimées ; inégales, avec une impression suturale bien accusée, une autre intra-humérale aussi prononcée, une 3e sublatérale bien marquée, vers les angles postéro-externes, et une 4e plus légère, à l'angle sutural ; éparsement pubescentes ; assez finement et assez densément ponctuées ; d'un noir brillant. *Épaules* peu saillantes, subarrondies.

Abdomen épais, peu allongé, aussi large que les élytres, brusquement atténué-subacuminé en arrière après son milieu ; convexe, à premiers segments subimpresssionnés en travers à leur base ; éparsement pubescent, plus distinctement sur les côtés ; finement et peu densément ponctué, plus éparsement sur le dos ; d'un noir brillant. Le 7e *segment* à peine arrondi et parfois subimpressionné au sommet.

Dessous du corps pubescent, d'un noir brillant. *Prosternum* et *mésosternum* rugueusement ponctués : celui-ci à pointe étroite et aiguë. *Métasternum* assez densément ponctué, subimpressionné-subsillonné en arrière sur son disque. *Ventre* très convexe, assez finement et assez densément ponctué, un peu plus finement en arrière, à peine plus densément sur le milieu du 5e arceau.

Pieds brièvement pubescents, très finement pointillés, testacés, avec les hanches noires et les genoux plus ou moins largement rembrunis. *Tarses* courts, subdéprimés, à 3e article non bilobé, triangulaire. Les *postérieurs* moins courts, à 1er article oblong, à peine égal au dernier : le 2e triangulaire.

PATRIE. Cette espèce, peu commune, se rencontre, en été, dans les prairies marécageuses et parmi les mousses humides, surtout dans les régions boisées ou montagneuses.

OBS. Elle est très distincte des précédentes par son aspect non pruineux et comme vernissé, et surtout par le 3e article des tarses, qui est simplement triangulaire au lieu d'être semibilobé.

Un échantillon des environs de Cluny (Saône-et-Loire) m'a paru avoir les élytres un peu plus longues, un peu moins élargies en arrière, et faire ainsi le passage au *languidus.* C'est là une simple variété macroptère.

Un exemplaire d'Avenas (montagnes du Beaujolais) m'a présenté le phénomène d'une monstruosité dans l'antenne gauche, laquelle est composée de 8 articles, le 8e formant une massue en bouton solide.

On attribue au *tempestivus* les *nitidiusculus* et *juncorum* de Stephens (Ill. Brit. V, 292),

88. Stenus (Hemistenus) languidus, ERICHSON.

Suballongé, assez large, peu convexe, éparsement pubescent, d'un noir brillant vernissé, avec les palpes et les antennes d'un roux testacé, le 1er article de celles-ci noir, leur massue rembrunie, ainsi que le pénultième article des palpes maxillaires, les pieds brunâtres, la base des cuisses largement et le sommet des tibias et les tarses d'un roux testacé assez foncé. Tête un peu plus large que le prothorax, assez finement et assez densément ponctuée, largement et profondément bisillonnée, à intervalle subélevé, convexe et presque lisse. Prothorax non plus long que large, moins large que les élytres, arqué sur les côtés et rétréci en arrière, assez finement et modérément ponctué, subinégal et assez fortement biimpressionné. Élytres subcarrées, bien plus longues que le prothorax, subparallèles, très inégales, assez finement et modérément ponctuées. Abdomen atténué en arrière, finement et subéparsement ponctué.

BRÉVIP.   15

♂ Le 6ᵉ *arceau ventral* échancré en angle à son sommet.

♀ Le 6ᵉ *arceau ventral* angulairement prolongé à son sommet.

Long., 0,0047 (2 1/7 l.). — Larg., 0,0010 (1/2 l.).

Stenus languidus, ERICHSON, Gen. et Spec. Staph. 725, 67. — FAIRMAIRE et LA-
BOULBÈNE, Faun. Fr. I, 591, 60. — FAUVEL, Faun. Gallo-Rhén. III, 276, note.

PATRIE. Cette espèce est très rare. Je l'ai jadis reçue de Sicile de
M. Grué, de Marseille. M. Revelière m'en a donné quelques exemplaires
de Corse. Elle a été également trouvée en Provence, d'après M. Fauvel
(Suppl. 64).

OBS. Les élytres sont plus longues, plus inégales et plus parallèles que
chez *tempestivus*, avec les épaules plus saillantes et moins arrondies. Les
palpes, les antennes et les pieds sont plus obscurs, etc.

89. Stenus (Hemistenus) picipennis, ERICHSON.

*Suballongé, assez large, peu convexe, éparsement pubescent, d'un noir
brillant, avec les palpes et les antennes testacés, la massue de celles-ci
obscure, les pieds d'un roux testacé à genoux très largement rembrunis.
Tête plus large que le prothorax, de la largeur des élytres, assez fortement
et assez densément ponctuée, assez profondément bisillonnée, à intervalle
élevé, subcaréné. Prothorax aussi large que long, moins large que les
élytres, assez fortement arqué sur les côtés et rétréci en arrière, assez
fortement et assez densément ponctué, peu inégal et légèrement biimpressionné. Élytres subcarrées, un peu plus longues que le prothorax,
inégales, assez fortement et assez densément ponctuées. Abdomen assez
épais, subatténué en arrière, assez grossièrement ponctué, plus éparsement sur le dos.*

♂ Le 6ᵉ *arceau ventral* largement et angulairement échancré au
sommet. Le 5ᵉ subdéprimé, très finement et densément pointillé sur son
milieu, longuement et densément pubescent. Le 4ᵉ à peine sinué dans le
milieu de son bord apical, longuement pubescent.

♀ Le 6ᵉ *arceau ventral* subogivalement prolongé au sommet.

Stenus picipennis. ERICHSON, Gen. et Spec. Staph. 725, 66. — REDTENBACHER.

Faun. Austr. ed. 2, 226. — FAIRMAIRE et LABOULBÈNE, Faun. Fr. I, 593, 69. — KRAATZ, Ins. Deut. I, 785, 56. — FAUVEL, Faun. Gallo-Rhén. III, 276, 68.

Long., 0,0033 (1 1/2 l.). — Larg., 0,0007 (1/3 l.).

Corps suballongé, assez large, peu convexe, d'un noir brillant; recouvert d'une courte et fine pubescence blanchâtre, peu serrée.

Tête sensiblement plus large que le prothorax, de la lageur des élytres; légèrement pubescente; assez fortement et assez densement ponctuée; assez largement et assez profondément bisillonnée, à intervalle élevé, subcaréné, presque lisse sur sa tranche; d'un noir brillant. *Bouche* brunâtre. *Mandibules* rousses. *Palpes* testacés. *Yeux* obscurs.

Antennes assez courtes, moins longues que la tête et le prothorax réunis, légèrement pilosellées, testacées à massue seule plus obscure; à 1er article épaissi: le 2e à peine moins épais, au moins aussi long que le 1er, plus épais que les suivants: ceux-ci assez grêles, graduellement moins longs: le 3e assez allongé, les 4e et 5e un peu moins, le 6e oblong, le 7e suboblong, le 8e subglobuleux: les 3 derniers formant ensemble une massue suballongée: les 9e et 10e subtransverses: le dernier en ovale acuminé.

Prothorax aussi large que long, moins large que les élytres; assez fortement arqué sur les côtés avant leur milieu et sensiblement rétréci en arrière; faiblement convexe; éparsement pubescent; assez fortement et assez densément ponctué, parfois à peine plus éparsement sur le dos; peu inégal, avec une légère impression oblique, de chaque côté, sur le disque; d'un noir brillant.

Écusson peu distinct, d'un noir brillant.

Elytres subcarrées ou à peine transverses, un peu plus longues que le prothorax, subarquées en arrière sur les côtés; subdéprimées ou peu convexes; inégales, avec une impression postscutellaire bien accusée, une autre intra-humérale et une 3e sublatérale, assez sensibles (1); éparsement pubescentes; assez fortement et assez densément ponctuées; d'un noir brillant. *Épaules* assez saillantes, étroitement arrondies.

Abdomen assez court, à peine moins large à sa base que les élytres, graduellement atténué en arrière; convexe, à 4 premiers segments profondément impressionnés en travers à leur base et relevés en bourrelet à leur extrémité; éparsement pubescent; assez grossièrement et assez

(1) L'intervalle des impressions postscutellaire et intra-humérales est relevé en une petite bosse plus ou moins prononcée.

densément ponctué sur les côtés et au fond des impressions, éparsement sur le dos des 5ᵉ et 6ᵉ segments, lisse sur le sommet du 5ᵉ et sur le bourrelet des précédents ; d'un noir brillant. Les 6ᵉ et 7ᵉ *segments* paraissant tronqués ou à peine échancrés à leur bord apical.

Dessous du corps éparsement pubescent, d'un noir brillant. *Prosternum* et *mésosternum* rugueusement ponctués, celui-ci à pointe mousse. *Métasternum* assez densément ponctué, déprimé-subimpressionné en arrière sur son disque. *Ventre* très convexe, assez fortement et assez densément ponctué.

Pieds légèrement pubescents, obsolètement pointillés, d'un roux testacé, avec les hanches, l'extrémité des cuisses très largement et la base des tibias étroitement, rembrunis. *Tarses* courts, subdéprimés, à 3ᵉ article non bilobé, subcordiforme. Les *postérieurs* un peu moins courts, à 1ᵉʳ article oblong, à peine égal au dernier : le 2ᵉ assez court, triangulaire.

PATRIE. Cette espèce, assez rare, vit au bord des eaux, parmi les herbes et les détritus, au printemps et à l'automne, dans la Flandre, la Champagne, l'Alsace, la Lorraine, la Normandie, les environs de Paris, la Provence, la Guienne. les Landes, etc. Je l'ai prise aux environs de Lyon, au bord du ruisseau d'Yzeron.

OBS. Elle diffère des *tempestivus* et *languidus* par sa taille moindre et surtout par son abdomen plus court, plus grossièrement ponctué, à impressions basilaires plus profondes et faisant relever le bord apical des segments en bourrelet lisse.

La description d'Erichson a été faite sur un individu immature, à élytres et sommet du ventre d'un brun de poix un peu roussâtre. J'en ai vu un exemplaire semblable dans la collection Revelière.

90. Stenus (Hemistenus) rusticus, ERICHSON.

Suballongé, assez large, peu convexe, assez densément pubescent, d'un noir subplombé peu brillant, avec les palpes et les antennes testacés, la massue de celles-ci obscure et leur 1ᵉʳ article noir, les pieds d'un roux de poix à genoux noirs. Tête plus large que le prothorax, un peu moins large que les élytres. assez fortement et densément ponctuée, largement bisillonnée, à intervalle subconvexe. Prothorax à peine oblong, bien moins

*large que les élytres, légèrement arqué en avant sur les côtés, subrétréci
en arrière, assez fortement et densément ponctué, peu inégal et obsolètement biimpressionné. Élytres subcarrées, d'un tiers plus longues que le
prothorax, subinégales, assez fortement et densément ponctuées. Abdomen
subatténué en arrière, assez fortement, densément et uniformément
ponctué.*

♂ Le 6ᵉ *arceau ventral* angulairement e aigument échancré au
sommet.

♀ Le 6ᵉ *arceau ventral* angulairement prolongé au sommet

Stenus rusticus, Ericuson, Gen. et Spec. Staph. 724, 04. — Fairmaire et Laboul-
    bène, Faun. Fr. I, 592, 65 (1). — Kraatz, Ins. Deut. II, 783, 54. — Thomson,
    Skand. Col. II, 233 47 ; — IX, 199.
Stenus rufimanus, Heer, Faun. Helv. I, 577, 34.
Stenus picipes, Fauvel, Faun. Gallo-Rhén. III, 274, 65 (2).

Long., 0,0044 (2 l.). — Larg., 0,0010 (1/2 l.).

Corps suballongé, assez large, peu convexe, d'un noir subplombé peu
brillant; revêtu d'une fine et courte pubescence blanchâtre, assez serrée.

Tête sensiblement plus large que le prothorax, un peu moins large que
les élytres, finement pubescente; assez fortement et densément ponctuée ;
largement bisillonnée, à intervalle assez large, subconvexe ; d'un noir
subplombé un peu brillant. *Bouche* brune, *palpes* testacés. *Yeux* obscurs.

Antennes assez courtes, moins longues que la tête et le prothorax
réunis, éparsement pilosellées, testacées, à massue plus foncée et à
1ᵉʳ article noir ou noirâtre; celui-ci subépaissi : le 2ᵉ à peine moins
épais et à peine moins long que le 1ᵉʳ, plus épais que les suivants : ceux-ci
assez grêles, graduellement moins longs : le 3ᵉ allongé, plus long que le
4ᵉ : les 4ᵉ et 5ᵉ suballongés, subégaux : les 6ᵉ et 7ᵉ fortement oblongs, le
8ᵉ oblong : les 3 derniers formant ensemble une massue allongée : le
dernier en ovale acuminé.

Prothorax à peine oblong, bien moins large que les élytres ; légèrement
arqué sur les côtés avant leur milieu et puis subrétréci en arrière ; peu
convexe, finement pubescent; assez fortement et densément ou même

(1) Bien que les auteurs de la *Faune française* donnent une couleur brillante à leur insecte
. le reste de la description semble lui convenir.
(2) Dans Fauvel, avant *Er.*, *Gen.*, il faut mettre *rusticus*.

très densément ponctué ; peu inégal, avec une impression obsolète, de chaque côté ; d'un noir peu brillant.

Écusson peu distinct, d'un noir subplombé.

Élytres subcarrées ou à peine oblongues, d'un tiers plus longues que le prothorax ; à peine arquées en arrière sur les côtés ; subdéprimées ou peu convexes, subinégales, avec une impression postscutellaire bien accusée, une autre intra-humérale assez prononcée, une 3e sublatérale et parfois une 4e discale obsolète ; fortement et densément ponctuées ; finement pubescentes ; d'un noir subplombé peu brillant. *Épaules* arrondies.

Abdomen peu allongé, un peu moins large à sa base que les élytres, subatténué en arrière ; convexe, à premiers segments subimpressionnés en travers à leur base ; finement et assez densément pubescent ; assez fortement, densément et uniformément ponctué ; d'un noir subplombé, peu brillant. Le 7e *segment* moins ponctué, tronqué ou subéchancré au bout.

Dessous du corps pubescent, d'un noir subplombé assez brillant. *Prosternum* et *mésosternum* rugueusement ponctués, celui-ci à pointe assez fine et aiguë. *Métasternum* assez fortement et assez densément ponctué, subimpressionné et obsolètement canaliculé en arrière sur son disque. *Ventre* très convexe, assez fortement et densément ponctué.

Pieds finement pubescents, très finement pointillés, d'un roux de poix, à hanches et genoux noirs. *Tarses* courts, subdéprimés, à 3e article non bilobé, subcordiforme ou triangulaire. Les *postérieurs* un peu moins courts, à 1er article oblong, subégal au dernier. Le 2e suboblong.

Patrie. Cette espèce se trouve très communément, toute l'année et de toute manière, surtout dans les lieux humides, dans presque toute la France.

Obs. Elle est distincte des précédentes par sa ponctuation plus serrée et plus uniforme, surtout sur l'abdomen, ce qui lui donne un aspect moins brillant. Les élytres sont moins inégales.

Quelques exemplaires, un peu plus brillants, à taille un peu moindre, à pénultième article des palpes maxillaires un peu rembruni à son extrémité, à élytres un peu plus courtes et parfois un peu plus fortement ponctuées, m'ont paru devoir rappeler le *St. spretus* de MM. Fairmaire et Laboulbène (Faun. Fr. 1, 590, 58).

On réunit au *rusticus* le *picipes* de Stephens (Ill. Brit. V, 288) et *testaceicornis* de Perris (Ann. Soc. Lin. Lyon, IV, 1857, 121).

91. Stenus (Hemistenus) foveicollis, KRAATZ.

Suballongé, subparallèle, subconvexe, subéparsement pubescent, d'un noir peu brillant, avec les palpes et les antennes testacés, la massue de celles-ci obscure et leur 1er article d'un noir de poix, les pieds d'un roux brunâtre à genoux noirs. Tête plus large que le prothorax, de la largeur des élytres, assez fortement et densément ponctuée, obsolètement bisillonnée, à intervalle légèrement convexe. Prothorax suboblong, un peu moins large que les élytres, subcylindrique ou faiblement arqué en avant sur les côtés, rétréci en arrière, assez fortement et densément ponctué, peu inégal et légèrement biimpressionné. Elytres subcarrées, à peine plus longues que le prothorax, subégales, fortement et assez densément ponctuées. Abdomen assez épais, à peine atténué en arrière, assez fortement et densément ponctué, plus éparsement sur le dos.

♂ Le 6e *arceau ventral* angulairement échancré au sommet.

♀ Le 6e *arceau ventral* prolongé au sommet en angle subacuminé.

Stenus bifoveolatus, ERICHSON, Gen. et Spec. Staph. 723, 63. — REDTENBACHER, Faun. Austr. I, 782, 52. — FAIRMAIRE et LABOULBÈNE, Faun. Fr. I, 593, 66.
Stenus foveicollis, KRAATZ, Ins. Deut. II, 782, 52. — FAUVEL, Faun. Gallo-Rhén. II, 275, 66.
Stenus brevicollis, THOMSON, Skand. Col. II, 234, 50 ; — IX, 199.

Long., 0,0035 (1 2/3 l.). — Larg., 0,0008 (1/3 l.).

PATRIE. Cette espèce, qui est rare, se prend, au printemps, sous les détritus végétaux, dans la Flandre, la Guienne, etc.

OBS. On la prendrait pour une variété du *rusticus*. Elle n'en diffère que par sa taille un peu moindre, sa forme un peu plus parallèle, ses élytres un peu plus courtes, un peu plus fortement et à peine moins densément ponctuées, et par son abdomen un peu plus éparsement ponctué sur le dos, à impressions basilaires des premiers segments plus profondes, etc.

92. Stenus (Hemistenus) bifoveolatus, GYLLENHAL.

Suballongé, assez épais, subparallèle, subconvexe, éparsement pubescent, d'un noir assez brillant, avec les palpes et les antennes testacés, la massue de celles-ci rembrunie et leur 1er article noir, le 3e article des palpes plus ou moins obscur, et les pieds brunâtres. Tête un peu plus large que le prothorax, presque aussi large que les élytres, assez finement et densément ponctuée, largement bisillonnée, à intervalle élevé, subconvexe, lisse. Prothorax à peine oblong, un peu moins large que les élytres, arqué en avant sur les côtés, subrétréci en arrière, assez fortement et assez densément ponctué, peu inégal, obsolètement biimpressionné. Élytres subcarrées, à peine plus longues que le prothorax, inégales, assez fortement et assez densément ponctuées. Abdomen subcylindrique, à peine atténué en arrière, finement et assez densément ponctué, plus lisse sur le dos, à premiers segments munis à leur base d'une petite carène médiane.

♂ Le 6e *arceau ventral* angulairement échancré au sommet. Les 4e et 5e longitudinalement impressionnés sur leur milieu, à impressions plus fortement pubescentes, terminées de chaque côté par une petite carène obtuse : le 5e subexcavé en son milieu.

♀ Le 6e *arceau ventral* prolongé au sommet en ogive obtuse. Les 4e et 5e simples.

Stenus bifoveolatus, GYLLENHAL, Ins. Suec. IV, 500, 9-10. — KRAATZ, Ins. Deut. II, 781, 51. — THOMSON, Skand. Col. II, 234, 49; IX, 199. — FAUVEL, Faun. Gallo-Rhén. III, 275, 67.
Stenus plancus, ERICHSON, Gen. et Spec. Staph. 723, 62. — REDTENBACHER, Faun. Austr. ed. 2, 223, 40. — FAIRMAIRE et LABOULBÈNE, Faun. Fr. I, 591, 59.

Long., 0,0033 (1 1/2 l.). — Larg., 0,0007 (1/3 l.).

Corps suballongé, assez épais, subparallèle, subconvexe, d'un noir assez brillant ; revêtu d'une fine pubescence cendrée, peu serrée.

Tête un peu moins large que le prothorax, presque aussi large que les élytres, à peine pubescente, assez finement et densément ponctuée; largement et assez profondément bisillonnée, à intervalle élevé, subconvexe, lisse; d'un noir assez brillant. *Bouche* brune, *mandibules* rousses, *palpes* testacés à pénultième article plus ou moins rembruni. *Yeux* obscurs.

Antennes assez courtes, moins longues que la tête et le prothorax réunis ; légèrement pilosellées ; testacées à massue rembrunie et 1er article noir : celui-ci subépaissi : le 2e à peine moins épais et à peine moins long que le 1er, plus épais que les suivants : ceux-ci assez grêles, graduellement moins longs : le 3e allongé, un peu plus long que le 4e : les 4e et 5e suballongés : le 6e oblong, le 7e suboblong, le 8e subglobuleux : les 3 derniers formant ensemble une massue assez allongée : les 9e et 10e à peine transverses : le dernier en ovale très court et subacuminé.

Prothorax à peine oblong, un peu moins large que les élytres, sensiblement arqué sur les côtés un peu avant leur milieu et puis subrétréci en arrière ; faiblement convexe ; éparsement pubescent ; assez fortement et assez densément ponctué, parfois plus éparsement sur son milieu avec un léger espace lisse ; peu inégal, marqué de chaque côté d'une impression oblique obsolète ; d'un noir assez brillant.

Écusson peu distinct, subruguleux, noir.

Élytres subcarrées, à peine plus longues que le prothorax, un peu plus larges en arrière ; longitudinalement subconvexes ; inégales, avec une impression suturale bien accusée, une autre intra-humérale suballongée, bien marquée, et une 3e postérieure, sublatérale, obsolète ; éparsement pubescentes ; assez fortement et assez densément ponctuées ; d'un noir assez brillant. *Épaules* arrondies.

Abdomen suballongé, assez épais, presque aussi large à sa base que les élytres, subcylindrique ou à peine atténué en arrière ; finement rebordé sur les côtés ; très convexe ; à premiers segments sensiblement impressionnés en travers à leur base et munis au milieu de celle-ci d'une petite carène ; éparsement pubescent ; finement et assez densément ponctué, plus lisse sur la partie dorsale postérieure des segments; d'un noir assez brillant. Le 7e *segment* subtronqué et souvent subimpressionné au bout.

Dessous du corps finement pubescent, d'un noir assez brillant. *Prosternum* et *mésosternum* rugueusement ponctués, celui-ci à pointe étroite et aiguë. *Métasternum* assez densément ponctué, subimpressionné et obsolètement canaliculé en arrière sur son disque. *Ventre* très convexe, finement et assez densément ponctué, plus finement et plus densément dans sa partie postérieure, surtout sur le milieu du 5e arceau.

Pieds finement pubescents, obsolètement pointillés, d'un brun parfois un peu roussâtre, avec les cuisses souvent moins foncées. *Tarses* courts, subdéprimés, à 3ᵉ article non bilobé, subcordiforme ou triangulaire. Les *postérieurs* un peu moins courts, à 1ᵉʳ article suboblong, à peine égal au dernier : le 2ᵉ assez court.

PATRIE. Cette espèce, peu commune, habite principalement les forêts humides, en été, sous les détritus et les feuilles mortes, dans la Flandre, l'Alsace, la Lorraine, la Normandie, les environs de Paris, la Bretagne, les Vosges, la Guienne, les Alpes, les Landes, la Provence, etc. Je l'ai capturée une seule fois, aux environs de Lyon, parmi les débris des inondations du Rhône.

OBS. Bien distincte des précédentes par la petite carène basilaire des premiers segments de l'abdomen, elle diffère du *rusticus* par son corps un peu plus brillant, plus étroit et moins déprimé, à pubescence et ponctuation moins serrées, avec celle-ci plus fine sur l'abdomen qui est plus cylindrique et plus finement rebordé sur les côtés, etc.

On rapporte au *bifoveolatus* les *phaeopus* et *nitidus* de Stephens (Ill. Brit. V, 288 et 300).

93. Stenus (Hemistenus) Leprieuri, CUSSAC.

Suballongé, subconvexe, finement pubescent, d'un noir assez brillant, avec le 1ᵉʳ article des palpes testacé. Tête à peine plus large que le prothorax, un peu moins large que les élytres, assez finement et densément ponctuée, obsolètement biimpressionnée, à intervalle subconvexe. Prothorax à peine oblong, moins large que les élytres, arqué sur les côtés, peu rétréci en arrière, assez finement et densément ponctué, subégal, obsolètement biimpressionné. Élytres subcarrées, évidemment plus longues que le prothorax, subinégales, assez finement et densément ponctuées. Abdomen faiblement atténué en arrière, assez finement et densément ponctué.

♂ Le 6ᵉ *arceau ventral* légèrement et angulairement échancré au sommet. *Abdomen* normal, un peu moins large que les élytres.

♀ Le 6ᵉ *arceau ventral* subogivalement prolongé au sommet. *Abdomen* épais, presque aussi large que les élytres.

Stenus Leprieuri, CUSSAC, Ann. Ent. Fr. 1851, Bull. 29. — FAIRMAIRE et LABOUL-BÈNE, Faun. Fr. I, 588, 51. — KRAATZ, Ins. Deut. II, 783, 53. — FAUVEL, Faun. Gallo-Rhén. III, 274, 64.

Long., 0,0030 (1 1/3 l.). — Larg., 0,0006 (1/3 l. faible).

Corps suballongé, plus ou moins épais, subconvexe, d'un noir assez brillant ; revêtu d'une fine pubescence cendrée, courte et peu serrée.

Tête à peine plus large que le prothorax, un peu moins large que les élytres, à peine pubescente ; assez finement et densément ponctuée ; obsolètement biimpressionnée-sillonnée, à intervalle large, subélevé et subconvexe ; d'un noir assez brillant. *Bouche* brune, à 1er article des *palpes maxillaires* testacé. *Yeux* obscurs.

Antennes courtes, bien moins longues que la tête et le prothorax réunis, légèrement pilosellées, noires ou noirâtres ; à 1er article épaissi : le 2e un peu moins épais et un peu moins long que le 1er, plus épais que les suivants : ceux-ci assez grêles, graduellement moins longs : les 3e à 5e suballongés : les 6e et 7e suboblongs : le 8e subglobuleux : les 3 derniers formant ensemble une massue suballongée, assez tranchée : les 9e et 10e transverses : le dernier en ovale court, acuminé.

Prothorax à peine oblong, sensiblement moins large que les élytres ; plus ou moins arqué sur les côtés et peu rétréci en arrière ; subconvexe ; légèrement pubescent ; assez finement et densément ponctué ; subégal, avec une impression oblique, plus ou moins obsolète, de chaque côté ; d'un noir assez brillant.

Ecusson très petit, noir.

Elytres subcarrées, évidemment plus longues que le prothorax, subparallèles ; légèrement convexes, subinégales, avec une impression post-scutellaire assez marquée et une autre intra-humérale plus légère ; finement pubescentes ; assez finement et densément ponctuées ; d'un noir assez brillant. *Epaules* subarrondies.

Abdomen assez court, plus ou moins épais, un peu ou à peine moins large à sa base que les élytres, faiblement atténué en arrière, finement rebordé sur les côtés ; très convexe, à premiers segments subimpressionnés en travers à leur base ; légèrement pubescent ; assez finement et densément ponctué ; d'un noir assez brillant. Le 7e *segment* moins ponctué, obtusément tronqué au bout.

Dessous du corps finement pubescent, d'un noir assez brillant. *Prosternum* et *mésosternum* rugueusement ponctués, celui-ci à pointe subémoussée. *Métasternum* assez finement et densément ponctué, déprimé-subimpressionné et obsolètement canaliculé en arrière sur son disque. *Ventre* très convexe, assez densément pubescent, assez finement et densément ponctué, un peu plus finement en arrière.

Pieds finement pubescents, très finement pointillés, noirs ou noirâtres, à tarses parfois d'un brun roussâtre. *Tarses* courts, subdéprimés, à 3° article non bilobé, subtriangulaire. Les *postérieurs* moins courts, à 1er article subolong, à peine égal au dernier : le 2° assez court.

PATRIE. Cette petite espèce est assez rare, au printemps, sous les herbes, les pierres, au bord des mares et des étangs, principalement dans les régions boisées ou subalpines : la Flandre, la Champagne, la Lorraine, la Bourgogne, le Beaujolais, les Alpes, etc. Je l'ai même rencontrée dans les collines des environs de Lyon.

OBS. Moindre que les précédentes, elle s'en distingue par ses palpes, ses pieds et surtout ses antennes d'une couleur bien plus obscure. Elle a tout à fait la tournure d'un petit *rusticus*, mais à pubescence un peu plus serrée, à couleur moins cendrée et à ponctuation moins forte, etc.

Une variété, de taille moindre, présente un prothorax plus distinctement biimpressionné (1) et des élytres un peu plus inégales, à couleur plus brillante et subplombée (*St. sculptus*, R.).

94. Stenus (Hemistenus) filum, ERICHSON.

Subaptère, allongé, grêle, linéaire, subdéprimé, éparsement pubescent, d'un noir subplombé un peu brillant, avec les palpes, les pieds et les antennes d'un flave testacé, le 1er article de celles-ci noir et le sommet de leur massue un peu rembruni. Tête bien plus large que le prothorax, un peu plus large que les élytres, finement et subéparsement ponctuée sensiblement bisillonnée, à intervalle large, peu élevé, presque lisse. Prothorax oblong, un peu moins large que les élytres, subarqué sur les côtés, rétréci en arrière, assez finement et subéparsement ponctué, égal, avec un léger espace lisse. Élytres subcarrées, à peine plus longues que le prothorax, subélargies en arrière, égales, assez finement et subéparsement ponctuées. Abdomen subparallèle, finement et subéparsement ponctué, plus lisse en arrière.

♂ Le 6e *arceau ventral* assez fortement échancré en angle à sommet subarrondi. Les 4e et 5e longitudinalement déprimés-subimpressionnés, plus finement et plus densément pointillés et plus longuement et plus densément pubescents sur leur milieu.

♀ Le 6e *arceau ventral* angulairement prolongé au sommet. Les 4e et 5e simples.

Stenus filum, Erichson, Col. March. I, 568, 40 ; — Gen. et Spec. Staph. 731, 78.
— Redtenbacher, Faun. Austr. ed. 2, 225. — Heer, Faun. Helv., 1, 226, 42.
— Fairmaire et Laboulbène, Faun. Fr. 1, 593, 63. — Kraatz, Ins. Deut. II, 792, 65. — Thomson, Skand. Col. II, 235, 51.
Stenus flavipes, Fauvel, Faun. Gallo-Rhén. III, 278, 70, pl. III, fig. 11.

Long., 0,0032 (1 1/2 l.). — Larg., 0,0005 (1/4 l.).

Corps subaptère, allongé, grêle, linéaire, subdéprimé, d'un noir subplombé assez brillant ; revêtu d'une fine pubescence blanche, courte et peu serrée.

Tête bien plus large que le prothorax, un peu moins large que les élytres ; éparsement pubescente ; finement et subéparsement ponctuée, un peu plus densément en avant ; sensiblement bisillonnée, à intervalle large, peu élevé et presque lisse ; d'un noir subplombé assez brillant. *Bouche* brunâtre, à *palpes* d'un testacé pâle. *Yeux* obscurs.

Antennes courtes, bien moins longues que la tête et le prothorax réunis, légèrement pilosellées, d'un flave testacé à 1er article noir et le sommet de la massue un peu rembruni ; le 1er article subépaissi : le 2e à peine moins épais et presque aussi long que le 1er, plus épais que les suivants : ceux-ci grêles, graduellement moins longs : le 3e allongé, plus long que le 4e : les 4e et 5e peu allongés : les 6e et 7e suboblongs, le 8e subglobuleux : les 3 derniers formant ensemble une massue suballongée, assez légère : le 9e subtransverse, le 10e plus gros, subcarré : le dernier en ovale très court et acuminé.

Prothorax oblong, un peu moins large que les élytres ; légèrement arqué sur les côtés et visiblement rétréci en arrière ; peu convexe ; éparsement pubescent ; assez finement et modérément ponctué, plus éparsement sur son milieu qui présente un léger espace lisse ; égal ; d'un noir subplombé assez brillant.

Ecusson très petit, d'un noir subplombé assez brillant.

Elytres subcarrées, à peine plus longues que le prothorax ; subélargies en arrière ; subdéprimées ou même déprimées, égales ; éparsement pubescentes ; assez finement et subéparsement ou même modérément ponctuées ; d'un noir subplombé assez brillant. *Epaules* peu saillantes, obtuses.

Abdomen allongé, un peu moins large à sa base que les élytres, subparallèle ; assez convexe, à premiers segments faiblement impressionnés en travers à leur base ; éparsement pubescent ; finement et modérément ponctué, plus éparsement sur le dos, surtout des derniers segments qui sont presque lisses ; d'un noir subplombé assez brillant. Le 7e *segment* obtusément tronqué au sommet.

Dessous du corps finement pubescent, d'un noir assez brillant. *Pros*-*ternum* et *mésosternum* rugueusement ponctués, celui-ci à pointe subémoussée. *Métasternum* modérément ponctué, subimpressionné avec une ligne lisse, en arrière sur son disque. *Ventre* très convexe, assez densément pubescent, assez finement et assez densément ponctué, plus finement et plus densément en arrière, surtout sur le milieu des 4e et 5e arceaux.

Pieds très finement pubescents, à peine pointillés, d'un flave testacé, à hanches noires. *Tarses* courts, assez larges, subdéprimés, à 3e article non bilobé, subcordiforme. Les *postérieurs* à peine moins courts, à 1er article suboblong, à peine égal au dernier : le 2e court.

Patrie. Cette espèce est commune, pendant l'été, sur la vase des fossés et parmi les herbes et détritus des grands marais dans plusieurs zones de la France.

Obs. Sa forme étroite, grêle, linéaire, la distingue assez des précédentes. Les palpes, les antennes et les pieds sont d'une couleur plus pâle, etc.

On réunit à cette espèce le *flavipes* de Stephens (Ill. Brit. V, 289).

5e Sous-genre Hypostenus, Rey.

de υπο, sous; *Stenus*, Sténe.

Obs. Le pénultième article des tarses profondément bilobé et en même temps l'abdomen non rebordé sur les côtés (si ce n'est finement au 1er segment seul), tels sont les deux principaux caractères de ce sous-genre. Le 1er article des tarses postérieurs est tantôt aussi long, tantôt plus long que le dernier. L'abdomen est cylindrique, souvent subparallèle, rarement conique. La taille est variable.

Les espèces en sont peu nombreuses. En voici le tableau :

a. *Elytres* parées sur leur disque d'une grande tache orangée.
   Ponctuation très grossière. *Taille* très grande. . . . 95. Kiesenwetteri.
aa. *Elytres* sans tache.

b. *Abdomen* allongé, subparallèle ou peu atténué, non conique. *Lame mésosternale* plus ou moins rétrécie en pointe au sommet. *Forme* plus ou moins allongée.

c. *Antennes* testacées, à massue seule un peu rembrunie. *Taille* grande.

d. *Avant-corps* très grossièrement ponctué. *Abdomen* brillant, assez fortement et assez densément ponctué, à premiers segments assez fortement impressionnés en travers à leur base. . . . . 96. CICINDELOIDES.

dd. *Avant-corps* assez finement ponctué. *Abdomen* assez brillant, très finement et très densément ponctué, à premiers segments faiblement impressionnés en travers à leur base. . . . . 97. SOLUTUS.

cc. *Antennes* testacées, à 1er article noir : la massue souvent rembrunie.

e. *Tarses* sublinéaires jusqu'au sommet du 3e article : celui-ci non bilobé. Les *postérieurs* à 1er article allongé, plus long que le dernier. *Antennes* assez longues, à massue non rembrunie. *Pieds* testacés, à genoux noirs. *Taille* grande. 98. OCULATUS.

ee. *Tarses* subdéprimés, graduellement subélargis. Les *postérieurs* à 1er article oblong, aussi long ou plus long que le dernier. *Antennes* courtes ou assez courtes. *Pieds* plus ou moins obscurs.

f. Le 1er *article des antennes* seul rembruni, la massue souvent obscure. *Palpes* entièrement testacés. *Pieds* noirs, à tarses d'un roux testacé : ceux-ci à 3e article subbilobé. *Taille* assez grande. . . . . 99. TARSALIS.

ff. Les 2 *premiers articles des antennes* rembrunis ainsi que la massue. *Palpes* à 3e article obscur. *Pieds* d'un roux de poix. *Tarses* à 3e article triangulaire ou subcordiforme.

g. Les 3e à 8e *articles des antennes* d'un flave testacé. *Tête* à peine aussi large que les élytres, aussi fortement ponctuée que le prothorax. *Taille* assez petite. . 100. PAGANUS.

gg. Les 3e à 8e *articles des antennes* d'un roux de poix. *Tête* au moins aussi large que les élytres, un peu moins fortement ponctuée que le prothorax. *Taille* petite. 101. LATIFRONS.

bb. *Abdomen* assez court, fortement atténué, conique. *Lame mésosternale* large, assez largement tronquée au sommet. *Élytres* amples. *Forme* épaisse, ramassée. *Taille* très petite. . . . . 102. CONTRACTUS.

95. Stenus (Hypostenus) Kiesenwetteri, ROSENHAUER.

Allongé, subconvexe, éparsement pubescent, d'un noir assez brillant, avec les antennes, les palpes et la base des cuisses roux, le sommet des tibias et le tarses d'un roux obscur, et les élytres parées d'une grande tache d'un rouge orangé. Tête plus large que le prothorax, de la largeur des élytres, grossièrement et assez densément ponctuée, obsolètement bisillonnée, à intervalle à peine convexe. Prothorax presque aussi large que long, un peu moins large que les élytres, arqué sur les côtés, à peine rétréci en arrière, très grossièrement et assez densément ponctué, égal. Élytres transverses, de la longueur du prothorax, subégales, très grossièrement et assez densément ponctuées. Abdomen subcylindrique fortement et assez densément ponctué, plus éparsement sur le dos.

♂ Le 6ᵉ *arceau ventral* profondément échancré au sommet en angle subobtus. Le 4ᵉ légèrement impressionné en arrière sur son disque, à impression terminée par de longs cils.

♀ Le 6ᵉ *arceau ventral* subogivalement prolongé au sommet. Le 4ᵉ simple.

Stenus Kiesenwetteri, ROSENHAUER, Thier. Andal. 76. — KRAATZ, Ins. Deut. II, 793, 66. — RYE, Ent. Month Mag. I, 109. — FAUVEL, Faun. Gallo-Rhén. III, 269, 56.

Long., 0,0055 (2 1/2 l.). — Larg., 0,0014 (2/3 l.).

PATRIE. Cette espèce, qui est très rare, se trouve, en été, à peu près de la même manière que le *Dianous cordatus*, c'est-à-dire presque dans l'eau, au bord des étangs, des ruisseaux et des marais, parmi les mousses et les touffes d'herbes à demi immergées, dans la Normandie et les environs de Paris.

OBS. Je ne la décrirai pas davantage. Elle se reconnaît par sa grande taille, sa ponctuation très grossière et profonde, par ses élytres parées, après leur milieu sur leur disque, d'une grande tache arrondie, d'un roux orangé. Les palpes et les antennes sont roux, avec le 3ᵉ article de ceux-là, la base et la massue de celles-ci, à peine plus foncés. Les cuisses sont d'un roux testacé jusqu'au-delà de leur milieu, le sommet des tibias et les tarses, d'un roux plus ou moins obscur.

96. Stenus (Hypostenus) cicindeloïdes, SCHALLER.

Allongé, subconvexe, éparsement pubescent, d'un noir brillant, avec les palpes, les antennes et les pieds testacés, et les genoux largement rembrunis. Tête un peu plus large que le prothorax, un peu moins large que les élytres, grossièrement et assez densément ponctuée, légèrement bisillonnée, à intervalle peu élevé, lisse. Prothorax à peine oblong, moins large que les élytres, subarqué sur les côtés, subrétréci en arrière, très grossièrement et densément ponctué, égal. Élytres subtransverses, à peine plus longues que le prothorax, subégales, très grossièrement et densément ponctuées. Abdomen subcylindrique, assez fortement et assez densément ponctué, plus lisse sur le dos, assez fortement impressionné à la base des premiers segments.

♂ Le 6° *arceau ventral* échancré au sommet en angle subaigu.

♀ Le 6° *arceau ventral* prolongé et subogivalement arrondi au sommet.

Staphylinus buphthalmus, ROSSI, Faun. Etr. I, 252, 623.
Staphylinus clavicornis, ROSSI, Faun. Etr. Mant. I, 98, 22.
Staphylinus biguttatus, var. OLIVIER, Ent. III, n. 44, pl. I, fig. 3, d.
Staphylinus cicindeloïdes, SCHALLER, Act. Hal. I, 324.
Stenus cicindeloïdes, GRAVENHORST, Micr. 155, 4 ; — Mon. 229, 6. — GYLLENHAL, Ins. Succ. II, 470, 6. — MANNERHEIM, Brach. 46, 2. — BOISDUVAL et LACORDAIRE, Faun. Par. I, 444, 4. — RUNDE, Brach. Hall. 15, 15. — ERICHSON, Col. March. I, 570, 49 ; — Gen. et Spec. Staph. 734, 84. — REDTENBACHER, Faun. Austr. ed. 2, 225, 51. — HEER, Faun. Helv. I, 227, 45. — FAIRMAIRE et LABOULBÈNE, Faun. Fr. I, 596, 77. — KRAATZ, Ins. Deut. II, 795, 68. — THOMSON, Skand. Col. II, 231, 41. — FAUVEL, Faun. Gallo-Rhén. III, 268, 55.

Long., 0,0055 (2 1/2 l.). — Larg., 0,0015 (2/3 l.).

Corps allongé, subconvexe, d'un noir brillant; revètu d'une très fine pubescence blanchâtre, très peu serrée.

Tête un peu plus large que le prothorax, un peu moins large que les élytres, à peine pubescente; grossièrement et assez densément ponctuée; légèrement bisillonnée, à intervalle large, peu élevé, plus ou moins lisse; d'un noir brillant. *Bouche* brune. *Palpes* testacés. *Yeux* obscurs.

Antennes médiocres, moins longues que la tête et le prothorax

réunis, éparsement pilosellées, testacées à massue souvent plus foncée ;
à 1er article subépaissi : le 2e à peine moins épais et un peu moins
long que le 1er, plus épais que les suivants : ceux-ci grêles, graduelle-
ment moins longs : le 3e allongé, plus long que le 4e : les 4e à 6e suballongés : le 7e fortement oblong : le 8e un peu plus épais, suboblong,
obconique : les 3 derniers formant ensemble une massue allongée, assez
légère : les 9e et 10e presque aussi larges que longs, subcarrés ou sub-
obconiques : le dernier en ovale acuminé.

Prothorax à peine oblong, moins large que les élytres ; faiblement
ou à peine arqué sur les côtés un peu avant leur milieu et puis subrétréci
en arrière ; légèrement convexe ; à peine pubescent ; profondément et
très grossièrement ponctué, à ponctuation plus ou moins serrée et subrugueuse, surtout sur les côtés ; égal, avec rarement un léger espace
lisse ; d'un noir brillant.

Ecusson très petit, d'un noir brillant.

Elytres subtransverses, à peine plus longues que le prothorax ; à peine
arquées en arrière sur les côtés ; faiblement convexes ; subégales, avec
une impression postscutellaire parfois assez sensible ; très éparsemen
pubescentes ; profondément, très grossièrement, densément et parfois
subrugueusement ponctuées ; d'un noir brillant. *Epaules* arrondies.

Abdomen suballongé, assez épais, moins large que les élytres, subcylindrique, non ou à peine atténué en arrière ; très convexe, à premiers
segments assez fortement impressionnés en travers à leur base, le 5e faiblement ; éparsement pubescent ; assez fortement et assez densément
ponctué sur les côtés et dans le fond des impressions, plus éparsement
et plus légèrement sur les derniers segments et sur le dos des précédents qui sont plus ou moins lisses en arrière ; d'un noir brillant. Le
7e *segment* subtronqué–subimpressionné au bout.

Dessous du corps finement pubescent, d'un noir brillant. *Prosternum*
et *mésosternum* rugueux, celui-ci à pointe mousse. *Métasternum* fortement et assez densément ponctué, subimpressionné en arrière sur son
disque. *Ventre* très convexe, recouvert d'une pubescence assez longue
et assez serrée, surtout postérieurement, convergente en dedans au bord
apical des 4 ou 5 premiers arceaux ; finement et assez densément ponctué, plus légèrement en arrière, plus finement et plus densément sur le
milieu des 4e et 5e arceaux, et principalement de ce dernier.

Pieds finement pubescents, finement pointillés, testacés à hanches
noires, et extrémité des cuisses et base des tibias plus ou moins large-

ment rembrunies, et une légère teinte brune au bout des 3 premiers articles des tarses et du dernier. *Tarses* médiocres, à 3ᵉ article non bilobé, subtriangulaire ou subcordiforme. Les *postérieurs* assez allongés, sublinéaires jusqu'au 3ᵉ article : le 1ᵉʳ suballongé, plus long que le dernier ; le 2ᵉ fortement oblong.

Patrie. Cette espèce est commune, toute l'année, au bord des eaux ou dans les lieux humides, dans toute la France et même en Provence.

Obs. Remarquable par sa grande taille et par sa ponctuation profonde et très grossière, elle diffère du *Kiesenwetteri* par ses élytres sans tache. Les ♂ sont plus rares que les ♀ .

On attribue au *cicindeloides* le *similis* var. β de Ljungh (Web. u. Mohr. Arch. I, 1, 66) et *scabrior* de Stephens (Ill. Brit. V, 282).

97. Stenus (Hypostenus) solutus, Erichson.

Allongé, subconvexe, assez densément pubescent, d'un noir plombé assez brillant; avec les palpes, les antennes et les pieds d'un flave testacé, et les genoux intermédiaires et postérieurs largement rembrunis, les cuisses antérieures à teinte brune avant leur sommet. Tête bien plus large que le prothorax, à peine plus large que les élytres, assez finement et assez densément ponctuée, légèrement bisillonnée, à intervalle peu convexe, plus lisse. Prothorax oblong, un peu moins large que les élytres, faiblement arqué sur les côtés, subrétréci en arrière, assez finement et assez densément ponctué, obsolètement biimpressionné. Élytres subcarrées, à peine plus longues que le prothorax, peu inégales, assez fortement et densément ponctuées. Abdomen subcylindrique, très finement et très densément pointillé, faiblement impressionné à la base des premiers segments.

♂ Le 6ᵉ *arceau ventral* profondément et angulairement entaillé au sommet. Le 3ᵉ à peine, le 4ᵉ sensiblement, sinués au milieu de leur bord apical, avec une légère impression au devant du sinus.

♀ Le 6ᵉ *arceau ventral* subogivalement prolongé au sommet. Les 3ᵉ et 4ᵉ simples.

Stenus solutus, Erichson, Gen. et Spec. Staph. 734, 83. — Fairmaire et Laboulbène, Faun. Fr. I, 595, 76. — Fauvel, Faun. Gallo-Rhén. III, 268, 54, pl. III, fig. 10.

Long., 0,0055 (2 1/2 l.). — Larg., 0,0014 (2/3 l.).

Corps allongé, subconvexe, d'un noir plombé assez brillant ; revêtu d'une fine pubescence blanche, courte et assez serrée.

Tête bien plus large que le prothorax, à peine plus large que les élytres, finement pubescente ; assez finement et assez densément ponctuée ; largement et légèrement bisillonnée, à intervalle assez large, peu convexe et plus lisse ; d'un noir plombé assez brillant. *Bouche* brune. *Palpes* d'un flave testacé. *Yeux* obscurs.

Antennes assez longues, un peu moins longues que la tête et le prothorax réunis, éparsement pilosellées, d'un flave testacé à massue rarement plus foncée ; à 1er article subépaissi : le 2e un peu moins épais et un peu moins long que le 1er, un peu plus épais que les suivants : ceux-ci grêles, graduellement moins longs : le 3e très allongé, bien plus long que le 4e : les 4e et 5e allongés, le 6e suballongé : les 7e et 8e un peu plus épais, oblongs, obconiques : les 3 derniers formant ensemble une légère massue allongée : le 9e suboblong, le 10e subcarré : le dernier en ovale subacuminé.

Prothorax oblong, un peu moins large que les élytres ; subcylindrique ou faiblement arqué sur les côtés et puis subrétréci en arrière ; subconvexe ; finement pubescent ; assez finement et assez densément ponctué ; subégal ; obsolètement et obliquement bisillonné de chaque côté ; d'un noir plombé assez brillant.

Ecusson très petit, d'un noir plombé assez brillant.

Elytres subcarrées, à peine plus longues que le prothorax ; subparallèles ; légèrement convexes ; peu inégales, avec une impression postscutellaire sensible, une autre intra-humérale obsolète et leur intervalle un peu relevé en bosse ; finement pubescentes, assez fortement et densément ponctuées ; d'un noir plombé assez brillant. *Epaules* arrondies.

Abdomen allongé, moins large que les élytres, subcylindrique, atténué seulement dans son dernier tiers ; très convexe, à premiers segments faiblement impressionnés en travers à leur base, le 5e nullement ; finement pubescent ; très finement et très densément pointillé, moins finement et subrugueusement sur les impressions des premiers segments ; d'un noir plombé assez brillant, sur le dos, un peu moins en arrière et sur les côtés. Le 7e *segment* plus lisse, obtusément arrondi au bout.

Dessous du corps finement pubescent, d'un noir plombé assez brillant. *Prosternum* et *mésosternum* ruguleux, celui-ci à pointe assez aiguë.

Métasternum assez fortement et densément ponctué sur les côtés, plus légèrement et plus finement sur son disque, qui est subimpressionné et très finement canaliculé en arrière. *Ventre* très convexe, densément pubescent-argenté, finement et densément ponctué, plus fortement à la base du 1er arceau, un peu plus finement et un peu plus densément sur le milieu des 4e et 5e.

Pieds finement pubescents, très finement pointillés, d'un flave testacé, avec les hanches noires, l'extrémité des cuisses et tibias intermédiaires et postérieurs largement ou même très largement rembrunis, une grande tache brune sur la partie postérieure des cuisses antérieures, la tranche externe de leurs tibias obscure, et un petit point noirâtre au sommet de tous les tibias et des 3 premiers articles et du dernier de tous les tarses. *Ceux-ci* médiocres, à 3e article non bilobé, subtriangulaire ou subcordiforme. Les *postérieurs* plus longs, à 1er article suballongé, plus long que le dernier : le 2e oblong.

PATRIE. Cette rare espèce se prend, en été, dans les grands marais, parmi les herbes, presque dans l'eau, dans la Flandre, la Normandie, les environs de Paris, la Champagne, l'Alsace, la Lorraine, la Bourgogne, le Bugey, la Languedoc, les Landes, etc. Je l'ai rencontrée une fois aux environs de Lyon, dans les marais de Décines-Charpieux (Isère).

OBS. Elle est un peu plus étroite que le *cicindeloides*, d'une couleur un peu moins brillante mais plus plombée, à pubescence plus serrée, à ponctuation bien moins forte et moins grossière, très fine et très serrée sur l'abdomen, dont les premiers segments sont moins fortement impressionnés à leur base, etc.

98. Stenus (Hypostenus) oculatus, GRAVENHORST.

Allongé, subconvexe, finement pubescent, d'un noir subplombé peu brillant, avec les pieds, les palpes et les antennes d'un flave testacé, le 1er article de celles-ci noir, et les genoux noirâtres. Tête plus large que le prothorax, de la largeur des élytres, assez fortement et densément ponctuée, légèrement bisillonnée, à intervalle peu convexe, à peine élevé, plus lisse. Prothorax suboblong, moins large que les élytres, modérément arqué sur les côtés, subrétréci en arrière, fortement et densément ponctué, subégal, obsolètement biimpressionné. Élytres subcarrées, un peu plus longues que le prothorax, peu inégales, fortement et densément ponctuées. Abdomen subcylindrique, fortement et densément ponctué, à peine plus finement en arrière. Tarses sublinéaires.

♂ Le 6⁰ *arceau ventral* profondément incisé au sommet. Le 4⁰ subsinué dans le milieu de son bord apical, avec une légère impression plus longuement pubescente au devant du sinus. Le 5⁰ subdéprimé, plus finement et plus densément ponctué, et plus longuement et plus densément pubescent sur sa région médiane.

♀ Le 6⁰ *arceau ventral* subsinueusement prolongé au sommet en angle subacuminé. Les 4⁰ et 5⁰ simples.

Staphylinus similis, HERBST, Arch. V, 2, 151, 15.
Stenus oculatus, GRAVENHORST, Micr. 153, 3; — Mon. 227, 5. — GYLLENHAL, Ins. Suec. II, 471, 7.— MANNERHEIM, Brach. 42, 7. — BOISDUVAL et LACORDAIRE, Faun. Par. I, 444, 5. — RUNDE, Brach. Hal. 15, 7. — ERICHSON, Col. March. I, 569, 48 ; — Gen. et Spec. Staph. 733, 81. — REDTENBACHER, Faun. Austr. ed. 2, 225, 51. — HEER, Faun. Helv. I, 227, 44. — FAIRMAIRE et LABOULBÈNE, Faun. Fr. I, 595, 75. — KRAATZ, Ins. Deut. II, 795, 69. — THOMSON, Skand. Col. II, 232, 42.
Stenus modestus, LUCAS, Expl. Alg. Ent. 124, pl. 13, fig. 5.
Stenus siculus, STIERLIN, Mitth. Schw. Ges. 1867, 221.
Stenus similis, FAUVEL, Faun. Gallo-Rhén. III, 267, 53.

Long., 0,0055 (2 1/2 l.). — Larg., 0,0012 (1/2 l.).

Corps allongé, subconvexe, d'un noir subplombé peu brillant ; revêtu d'une fine pubescence blanchâtre, courte, assez ou modérément serrée.

Tête plus large que le prothorax, de la largeur des élytres, finement pubescente ; assez fortement et densément ponctuée ; largement et peu profondément bisillonnée, à intervalle large, peu convexe, à peine élevé et plus lisse ; d'un noir à peine plombé assez brillant. *Bouche* brune. *Palpes* d'un flave testacé. *Yeux* obscurs.

Antennes assez longues, atteignant presque la base du prothorax, éparsement pilosellées, d'un flave testacé à massue rarement plus foncée et le 1ᵉʳ article noir ; celui-ci subépaissi : le 2⁰ à peine moins épais et au moins aussi long que le 1ᵉʳ, plus épais que les suivants : ceux-ci grêles, graduellement moins longs : le 3⁰ très allongé, bien plus long que le 4⁰ : les 4⁰ et 5⁰ allongés, les 6⁰ et 7⁰ suballongés : le 8⁰ fortement oblong : les 3 derniers formant une massue allongée, assez brusque : le 9ᵉ obconique, le 10ᵉ subcarré : le dernier en ovale court, acuminé.

Prothorax suboblong, moins large que les élytres, modérément arqué sur les côtés et subrétréci en arrière ; légèrement convexe ; finement pubescent ; fortement et densément ponctué ; subégal, avec une impression oblique, obsolète, de chaque côté ; d'un noir subplombé peu brillant.

Écusson peu distinct, noir.

Élytres subcarrées, un peu plus longues que le prothorax ; à peine arquées en arrière sur les côtés ; faiblement convexes, peu inégales, avec une impression postscutellaire assez marquée et plus ou moins prolongée le long de la suture, et une autre intra-humérale plus ou moins faible ; finement pubescentes ; fortement et densément ponctuées ; d'un noir subplombé peu brillant. *Épaules* étroitement arrondies.

Abdomen allongé, moins large que les élytres, subcylindrique, atténué seulement tout à fait au sommet ; très convexe, à premiers segments faiblement impressionnés en travers à leur base, le 5ᵉ à peine ou nullement ; finement pubescent ; fortement et densément ponctué, à peine plus finement en arrière, plus éparsement et plus densément sur le 6ᵉ, lisse vers le bord postérieur du 4ᵉ et surtout du 5ᵉ ; d'un noir à peine plombé et peu brillant. Le 7ᵉ *segment* moins ponctué, subtronqué ou obtusément arrondi au bout.

Dessous du corps finement pubescent, d'un noir peu brillant. *Prosternum* et *mésosternum* rugueux, celui-ci à pointe peu émoussée. *Métasternum* fortement et assez densément ponctué, impressionné-subsillonné en arrière sur son disque. *Ventre* très convexe, fortement et densément ponctué, plus légèrement et plus éparsement sur le 6ᵉ arceau.

Pieds finement pubescents, obsolètement pointillés, d'un flave testacé, à hanches noires, les trochanters brunâtres, les genoux antérieurs et intermédiaires étroitement, les postérieurs plus largement noirâtres, ainsi que le bout des 3 premiers articles des tarses et du dernier. *Ceux-ci* médiocres, à 3ᵉ article non bilobé, subtriangulaire ou subcordiforme. Les *postérieurs* suballongés, sublinéaires jusqu'au 3ᵉ article : le 1ᵉʳ allongé, plus long que le dernier : le 2ᵉ fortement oblong.

Patrie. Cette espèce est très commune, toute l'année, parmi les détritus, les mousses, les feuilles mortes, sous les pierres, les fagots, etc., dans presque toute la France et même en Provence.

Obs. La ponctuation est bien moins grossière que chez *cicindeloïdes*,

bien plus forte et plus profonde que chez *solutus*; la couleur est plus
mate et moins plombée que dans celui-ci. Le 1er article des antennes
est noir, au lieu qu'il est testacé dans les deux espèces susdites, etc.

On réunit le *cognatus* de Stephens (Ill. Brit V, 283) à l'*oculatus* de
Gravenhorst (1).

99. Stenus (Hypostenus) tarsalis, Ljungh.

*Assez allongé, subconvexe, finement pubescent, d'un noir à peine
plombé et peu brillant, avec les tarses, les palpes et les antennes d'un
roux testacé, celles-ci à massue rembrunie et 1er article noir. Tête plus
large que le prothorax, de la largeur des élytres, assez finement et
densément ponctuée, faiblement biimpressionnée, à intervalle à peine
élevé. Prothorax à peine oblong, moins large que les élytres, arqué sur
les côtés, subrétréci en arrière, assez fortement et densément ponctué,
subégal, légèrement biimpressionné. Elytres subcarrées, un peu plus
longues que le prothorax, subégales, fortement et assez densément ponctuées. Abdomen subcylindrique, assez fortement et densément ponctué.
Tarses subélargis, subdéprimés.*

♂ Le 6e *arceau ventral* largement et légèrement échancré au sommet.
Le 4e creusé, au milieu de sa partie postérieure, d'une petite impression
semicirculaire, parfois lisse, bordée de poils plus longs. Le 5e densément
et longuement pubescent-argenté sur sa région médiane.

♀ Le 6e *arceau ventral* subsinueusement prolongé en angle au
sommet. Les 4e et 5e simples.

Staphylinus clavicornis, Rossi, Faun. Etr, I, 312, note n° 1.
Stenus clavicornis, Gravenhorst, Micr. 156, 5; — Mon. 229, 7. — Boisduval et
Lacordaire, Faun. Par. I, 448, 13
Stenus riparius, Runde, Brach. Hal. 16, 10.
Stenus tarsalis, Ljungh, Web. u. Mohr. Beitr. II, 157. — Gyllenhal, Ins. Suec.
II, 472, 8. — Mannerheim, Brach. 42, 8. — Erichson, Col. March. I, 569, 47.
— Gen. et Spec. Staph. 732, 79. — Redtenbacher, Faun. Austr. ed. 2, 225, 53.
— Heer, Faun. Helv. I, 226, 43. — Fairmaire et Laboulbène, Faun. Fr. I, 595,
74. — Kraatz, Ins. Deut. II, 794, 67.— Thomson, Skand. Col. II, 232, 43. —
Fauvel, Faun. Gallo-Rhén. III, 267, 52.

(1) Préférablement au nom de *similis*, j'ai admis celui d'*oculatus* consacré par l'usage et
adopté par Kraatz, Thomson, de Harold et la plupart des autres auteurs.

Stenus insidiosus, Solsky, Bull. Mosc. 1864, II, 449.
Stenus roscidus, Sneller, v. Voll. Bowstff. Fn. Nederl. II, 71.

Long., 0,0040 (1 3/4 l.). — Larg., 0,0008 (1/3 l. fort).

Corps assez allongé, subconvexe, d'un noir à peine plombé et peu brillant ; revêtu d'une fine pubescence blanchâtre, très courte et assez serrée (1).

Tête plus large que le prothorax, de la largeur des élytres ; finement pubescente ; assez finement et densément ponctuée ; subdéprimée et faiblement biimpressionnée-sillonnée, à intervalle large, à peine élevé ; d'un noir à peine plombé et peu brillant. *Bouche* brune. *Palpes* d'un roux testacé, à 3e article parfois plus foncé au sommet. *Yeux* obscurs.

Antennes assez courtes, bien moins longues que la tête et le prothorax réunis, obscurément pilosellées, d'un roux testacé à massue rembrunie et 1er article noir ; celui-ci subépaissi : le 2e à peine moins épais et à peine moins long que le 1er, plus épais que les suivants : ceux-ci assez grêles, graduellement moins longs : le 3e allongé, un peu plus long que le 4e : les 4e et 5e suballongés, les 6e et 7e oblongs : le 8e assez court, obconique ou subglobuleux : les 3 derniers formant ensemble une massue assez tranchée, subfusiforme : les 9e et 10e à peine transverses : le dernier en ovale acuminé.

Prothorax à peine oblong, moins large que les élytres ; médiocrement arqué sur les côtés et subrétréci en arrière ; faiblement convexe ; finement pubescent ; assez fortement et plus ou moins densément ponctué ; subégal, avec une légère impression oblique de chaque côté (2) ; d'un noir à peine plombé et peu brillant.

Ecusson peu distinct, noir.

Elytres subcarrées, un peu plus longues que le prothorax, à peine arquées en arrière sur les côtés ; faiblement convexes, subégales, avec une impression postscutellaire et une autre intra-humérale, assez légères ; finement pubescentes ; plus ou moins fortement et assez densément ponctuées ; d'un noir à peine plombé et peu brillant. *Epaules* arrondies.

Abdomen suballongé, un peu moins large que les élytres, subcylindrique, parfois à peine atténué en arrière ; très convexe, à premiers segments sensiblement impressionnés en travers à leur base ; finement

(1) La pubescence, naissant des points, est argentée et assez apparente.
(2) Les impressions tendent souvent à se réunir en arrière, de manière à former un arc à ouverture en avant.

pubescent; un peu ou à peine moins fortement mais plus densément
ponctué que les élytres; d'un noir à peine plombé et peu brillant. Le
7° *segment* moins ponctué, subarrondi au bout.

Dessous du corps finement pubescent, d'un noir subplombé assez
brillant. *Prosternum* et *mésosternum* rugueux, celui-ci à pointe fine,
peu émoussée. *Métasternum* assez fortement et densément ponctué,
impressionné-subsillonné en arrière sur son disque. *Ventre* très convexe,
plus longuement et plus densément pubescent en arrière, assez fortement
et densément ponctué.

Pieds finement pubescents, à peine pointillés, noirs ou noirâtres, à
tarses d'un roux testacé parfois assez obscur et les ongles toujours noirs.
Tarses assez courts, graduellement subélargis, subdéprimés, à 3° article
subbilobé. Les *postérieurs* plus longs, à 1er article oblong, subégal au
dernier : le 2° à peine oblong, triangulaire.

Patrie. Cette espèce se prend communément, toute l'année, sous les
détritus et les mousses, dans les lieux humides, dans une grande partie
de la France.

Obs. Différente de l'*oculatus* par la structure des tarses, elle est un peu
moindre, un peu moins plombée, à antennes plus courtes, à pieds plus
obscurs, etc.

Une variété, de taille un peu moins grande, paraît avoir une teinte un
peu plus brillante, une ponctuation un peu plus forte sur les élytres qui
sont plus courtes, un peu moins serrées sur l'abdomen, avec la massue
des antennes et les tarses d'un flave testacé *(St. insidiosus*, Solsky). —
Bugey.

Quelques ♂, de taille moindre, présentent à peine ou non le vestige
de l'impression semicirculaire du 4° arceau ventral, laquelle, en s'accen-
tuant, devient de plus en plus lisse, comme dans la var. *insidiosus*.

Cette espèce présente parfois une forme brachyptère assez accentuée.

On regarde comme synonymes du *tarsalis* les *buphthalmus* de Ljungh
(Web. u. Mohr. Arch. I, 1, 67), *nigriclavis*, *flavitarsis* et *rufitarsis* de
Stephens (Ill. Brit. V, 285 et 286).

100. Stenus (Hypostenus) paganus, ERICHSON.

Allongé, peu convexe, éparsement pubescent, d'un noir peu brillant, avec les palpes et les antennes testacés, le 3e article de ceux-là rembruni, la massue de celles-ci obscure, leur 1er article noir et le 2e brunâtre. Tête plus large que le prothorax, de la largeur des élytres, fortement et densément ponctuée, légèrement bisillonnée, à intervalle large, subélevé. Prothorax à peine oblong, moins large que les élytres, subarqué sur les côtés, subrétréci en arrière, fortement et densément ponctué, subégal. Élytres subcarrées, un peu plus longues que le prothorax, subégales, fortement et densément ponctuées. Abdomen subcylindrique, assez fortement et densément ponctué, plus finement en arrière. Tarses subélargis, subdéprimés.

♂ Le 6e *arceau ventral* profondément, étroitement et aigument entaillé au sommet. Le 5e assez largement échancré au milieu de son bord apical, creusé au devant de l'échancrure d'une large impression plus finement et plus densément pointillée et plus pubescente, terminée de chaque côté par une petite carène obtuse. Le 4e déprimé ou subimpressionné, plus finement et plus densément pointillé et plus pubescent, sur sa région médiane.

♀ Le 6e *arceau ventral* prolongé et arrondi au sommet. Les 4e et 5e simples.

Stenus paganus, ERICHSON, Col. March. I, 571, 50 ; — Gen. et Spec. Staph. 742, 100. — REDTENBACHER, Faun. Austr. ed. 2, 225, 35. — FAIRMAIRE et LABOULBÈNE, Faun. Fr. I, 596, 78. — KRAATZ, Ins. Deut, II, 796, 70. — THOMSON, Skand. Col. II, 231, 40 ; — IX, 198. — FAUVEL, Faun. Gallo-Rhén. III, 266, 51.

Long., 0,0034 (1 1/2 l.). — Larg., 0,00055 (1/4 l.).

PATRIE. Cette espèce se prend, assez rarement, en été, sous les détritus, au bord des eaux, dans plusieurs provinces de la France. Je l'ai capturée à Cluny (Saône-et-Loire) et dans les environs de Lyon, où elle est très rare.

OBS. Elle diffère du *tarsalis* par sa taille moindre et sa ponctuation relativement un peu plus forte. Le 3e article des palpes est rembruni, le

2º des antennes est brunâtre, les pieds sont d'un roux de poix à cuisses souvent plus claires, etc. Elle ressemble plutôt à la suivante.

Le 6º segment abdominal est souvent échancré au sommet, surtout chez les ♀ , et alors le 6º arceau ventral correspondant est plus prolongé, même d'une manière subogivale.

Le 2º article des antennes est quelquefois un peu roussâtre.

101. Stenus (Hypostenus) latifrons, ERICHSON.

Allongé, sublinéaire, subdéprimé, subéparsement pubescent, d'un noir subplombé peu brillant, avec les palpes obscurs à base testacée, les antennes d'un roux de poix, à massue et leurs 2 premiers articles rembrunis. Tête plus large que le prothorax, un peu plus large que les élytres, assez fortement et densément ponctuée, obsolètement bisillonnée, à intervalle large, peu convexe, subélevé. Prothorax à peine oblong, un peu moins large que les élytres, subarqué sur les côtés, subrétréci en arrière, assez fortement et densément ponctué, subégal. Elytres subcarrées, à peine plus longues que le prothorax, subégales, fortement et densément ponctuées. Abdomen subcylindrique, assez fortement et densément ponctué, plus finement en arrière. Tarses subélargis, subdéprimés.

♂ Le 6º *arceau ventral* profondément, étroitement et aigument entaillé au sommet. Le 5º assez largement échancré dans le milieu de son bord apical, creusé au devant de l'échancrure d'une large impression non avancée jusqu'à la base, plus finement et plus densément pointillée, plus densément pubescente et terminée de chaque côté par une petite carène très obtuse. Le 4º à peine impressionné vers le milieu de sa partie postérieure, à impression plus finement et plus densément pointillée, à peine plus pubescente.

♀ Le 6º *arceau ventral* prolongé au sommet en ogive arrondie. Les 4º et 5º simples.

Stenus morio, var. GRAVENHORST, Mon. 231.
Stenus latifrons, ERICHSON, Col. March. I, 572, 51 ; — Gen. et Spec. Staph. 743, 101. — REDTENBACHER, Faun. Austr. ed. 2, 225, 54. — HEER, Faun. Helv. I, 227, 46. — FAIRMAIRE et LABOULBÈNE, Faun. Fr. I, 596, 79. — KRAATZ, Ins. Deut. II, 797, 71. — THOMSON, Skand. Col. II, 230, 39. — FAUVEL, Faun. Gallo-Rhén. III, 265, 50.

Long., 0,0033 (1·1/2 l.). — Larg., 0,0005 (1/4 l.).

Corps allongé, sublinéaire, subdéprimé, d'un noir subplombé peu brillant; revêtu d'une fine pubescence blanchâtre, courte, assez peu ou modérément serrée.

Tête sensiblement plus large que le prothorax, un peu plus large que les élytres à leur base; finement pubescente; assez fortement et densément ponctuée; obsolètement bisillonnée, à intervalle large, peu convexe, subélevé; d'un noir subplombé assez brillant. *Bouche* brune. *Palpes* d'un brun de poix, à 1er article et base du 2e testacés. *Yeux* obscurs.

Antennes courtes, bien moins longues que la tête et le prothorax réunis, légèrement piloselliées, d'un roux de poix à massue et les 2 premiers articles rembrunis; le 1er épaissi, noir : le 2e un peu moins épais, brunâtre, à peine moins long que le 1er, plus épais que les suivants : ceux-ci assez grêles, graduellement moins longs : le 3e assez allongé, un peu plus long que le 4e : les 4e et 5e suballongés : les 6e et 7e oblongs, le 8e subglobuleux : les 3 derniers formant ensemble une massue sub-allongée, assez forte : les 9e et 10e subtransverses : le dernier en ovale court, subacuminé.

Prothorax à peine oblong, un peu moins large que les élytres; sub-arqué sur les côtés et subrétréci en arrière; peu convexe; finement pubescent; assez fortement et densément ponctué, subrugueusement sur les côtés; subégal; d'un noir subplombé peu brillant.

Ecusson peu distinct, noir.

Elytres subcarrées, à peine plus longues que le prothorax; à peine arquées en arrière sur les côtés; subdéprimées; subégales, avec une impression postscutellaire et une autre intra-humérale obsolètes; finement pubescentes; fortement et densément ponctuées; d'un noir sub-plombé peu brillant. *Epaules* assez largement arrondies.

Abdomen allongé, un peu moins large que les élytres, subcylindrique, parfois à peine atténué en arrière; très convexe, à premiers segments légèrement impressionnés en travers à leur base; finement pubescent; assez fortement et densément ponctué, graduellement plus finement vers son extrémité; d'un noir subplombé un peu brillant. Le 7e *segment* sub-impressionné au bout.

Dessous du corps finement pubescent, d'un noir subplombé assez brillant. *Prosternum* et *mésosternum* rugueusement ponctués, celui-ci à

pointe étroite, assez aiguë. *Métasternum* assez fortement et assez densément ponctué, subimpressionné et obsolètement canaliculé en arrière
sur son disque. *Ventre* très convexe, assez finement et densément ponctué, plus finement et plus densément sur le milieu du 4ᵉ et surtout du
5ᵉ arceaux.

Pieds finement pubescents, très finement pointillés, d'un roux de
poix, à cuisses souvent plus claires, avec les hanches noires. *Tarses*
courts, graduellement subélargis, subdéprimés, à 3ᵉ article large, subcordiforme. Les *postérieurs* un peu moins courts, à 1ᵉʳ article oblong,
un peu moins long que le dernier : le 2ᵉ assez court, triangulaire.

Patrie. Cette espèce, peu commune, se trouve courant sur la vase et
parmi les herbes des marais et des étangs, sous les détritus des lieux
humides, pendant toute l'année, sur divers points de la France.

Obs. Elle a la tournure de l'*unicolor*, avec la structure des tarses tout
autre. La tête est un peu plus large et les antennes sont plus obscures
que chez *paganus*, avec la forme un peu plus linéaire, les élytres étant
un peu moins larges relativement au prothorax. Les impressions des 4ᵉ
et 5ᵉ arceaux du ventre ♂ sont un peu moins fortes et moins pubescentes. Pour tout le reste, elle ressemble beaucoup à ce dernier.

J'ai vu un échantillon du Bugey, à prothorax nettement et oblique
ment biimpressionné, et un autre, de Bresse, à élytres un peu plus
courtes, à ponctuation de l'abdomen moins forte et moins serrée que
dans le type.

102. Stenus (Hypostenus) contractus, Erichson.

*Peu allongé, épais, assez convexe, très éparsement pubescent, d'un
noir brillant, avec la base des palpes testacée, celle des tibias pâle, les
antennes d'un roux de poix à massue rembrunie. Tête petite, à peine plus
arge que le prothorax, beaucoup moins large que les élytres, inégalement
ponctuée, obsolètement bisillonnée, à intervalle peu convexe, plus lisse.
Prothorax aussi large que long, bien moins large que les élytres, arqué sur
les côtés, à peine rétréci en arrière, assez grossièrement, profondément et
assez densément ponctué, égal. Elytres amples, transverses, plus longues
que le prothorax, subégales, assez grossièrement, profondément et assez
densément ponctuées. Abdomen assez court, fortement atténué, conique,
éparsement ponctué. Tarses peu élargis.*

♂ Le 6ᵉ *arceau ventral* angulairement entaillé au sommet, subdéprimé et à pubescence argentée sur son disque. Le 5ᵉ subdéprimé et très finement et très densément pointillé sur sa région médiane, à peine sinué dans le milieu de son bord apical. Le 4ᵉ subsinué sur les côtés de son bord postérieur et prolongé en arrière, dans le milieu de celui-ci, en une impression à forme de croissant dont les cornes sont saillantes et relevées en forme de dent, et dont l'ouverture, largement évasée, est très finement et densément ciliée (1).

♀ Le 6ᵉ *arceau ventral* prolongé au sommet en ogive subarrondie. Les 4ᵉ et 5ᵉ simples.

Stenus contractus, ERICHSON, Col. March. 1, 573, 52 ; — Gen. et Spec. Staph. 744, 104. — REDTENBACHER, Faun. Austr. ed. 2, 225, 54. — HEER, Faun. Helv. I, 228, 47. — FAIRMAIRE et LABOULBÈNE, Faun. Fr. I, 597, 80. — KRAATZ, Ins. Deut. II, 797, 72.— J. DUVAL, Gen. Staph. pl. 19, fig. 95 (2).— THOMSON, Skand. Col. IX, 198, 41, b.
Stenus basalis, CURTIS, Ann. Nat. hist. V, 1840, 277.
Stenus fornicatus, FAUVEL, Faun. Gallo-Rhén. III, 269, 57. — JOHN SAHLBERG, Enum. Brach. Fenn. I, 63, 179 (3).

Long., 0,0024 (1 l. forte). — Larg., 0,0005 (1/4 l.).

Corps peu allongé, épais, assez convexe, d'un noir brillant ; revêtu d'une fine pubescence blanchâtre, courte et très peu serrée.

Tête petite, à peine plus large que le prothorax, bien moins large que les élytres ; à peine pubescente ; assez fortement et inégalement ponctuée ; obsolètement bisillonnée, à intervalle peu convexe, peu élevé, plus lisse ; d'un noir brillant. *Bouche* brune. *Palpes* noirâtres, à 1ᵉʳ article testacé. *Yeux* obscurs.

Antennes courtes, moins longues que la tête et le prothorax réunis, obsolètement pilosellées, d'un roux de poix foncé à massue rembrunie ; à 1ᵉʳ article subépaissi : le 2ᵉ presque aussi épais et au moins aussi long que le 1ᵉʳ, plus épais que les suivants : ceux-ci grêles, graduellement moins longs : le 3ᵉ allongé, à peine plus long que le 4ᵉ : les 4ᵉ et 5ᵉ suballongés : le 6ᵉ oblong : les 7ᵉ et 8ᵉ assez courts, un peu plus épais, subglobuleux : les 3 derniers formant ensemble une massue allongée :

(1) Les auteurs ont passé sous silence cette conformation unique et remarquable du 4ᵉ arceau ventral ♂.
(2) Dans Fauvel, il faut lire 95 au lieu de 85.
(3) Dans John Sahlberg, au lieu de St. *incrassatus*, il faut lire St. *contractus*, et au lieu de 16, il faut lire 41, b.

les 9e et 10e subtransverses : le dernier, en ovale court et obtusément acuminé.

Prothorax aussi large que long, bien moins large que les élytres, assez fortement arqué sur les côtés et peu rétréci en arrière ; assez convexe ; à peine pubescent ; assez grossièrement, profondément et assez densément ponctué, subrugueusement sur les côtés ; subégal ; d'un noir brillant.

Ecusson très petit, noir.

Elytres amples, transverses, plus longues que le prothorax, plus ou moins subarquées sur les côtés ; assez convexes ; subégales, avec une impression postscutellaire, plus ou moins obsolète ; très éparsement pubescentes ; assez grossièrement, profondément et assez densément ponctuées, subrugueusement sur les côtés ; d'un noir brillant. *Epaules* étroitement arrondies.

Abdomen assez court, bien moins large que les élytres, fortement atténué en cône postérieurement ; très convexe, à premiers segments sensiblement impressionnés en travers à leur base, le 5e plus faiblement ; éparsement pubescent ; assez fortement et subrugueusement ponctué dans le fond des impressions, plus légèrement et éparsement sur le dos des segments ; d'un noir brillant. Le 7e *segment* subarrondi au bout.

Dessous du corps finement pubescent, d'un noir brillant. *Prosternum* et *mésosternum* subrugueusement ponctués, celui-ci à lame large et assez largement tronquée au sommet (1). *Métasternum* assez fortement et densément ponctué, subimpressionné-subsillonné en arrière sur son disque. *Ventre* très convexe, assez fortement et peu densément ponctué, plus légèrement en arrière, très finement et très densément sur le milieu des 5e et 6e arceaux qui sont garnis d'une pubescence argentée plus serrée.

Pieds grêles, finement pubescents, obsolètement pointillés, noirs, avec la base des tibias pâle et les tarses d'un brun de poix. *Ceux-ci* assez courts, assez étroits, peu élargis, à 3e article subtriangulaire ou subcordiforme. Les *postérieurs* moins courts, à 1er article oblong, subégal au dernier : le 2e assez court, triangulaire.

PATRIE. On rencontre cette espèce, peu communément, toute l'année, sur les plantes, sous les pierres et parmi les herbes, au bord des marais,

(1) Tout, dans cet insecte, jusqu'à la structure de la lame mésosternale, contribue à en faire une espèce à part.

des fossés et des étangs, dans une grande partie de la France (1). Les exemplaires de la Provence ont une taille un peu plus forte.

Obs. Il est inutile d'insister sur cette espèce remarquable par sa forme épaisse, trapue, large aux élytres, à abdomen fortement conique, à conformation de la lame mésosternale tout autre, à distinctions ♂ uniques quant au 4ᵉ arceau ventral, etc.

On rapporte au *contractus* le *fornicatus* de Stephens (Ill. Brit. V, 287).

(1) D'après M. Revelière, la ♀ pont sur le *Thypha*, à 4 heures du soir. Je l'ai surprise aussi sur les *Scirpes*.

TABLEAU MÉTHODIQUE

DES

COLÉOPTÈRES BRÉVIPENNES

GROUPE DES STÉNIDES

Genre *Dianous*, Curtis.
  caerulescens, Gyllenhal.

Genre *Stenus*, Latreille.
  biguttatus, Linné.
  bipunctatus, Fabricius.
  longipes, Heer.
  aeneiceps, Rey.
  ocellatus, Fauvel.
  guttula, Muller.
  laevigatus, Mulsant et Rey.
  stigmula, Erichson.
  bimaculatus, Gyllenhal.
  asphaltinus, Erichson.
  socius, Rey.
  gracilipes, Kraatz.
  Juno, Fabricius.
  ater, Mannerheim.
  adjectus, Rey.
  intricatus, Erichson.
  longitarsis, Thomson.
  fasciculatus, Sahlberg.
  Gallicus, Fauvel.
  calcaratus, Scriba.
  Guynemeri, J. Duval.
  fossulatus, Erichson.
  aterrimus, Erichson.
  subfasciatus, Fairmaire.
  alpicola, Fauvel.
  fortis, Rey.
  scrutator, Erichson.
  proditor, Erichson.
  excubitor, Erichson.
  hoops, Gyllenhal.
  simplex, Rey.
  providus, Erichson.

  sylvester, Erichson.
  Rogeri, Kraatz.
  novator, J. Duval.
  subrugosus, Rey.
  lustrator, Erichson.

S.-genre *Nestus*, Rey.
  palposus, Zetterstedt.
  labilis, Erichson.
  ruralis, Erichson.
  buphthalmus, Gravenhorst.
  sulcatulus, Mulsant et Rey.
  notatus, Rey.
  nitidus, Boisduval et Lacordaire.
  foraminosus, Erichson.
  cribrellus, Rey.
  discretus, Rey.
  incrassatus, Erichson.
  inaequalis, Mulsant et Rey.
  umbricus, Baudi.
  cinerascens, Erichson.
  rugulosus, Rey,
  longipennis, Rey.
  atratulus, Erichson.
  aeternus, Rey.
  tenuis, Rey.
  propinquus, Rey.
  foveifrons, Rey.
  canaliculatus, Gyllenhal.
  aemulus, Erichson.
  albipilus, Rey.
  subdepressus, Mulsant et Rey.
  foveiventris, Fairmaire et Laboulb.
  morio, Gravenhorst.
  mendicus, Erichson.
  aequalis, Mulsant et Rey.

arcuatus, REY.
transfuga, REY.
gracilentus, FAIRMAIRE et LABOULB.
carbonarius, GYLLENHAL.
pusillus, ERICHSON.
strigosus, FAUVEL.
exiguus, ERICHSON.
orcophilus, FAIRMAIRE et LABOULB.
relucens, REY.
incanus, ERICHSON.
opacus, ERICHSON.
macrocephalus, AUBÉ
cautus, ERICHSON.
vafellus, ERICHSON.
altifrons, REY.
fuscipes, GRAVENHORST.
cribricentes, FAIRMAIRE et LABOULB.
circularis, GRAVENHORST.
planifrons, REY.
pumilio, ERICHSON.
declaratus, ERICHSON.
latior, REY.
assequens, REY.
coniciventris, FAIRMAIRE et LAB.
humilis, ERICHSON.
argus, GRAVENHORST.
S.-genre Tesnus, REY.
crassiventris, THOMSON.
littoralis, THOMSON.
intermedius, REY.
opticus, GRAVENHORST.
eumerus, KIESENWETTER.
nigritulus, GYLLENHAL.
unicolor, ERICHSON.
S. genre Mesostenus, REY.
cordatus, GRAVENHORST.
hospes, ERICHSON.
politus, AUBÉ.
Hespericus, REY.
subaeneus, ERICHSON.
aerosus, ERICHSON.
elegans, ROSENHAUER.
impressipennis, J. DUVAL.
fuscicornis, ERICHSON.
sparsus, FAUVEL.

glacialis, HEER.
muscorum, FAIRMAIRE et BRISOUT.
scaber, FAUVEL.
Reitteri, WEISE.
geniculatus, GRAVENHORST.
flavipalpis, THOMSON.
palustris, ERICHSON.
impressus, GERMAR.
annulipes, HEER.
flavipes, ERICHSON.
montivagus, HEER.
speculifer, FAUVEL.
subcylindricus, SCRIBA.
micropterus, EPPELSHEIM.
Suramensis, EPPELSHEIM.
Lederi, EPPELSHEIM.
pallipes, GRAVENHORST.
S.-genre Hemistenus, MOTSCHOULSKY.
canescens, ROSENHAUER.
subimpressus, ERICHSON.
salinus, BRISOUT.
subconvexus, REY.
binotatus, LJUNGH.
carens, REY.
plantaris, ERICHSON.
niveus, FAUVEL.
tempestivus, ERICHSON.
languidus, ERICHSON.
picipennis, ERICHSON.
rusticus, ERICHSON.
foveicollis, KRAATZ.
bifoveolatus, GYLLENHAL.
Leprieuri, CUSSAC.
sculptus, REY.
filum, ERICHSON.
S.-genre Hypostenus, REY.
Kiesenwetteri, ROSENHAUER.
cicindeloides, SCHALLER.
solutus, ERICHSON
oculatus, GRAVENHORST.
tarsalis, LJUNGH.
insidiosus, SOLSKY.
paganus, ERICHSON.
latifrons, ERICHSON.
contractus, ERICHSON.

TABLE ALPHABÉTIQUE

DES STÉNIDES

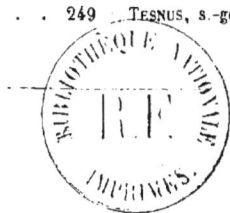

EXPLICATION DES PLANCHES

(1) J'ai négligé de représenter la pubescence et la ciliation, pour ne pas nuire à l'intelligence de la sculpture qui est plus essentielle.

(2) Je cesse de figurer le 7ᵉ arceau ventral, afin de rendre plus évidente l'échancrure du 6ᵉ qui est plus importante.

BREVIPENNES

Micropéplides - Sténides

Pl. I

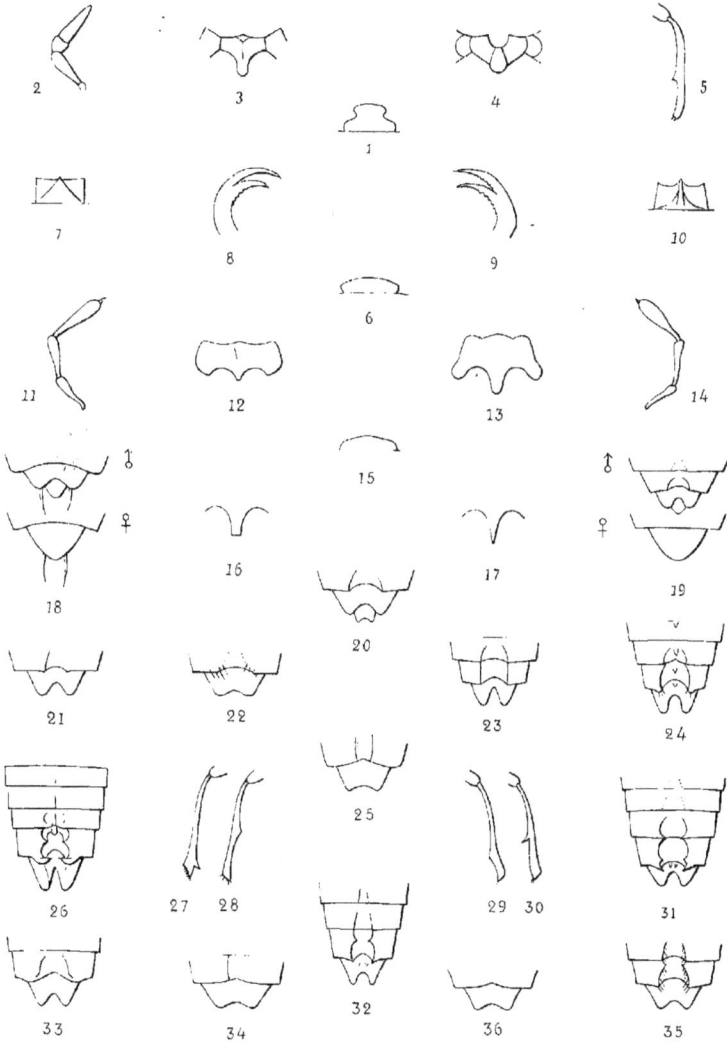

Planche II.

BREVIPENNES

Stenides

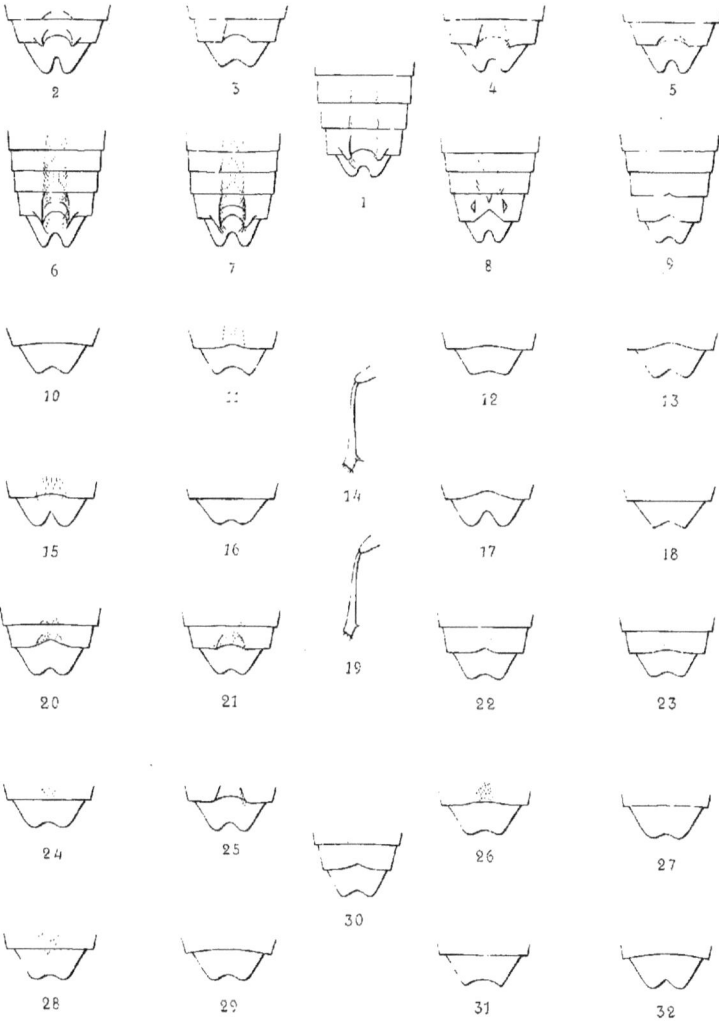

2 3 4 5

1

6 7 8 9

10 11 12 13

14

15 16 17 18

19

20 21 22 23

24 25 26 27

30

28 29 31 32

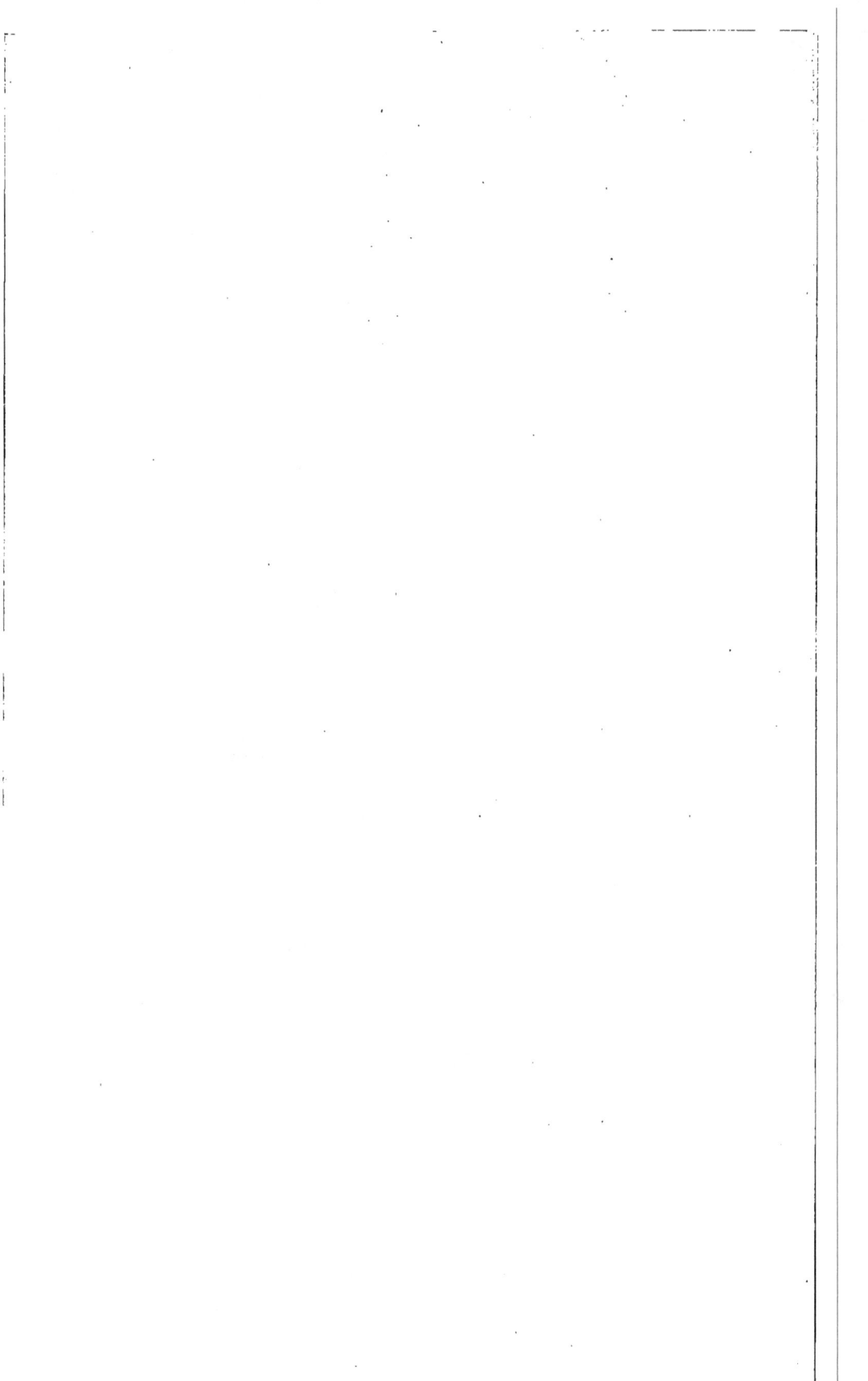

Planche III.

Fɪɢ. 1. Sommet du ventre du *Stenus subaeneus* ♂ et à peu près aussi du *scaber* ♂.

2. Sommet du ventre du *Stenus aerosus* ♂.

3. » » » du *Stenus elegans* ♂.

4. » » » du *Stenus impressifrons* ♂.

5. » » » du *Stenus fuscicornis* ♂.

6. » » » du *Stenus glacialis* ♂.

7. » » » du *Stenus geniculatus* ♂.

8. » » » du *Stenus palustris* ♂ et à peu près aussi des *pallipes* et *languidus* ♂.

9. Sommet du ventre du *Stenus impressus* ♂.

10. » » » du *Stenus flavipes* ♂ et à peu près aussi du *speculifer* ♂.

11. Sommet du ventre du *Stenus montivagus* ♂.

12. » » » du *Stenus canescens* ♂.

13. » » » du *Stenus subimpressus* ♀.

14. » » » du *Stenus salinus* ♀ et de quelques autres ♀.

15. » » » du *Stenus subimpressus* ♂.

16. » » » du *Stenus salinus* ♂.

17. Tibia postérieur du *Stenus subimpressus* ♂.

18. » » du *Stenus salinus* ♂.

19. Sommet du ventre du *Stenus binotatus* ♂.

20. » » » du *Stenus plantaris* ♂ et à peu près aussi du *niveus* ♂.

21. » » » du *Stenus tempestivus* ♂.

22. » » » du *Stenus picipennis* ♂.

23. » » » du *Stenus rusticus* ♂ et à peu près aussi du *foveicollis* ♂.

24. Sommet du ventre du *Stenus bifoveolatus* ♂.

25. » » » du *Stenus Leprieuri* ♂.

26. » » » du *Stenus filum* ♂.

27. » » » du *Stenus Kiesenwetteri* ♂.

28. » » » du *Stenus cicindeloides* ♂.

29. » » » du *Stenus solutus* ♂.

30. » » » du *Stenus oculatus* ♂.

31. » » » du *Stenus tarsalis* ♂.

32. » » » du *Stenus paganus* ♂ et à peu près aussi du *latifrons* ♂.

33. Sommet du ventre du *Stenus contractus* ♂.

34. Pointe mésosternale des *Stenus oculatus*, *tarsalis* et d'un grand nombre de *Stenus*.

35. Pointe mésosternale du *Stenus contractus*.

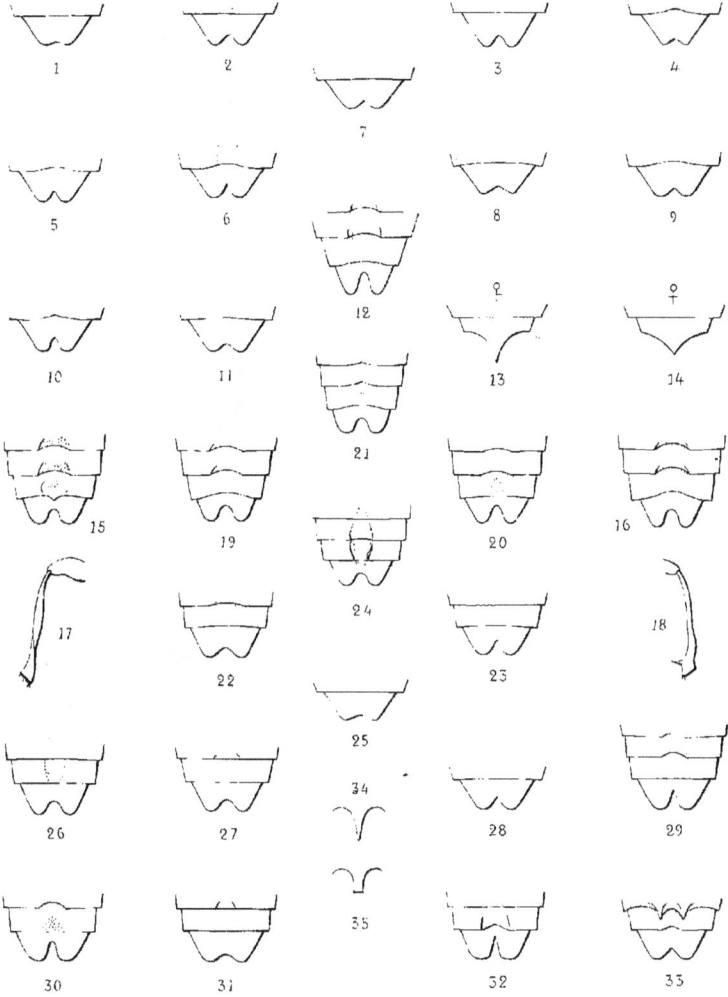

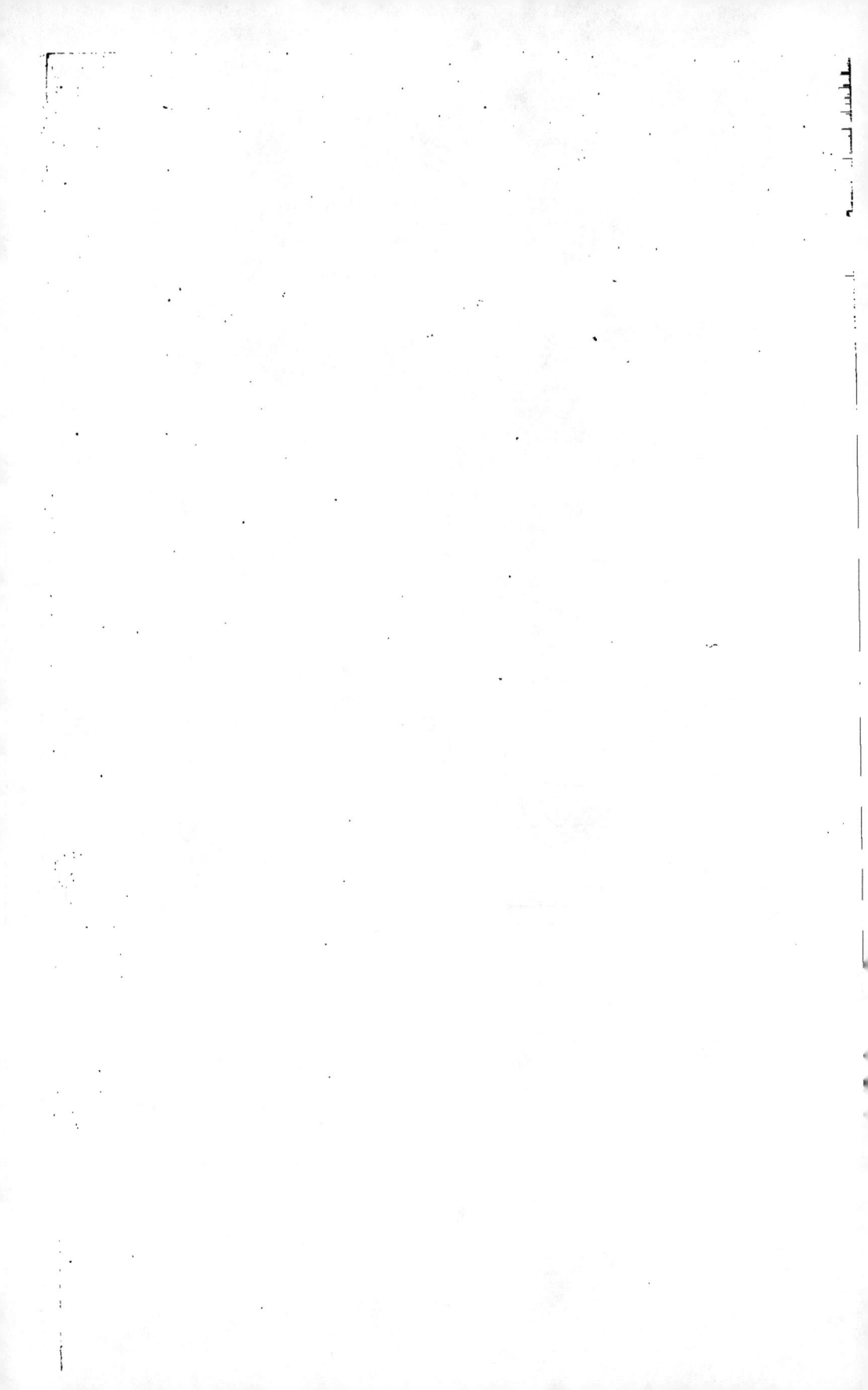

LYON. — IMPRIMERIE PITRAT AINÉ. RUE GENTIL, 4.

www.ingramcontent.com/pod-product-compliance
Lightning Source LLC
Chambersburg PA
CBHW070257200326
41518CB00010B/1814